普通高等教育一流本科专业建设成果教材

材料科学与工程系列
Materials Science and Engineering

材料化学

Materials Chemistry

胡 冰　喻 鹏　主　编
徐 霞　程 拓　副主编

U0228763

化学工业出版社

·北京·

内容简介

　　《材料化学》共 7 章，主要介绍材料化学这一交叉学科的理论基础、学科内容、材料应用及研究进展。内容全面、丰富、实用性强，内容包括：材料化学概论、材料化学基础、材料的化学合成方法与原理、金属材料、无机非金属材料、高分子材料、新型功能材料。

　　本书可作为高等学校材料化学、材料科学与工程、复合材料与工程、高分子材料与工程、功能材料、应用化学等相关专业的本科生和研究生的教材或参考书。也可供材料、化工、光电信息、轻工、制药、新能源材料等相关领域的研究人员、工程技术人员和管理人员参考。

图书在版编目（CIP）数据

　　材料化学/胡冰，喻鹏主编；徐霞，程拓副主编 . —北京：
化学工业出版社，2024.6
　　ISBN 978-7-122-45447-8

　　Ⅰ. ①材… 　Ⅱ. ①胡…②喻…③徐…④程… 　Ⅲ. ①材料
科学-应用化学-教材 　Ⅳ. ①TB3

　　中国国家版本馆 CIP 数据核字（2024）第 075791 号

责任编辑：王　婧　杜进祥　杨　菁　　　　文字编辑：胡艺艺
责任校对：王　静　　　　　　　　　　　　装帧设计：张　辉

出版发行：化学工业出版社
　　　　　（北京市东城区青年湖南街 13 号　邮政编码 100011）
印　　刷：三河市航远印刷有限公司
装　　订：三河市宇新装订厂
787mm×1092mm　1/16　印张 12　字数 298 千字
2024 年 10 月北京第 1 版第 1 次印刷

购书咨询：010-64518888　　　　　　　售后服务：010-64518899
网　　址：http://www.cip.com.cn
凡购买本书，如有缺损质量问题，本社销售中心负责调换。

定　　价：39.00 元
版权所有　违者必究

前 言

　　材料化学是一门快速发展的交叉性学科，有机地融合了化学和材料学两个一级学科的发展优势，正在世界范围内获得广泛的关注，并发挥越来越重要的作用。材料化学是从原子、分子水平，利用化学手段研究材料组成、组织结构、制备与性能之间相互关系和应用的一门学科。在材料化学专业中，材料化学课程起着承前启后的作用，它在材料学科基础课已经建立的金属材料、无机非金属材料、高分子材料、新型功能材料的微观特性和宏观规律的理论基础上，把材料研究中有关化学的内容集中起来加以分析、综合与提升，侧重于基本概念和基础理论，并将传统材料与新型材料相结合，强调基础性、实用性，为材料化学专业学生以后学习专业课打下基础。材料化学是培养材料类及化学化工类技术人才知识结构和能力素养的重要环节，也是相关行业发展所必需的基础。

　　在"十四五"期间，为了更好地适应教育部在新时期对新工科建设的要求，同时考虑近年来有关材料的理论研究和应用都有飞速的发展，联合多家院校共同编写了这本教材。本教材在编写时力求体现知识的基础性、科学性和先进性。同时，为适应教改学时缩减而适当调整篇幅，删减了与其他课程重叠的部分内容。

　　全书共7章：第1章至第3章涉及材料研究中的化学基础以及材料的化学合成方法等基本内容；第4章至第6章则以三大类材料（金属材料、无机非金属材料、高分子材料）为主线，对不同种类的材料进行介绍，叙述各种材料的性能和行为与其成分及内部组织结构之间的关系；鉴于近年来新材料产业的高速发展，本书在第7章将电子与微电子材料、光子材料、生物医用材料及纳米复合材料整合为一章——新型功能材料，加以介绍。

　　本书由徐霞编写第1、2、3章，程拓、程丽任编写第4章，郭锦秀编写第5章，胡冰、徐霞编写第6章，喻鹏编写第7章，胡冰、钟美娥、梁强负责全书统稿。

　　在本书编写过程中，得到湖南农业大学、吉林大学、中国科学院长春应用化学研究所、长春职业技术学院等院校的大力支持，在此一并致以深深的谢意！

　　鉴于编者水平有限，疏漏和不足之处在所难免，恳请广大读者不吝指正。

编者

2024 年 3 月

目 录

5 无机非金属材料   102

6 高分子材料   121

7 新型功能材料   147

1

材料化学概论

材料化学是一门以现代材料为主要对象，研究材料的化学组成、结构与性能关系、合成制备方法、功能与应用等问题的学科，在材料科学的发展中起着无可替代的重要作用。本章主要介绍材料的分类、材料化学的特点、材料化学的主要内容以及材料化学在各个领域的应用等内容。

1.1 材料的分类

材料是人类赖以生存和发展的物质基础。人类文明发展历程曾被划分为旧石器时代、新石器时代、青铜器时代、铁器时代等。随着人类文明的发展与进步，先是使用天然材料（石头、兽骨、兽皮），然后对天然材料进行加工（打制、磨光、钻孔等），进而出现了人工制造材料（制陶、炼铜、冶铁等）。材料工业的发展对人类社会进步起着至关重要的作用。材料被定义为具有可用于机械、结构件、设备和产品所需性能的物质。该定义将材料与功能以及通过功能而获得的用途联系起来。因此可以认为，材料是一种实用的凝聚态物质。

材料的分类方法有很多种。按其组成和结构特点可分为金属材料、无机非金属材料、高分子材料和复合材料。按其使用性能可分为结构材料和功能材料：结构材料的使用性能主要是强度、韧性、抗疲劳等力学性能，可用作产品、设备、工程中的结构部件；功能材料的使用性能主要是光、电、磁、热、声等功能性能，用于制作具有特定功能的产品、设备、器件等。按材料的用途不同，可分为机械材料、导电材料、电子信息材料、建筑材料、能源材料、航空航天材料、生物医用材料等。

（1）金属材料

金属材料（metallic materials）通常是由一种或多种金属元素组成的，可分为黑色金属和有色金属。黑色金属又称钢铁材料，通常包括铁、锰、铬及其合金；有色金属是指除铁、锰、铬以外的所有金属及其合金，如铝合金、钛合金、铜合金、镍合金等。黑色金属是目前用量较大、使用较广泛的材料。在农业机械、化工设备、电力机械、纺织机械中黑色金属材料约占 90%，有色金属材料约占 5%。

纯金属在常温下一般都是固体（汞除外），有金属光泽，大多数为电和热的优良导体，有延展性，密度较大，熔点较高，但同时也具有强度差、硬度低、耐磨性差等缺点，因此绝大多数金属材料以合金的形式出现。合金是指两种或两种以上的金属或金属与非金属组合而成并具有金属属性的物质，如青铜（铜和锡）、白铜（铜和镍）、硬铝（铝、铜和镁）等。金属材料的性质主要取决于其成分、显微组织和制造工艺，人们可以通过调整和控制成分、组织结构和工艺，制造出具有不同性能的金属材料。

（2）无机非金属材料

无机非金属材料（inorganic non-metallic materials）是以某些元素的氧化物、碳化物、氮化物、卤素化合物、硼化物以及硅酸盐、铝酸盐、磷酸盐、硼酸盐等物质组成的材料。无机非金属材料通常可分为普通的（传统的）和先进的（新型的）两大类。传统的无机非金属材料是以硅酸盐为主要成分的材料，也包括一些生产工艺相近的非硅酸盐材料，如氮化硅、氧化铝陶瓷，硼酸盐、硫化物玻璃，镁质耐火材料和碳素材料等。新型无机非金属材料是 20 世纪中期以后发展起来的，一般具有特殊的性能和用途，主要有先进陶瓷、非晶态材料、人工晶体、无机涂层、无机纤维等。它们是现代新技术、新产业、传统工业技术改造、现代国防和生物医学所不可缺少的物质基础。传统无机非金属材料具有性质稳定、抗腐蚀、耐高温等优点，但质脆，经不起热冲击。新型无机非金属材料除具有传统无机非金属材料的优点外，还有其他特征如：强度高，具有电学、光学特性和生物功能等。

（3）高分子材料

高分子材料（polymer materials）也称为聚合物材料，它是以高分子化合物为基体，再配以其他添加剂所构成的材料。高分子材料包括天然高分子材料和合成高分子材料。天然高分子材料存在于生物体内，可分为天然纤维、天然树脂、天然橡胶、动物胶等。合成高分子材料主要是指塑料、合成橡胶和合成纤维，此外还包括胶黏剂、涂料以及各种功能性高分子材料。合成高分子材料的品种多，应用广泛，具有天然高分子材料所没有的或较为优越的性能：较小的密度，较高的力学、耐磨、耐腐蚀、电绝缘性能等。目前，高分子材料正朝着高性能化、多功能化的方向发展，从而衍生出各种各样具有特殊性能或功能的材料，如工程塑料、导电高分子、高分子半导体、光电高分子、磁性高分子、液晶高分子、高分子信息材料、生物医用高分子材料、离子交换树脂等。对高分子材料进行改性研究，是高分子科学和材料领域的一个重要方向。

（4）复合材料

复合材料（composites materials）是由两种或多种不同材料组合而成的材料。通常一种材料为连续相，作为基体；其他材料为分散相，作为增强体。各种材料在性能上互相取长补短，产生协同效应，使复合材料既保留原组分材料的特性，又具有原单一组分材料所无法获得的或更优异的特性。金属材料、无机非金属材料和高分子材料相互之间或同种材料之间均可复合形成复合材料，一般可按照基体材料的种类分为聚合物基复合材料、金属基复合材料和陶瓷基（包括玻璃和水泥）复合材料，也可按其结构特点分为纤维复合材料、夹层复合材料、细粒复合材料和混杂复合材料。

复合材料在自然界也普遍存在，例如树木和竹子为纤维素和木质素的复合体；动物骨骼则是由无机磷酸盐和蛋白质胶原复合而成。复合材料使用的历史可以追溯到古代，例如稻草增强黏土以及漆器（麻纤维和土漆复合而成）。而建筑上广泛使用的钢筋混凝土也有上百年历史。复合材料这一名词源于 20 世纪 40 年代发展起来的玻璃纤维增强塑料（也就是玻璃钢）。现在，复合材料广泛应用在航空航天、汽车工业、化工、纺织、机械制造、医学和建筑工程等领域。

1.2 材料化学的特点

材料化学是与材料制备、加工、性质和表征有关的化学，是从分子水平到宏观尺度研究材料中化学问题的科学。这使得化学与材料学的界限越来越模糊，进而形成材料化学这一新学科。

(1) 跨学科性

材料化学既是化学学科的一个次级学科，又是材料学科的一个分支，研究内容广泛，具有多学科交叉的突出特点。新材料的发展，往往源于其他科学技术领域的需求，这导致材料化学与物理学、生物学、药物学等众多学科紧密相连，在 20 世纪产生了各式各样的合成材料。材料合成与加工技术的发展对诸如生物技术、信息技术、纳米技术等新兴技术领域产生了巨大影响。通过分子设计和特定工艺可以使材料具备各种特殊性质或功能，如高强度、特殊的光性能和电性能等，这些材料在现代技术中起着关键作用。例如，高速计算机芯片和固态激光器是一种复杂的三维复合材料，是通过运用各种合成手段，以纳微米尺度把不同性能的材料组合起来而得到的。随着材料生产技术的发展，对化学分辨率的要求将越来越高，人们必须在纳米尺度下进行材料的化学合成、加工和操控。这样，无论对于新材料以及现有材料，都要有更巧妙的制备技术，同时还要考虑成本的控制和对环境的影响。特别是在纳米技术领域，需要发展出一些新的合成技术，例如气相、液相和固相催化反应。此外，新型自组装方法的出现使由分子组元自下而上合成纳米结构或其他特殊结构的材料成为可能。

(2) 理论与实践相结合

材料化学是理论与实践相结合的产物。通过实验室的深入研究指导新材料的合成和合理使用。高性能、高质量及低成本的材料只有通过工艺的不断改进才能实现，材料变为器件或产品要解决一系列工程技术问题，这都需要理论和实践的结合，一方面用理论指导实践，另一方面通过大量实践使理论得到进一步完善。

1.3　材料化学的主要内容

材料的所有性能和表现都是其化学成分和组织结构在一定外界因素（如载荷性质、应力状态、工作温度和环境介质等）下的综合反映。材料的化学组成和组织结构是决定其物理性能和化学性能的内因，而材料的宏观性能则是其外在表现。把材料与化学结合起来，可以从分子水平到宏观尺度认识结构与性能的相互关系，从而改良材料的组成、结构和合成技术及相关的分析技术，并研发出新型的具有优异性能的先进材料。因此，无论是新材料的开发还是对已有材料的性能进行改进，都是围绕着如何设计或者改变材料的化学成分，通过化学成分或者制备工艺的变化来调控材料的组织结构，从而获得所希望的材料性能。所以，材料化学主要从分子水平到宏观尺度研究材料结构、性能、制备和应用。

(1) 结构

材料的结构是指其组成原子、分子在不同层次上彼此结合的形式、状态和空间分布，包括原子与电子结构、分子结构、晶体结构、相结构、晶粒结构、表面与晶界结构、缺陷结构等；在尺度上则包括纳米以下、纳米、微米、毫米及更宏观的结构层次。所有这些层次都影响产品的最终行为。

最精细的层次结构是组成材料的单个原子结构。原子核周围电子的排列方式在很大程度上影响材料的电、磁、热和光的行为，并可能影响到原子彼此结合的方式，因而也决定着材料的类型（金属、非金属还是聚合物）。

第二个层次是原子的空间排列。根据原子排列的有序性，可以把材料分为晶体、非晶体（无定形或非晶态材料）和准晶体。晶体结构影响金属的力学性能，如延展性、强度和耐冲击性。无定形材料的行为与结晶材料有很大差别，例如，玻璃态的聚乙烯是透明的，而结晶聚乙烯则是半透明的。原子排列中存在缺陷，对这些缺陷进行控制，就能使性能发生显著变化。此外，大多数材料是多相组成的，每个相有着它自己独特的原子排列方式和性能，因而控制材料主体内这些相的类型、大小、分布和数量就成为控制性能的一种辅助方法。

（2）性能

性能是指材料固有的物理、化学特性，也是确定材料用途的依据。广义地说，性能是材料在一定的条件下对外部作用反应的定量表述，例如力学性能和各种物理性能。力学性能描述材料对作用力或应力的响应，最常见的力学性能是材料的强度、延展性及刚度。力学性能不仅决定着材料工作时的表现，也决定着是否易于将材料加工成适用的形状。微小的结构变化往往对材料的力学性能产生很大的影响。

物理性能包括电、磁、光、热等行为，由材料的结构和制造工艺两方面决定。对于许多半导体金属和陶瓷材料来讲，即使成分稍有改变，也会引起导电性的很大变化。过高的加热温度有可能显著地降低耐火砖的绝热特性。少量的杂质会改变玻璃或聚合物的颜色。

（3）制备

材料的合成与制备就是将原子、分子聚集起来并最终转变为目标产品的一系列连续过程。合成与制备要着眼于提高材料质量、降低生产成本和增加经济效益，也是开发新材料、新器件的中心环节。

在合成与制备中工艺技术固然重要，基础理论也不应忽视。对材料合成与制备中热力学和动力学过程的研究可以揭示工艺过程的本质，为改进制备方法、创立新的制备技术提供科学基础。以晶体材料为例，在晶体生产中如果不了解原料合成与生产各阶段发生的物理化学过程、热量与质量的传输、固液界面的变化和缺陷的生成以及环境参数对这些过程的影响，就不可能掌握参数优化的制备方法，并生长出具有所需组成和性能的晶体材料。

（4）应用

制备材料的最终目标是应用，而实际应用所需具备的性能或功能则取决于材料的组成和结构，后者则归结到材料的合成和制备工艺。可以说，材料化学中，性能、结构、制备和应用是交织在一起的。一定的制备手段可获得具有特定结构、性能的材料，从而使材料产生某种用途。换个角度看，很多化学理论都是为了解决材料的应用问题而诞生和发展的。

1.4 材料化学在各个领域的应用

材料化学已渗透到现代科学技术的众多领域，如电子信息、生物医药、环境和能源等，其发展与这些领域的发展密切相关。

（1）电子信息领域

先进的计算机、信息和通信技术离不开相关的材料和成型工艺，而化学在其中起了巨大的作用。现代芯片制造设施基本上是一个化学工厂，在这个工厂里面，通过化学过程，如光致抗蚀剂、化学气相沉积法、等离子体刻蚀，将简单的物质分子转化成具有特定电子功能的复杂的三维复合材料。两个令人振奋的未来方向是电子及光学有机材料的相互渗透，以及通过光子晶格对光进行模拟操控，就如我们现在对电子进行操控那样。材料化学将会激活一个新领域的发展，一个可能的例子就是光子电路和光计算的产生。

（2）生物医药领域

材料化学和医药学多年来协同努力，取得了巨大的进步。材料可植入人体作为器官或组织的修补或替代品，但材料一经进入体内，就有可能涉及生物过程和化学反应，引起不良反应。为此，必须从结构和组成上对材料进行改性，使其具备良好的生物相容性。通过材料化学与生物学的配合，研发出特殊用途的金属合金和聚合物涂层，以保护人体组织不与人工骨头置换体或其他植入物相排斥。现在，已经有很多生物医用材料可以植入人体内并保持多年无不良影响。此外，材料化学对于生物应用中的分离技术也产生了显著影响，如人造肾脏、血液氧合器、静脉过滤器以及诊断化验等。生物相容高分子材料已在药物、蛋白质及基因的控制释放方面获得应用。现在，人们正进行大量的研究，以开发用于医学诊断的新材料。将来，材料化学的研究可能会涉及原位药物生成、类细胞系统等。可以肯定，得益于材料化学最新进展的新型传感器将会对人类健康产生极大帮助。

（3）环境和能源领域

随着世界人口的持续增长和生活水平的提高，发展中国家对环境的关注在不断增强。为了减少对日渐枯竭的自然资源的使用，一个关键的挑战是要开发新的技术，以发展低资源消耗的清洁能源。在发展光伏电池、太阳能电池、燃料电池的过程中，材料化学起了关键的作用。在日常生活中，塑料制品作为包装或容器被广泛使用，其大量弃置可对环境产生严重破坏。随着对环境的关注，开发新的可回收和可生物降解的材料，也将成为材料化学的一个重要任务。物质生产过程需要用到大量材料并产生很多废弃物，对环境的影响不容忽视，需要发展对环境无害的材料以及废弃物的处理和处置方法。食品包装材料的一个基本要求是安全无毒，利用材料化学技术，可以开发新的包装材料，其中植入感应材料以显示食物储存条件下的质量变化，将为食品安全提供有效的保障。

（4）结构材料领域

结构材料是材料化学涉足较广的领域。材料合成与加工技术的发展使现代的汽车和飞机比以前更安全、轻便和省油。基于材料化学所研发出来的特种涂料，具有防腐、保护、美化或其他用途，可在结构材料上使用。材料设计制造过程中，需要把材料的成分结构与合适的工艺条件有机地结合起来，这要求对其中所蕴含的化学过程有一个深刻的认识。将来，我们会把感觉、反馈甚至自愈功能集成到结构材料个体中，成为一种智能化的结构材料，这种材料将由各种具有不同功能或性能的材料组合而成，而要获得成功，则离不开材料化学与相关学科的协同努力。

习题

1. 材料按其组成和结构可以分为哪几类？如果按功能和用途对材料分类，请列举 10 种不同功能或用途的材料。

2. 简述材料化学的主要内容。

2
材料化学基础

材料因具有某些性能或功能而为人们所使用，而材料的很多物理化学性质都与材料的微观结构密切相关。本章首先介绍与材料微观结构相关的基础知识，包括原子结构参数、原子间的键合、晶体学基础、化学热力学基础等；在此基础上，进一步介绍与材料化学相关的理论，主要包括分子轨道理论、金属能带理论以及缺陷化学理论等内容。

2.1 原子结构参数

19世纪后半叶，B. de. Chancourtois（尚古尔多，法国）、W. Odling（欧德林，英国）、J. L. Meyer（迈耶尔，德国）、D. I. Mendeleev（门捷列夫，俄国）以及 B. Brauner（布劳纳尔，捷克）等化学家，根据当时已发现的几十种元素的原子量和元素的性质，总结出元素的性质是它的原子量的函数，因此，元素的性质常用原子结构参数来表示。例如原子的大小用原子半径表示，化合物中原子吸引价电子能力的相对大小用电负性表示，原子电离所需能量用电离能表示。原子结构参数是指原子半径（r）、原子核荷电量（Z）、有效核电荷（Z^*）、第一电离能（I_1）、第二电离能（I_2）、电子亲和能（EA）、电负性（χ）、化合价、电子结合能等等。有时还用两个原子结构参数组合成新的参数，如 Z^*/r、Z^2/r、I_1+EA 等来表示原子的性质。

原子结构参数可分为两类。

① 和自由原子的性质关联，如原子的电离能、电子亲和能、原子光谱谱线的波长等，它们是指气态原子的性质，与其他原子无关，因而数值单一。当然实验测定这些性质时，各种不同的实验方法会有不同的误差和不同的准确度。这类结构参数的理论计算值也会随所用模型和计算方法不同而有差异。

② 化合物中表征原子性质的参数，如原子半径、电负性和电子结合能等，同一种原子在不同条件下有不同的数值。例如，原子中电子的分布是连续的，没有明显的边界，因而原子的大小没有单一的、绝对的含义，表示原子大小的原子半径是指化合物中相邻两个原子的接触距离为这两个原子的半径之和。不同的化合物原子间的距离不同，原子半径随所处环境而变。原子间距离可通过实验准确测定，但对两个原子半径的划分和推求又受到所给条件的制约。因此标志原子大小的半径有共价单键半径、共价双键半径、离子半径、金属原子半径和范德瓦耳斯半径等等，而且其数值具有统计平均的含义。

2.1.1 原子的电离能

从气态基态原子移去一个电子成为一价气态正离子所需的最低能量称为原子的第一电离

能（I_1）。所移走的是受原子核束缚最小的电子，通常是最外层电子，如式(2-1)所示：

$$A(g) + I_1 \longrightarrow A^+(g) + e^-(g) \tag{2-1}$$

气态 A^+ 失去一个电子成二价气态正离子（A^{2+}）所需的能量为第二电离能（I_2），以此类推。使用由 Bohr 模型和 Schrödinger 方程给出的最外层电子能量计算公式可计算出 I_1 值（单位为电子伏特 eV，$1eV = 1.6022 \times 10^{-19}J$）：

$$I_1 = 13.6 \times Z^2/n^2 \tag{2-2}$$

原子的电离能用来衡量一个原子或离子丢失电子的难易程度，电离能越大，原子或离子越难失电子，它具有明显的周期性。表 2-1 列出主族元素原子的第一电离能和电子亲和能。图 2-1 示出原子的 I_1 与原子序数 Z 的关系。

表 2-1　主族元素原子的第一电离能（I_1）和电子亲和能（EA）　　单位：eV

H 13.5984 0.7542							He 24.5874 (−0.5)
Li 5.3917 0.6180	Be 9.3227 (−0.5)	B 8.2980 0.2797	C 11.2603 1.2621	N 14.5341 −0.07	O 13.6181 1.4611	F 17.4228 3.4012	Ne 21.5646 (−1.2)
Na 5.1391 0.5479	Mg 7.6462 (−0.4)	Al 5.9858 0.433	Si 8.1517 1.3895	P 10.4867 0.7465	S 10.3600 2.0771	Cl 12.9676 3.6127	Ar 15.7596 (−1.0)
K 4.3407 0.5015	Ca 6.1132 (−0.3)	Ga 5.9993 0.43	Ge 7.8994 1.2327	As 9.7886 0.814	Se 9.7524 2.0207	Br 11.8138 3.3636	Kr 13.9996 (−1.0)
Rb 4.1771 0.4859	Sr 5.6949 (−0.3)	In 5.7864 0.3	Sn 7.3439 1.1121	Sb 8.6084 1.046	Te 9.0096 1.9708	I 10.4513 3.0590	Xe 12.1298 (−0.8)
Cs 3.8939 0.4716	Ba 5.2117 (−0.3)	Tl 6.1082 0.2	Pb 7.4167 0.364	Bi 7.2856 0.946	Po 8.417 1.9	At — 2.8	Rn 10.7485 (−0.7)

注：元素符号下面第一个数为 I_1，第二个数为 EA。

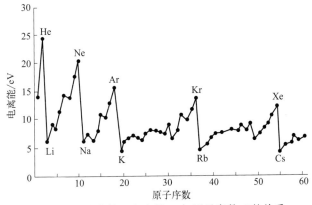

图 2-1　原子的第一电离能 I_1 与原子序数 Z 的关系

由图 2-1 中 I_1-Z 曲线可知：

① 同一周期中，稀有气体的电离能总是处于极大值，而碱金属的电离能处于极小值。这是由于稀有气体的原子形成全满电子层，从全满电子层移去一个电子是很困难的，最不易

丢失电子。碱金属只有一个电子在全满电子层之外，容易失去，第一电离能最小，金属性最强，所以碱金属容易形成一价正离子。

② 同一周期的主族元素，从左到右作用到最外层电子上的有效核电荷逐渐增大，电离能趋于增大。而同一主族元素，从上到下有效核电荷增加不多，但原子半径增大，电离能趋于减小。

③ 过渡金属元素的第一电离能不规则地随原子序数的增加而增加。对于同一周期的元素，最外层电子组态相同，当核增加一个正电荷，在（n−1）d 轨道增加一个电子，这个电子大部分处在 ns 轨道以内，故随核电荷增加，有效核电荷增加不多。

④ 同一周期中，第一电离能的变化具有起伏性，如由 Li 到 Ne 并非单调上升，Be、N、Ne 都较相邻两元素为高，这是由于能量相同的轨道电子填充出现全满、半满或全空等情况。Li 的第一电离能最低，由 Li 到 Be 随核电荷升高电离能升高，这是由于 Be 为 $2s^2$ 电子组态。B 失去一个电子可得 $2s^2 2p^0$ 的结构，所以 B 的第一电离能反而比 Be 低；N 原子有较高的电离能，因它为半充满的 p^3 组态；O 原子的电离能又低于氮原子，因失去一个电子可得半充满的 p^3 组态；Ne 为 $2s^2 2p^6$ 的稳定结构，在这一周期中电离能最高。

2.1.2 电子亲和能

气态原子获得一个电子成为一价负离子时所放出的能量称为电子亲和能，常用 EA 表示，即

$$A(g)+e^-(g)\longrightarrow A^-(g)+EA \tag{2-3}$$

由于负离子的有效核电荷较原子少，电子亲和能的绝对数值一般约比电离能小一个数量级，加之数据测定的可靠性较差，重要性不如电离能。

电子亲和能的大小涉及核的吸引和核外电荷相斥两个因素。原子半径减小，核的吸引力增大，但电子云密度也大，电子间排斥力增强。虽然一般说来，电子亲和能随原子半径减小而增大，但同一周期和同一族的元素都没有单调变化规律。

表 2-1 列出主族元素的电子亲和能。从原子结构的直观概念分析，原子核外电子的屏蔽不会大于核电荷数，中性原子的有效核电荷必定大于零。所以，负值大的电子亲和能是不合理的。表中除 N 外，所有的负值都是由理论计算得到的（可能计算所用的模型不够完善）。因此，在电子亲和能的实验测定数据为负值时，可以将它看作零，在表 2-1 中将这些数据加上括号。

2.1.3 电负性

电负性概念由 Pauling 于 1932 年首先提出，用以量度原子对成键电子吸引能力的相对大小，用 χ 表示。当 A 和 B 两种原子结合成双原子分子 AB 时，若 A 的电负性大，则生成分子的极性是 $A^{\delta-} B^{\delta+}$，即 A 原子带有较多的负电荷，B 原子带有较多的正电荷；反之，若 B 的电负性大，则生成分子的极性是 $A^{\delta+} B^{\delta-}$。分子的极性愈大，离子键成分愈高，因此电负性也可看作原子形成负离子倾向相对大小的量度。

Pauling 的电负性标度 χ_p 是用两元素形成化合物时生成焓的数值来计算的。他认为，若 A 和 B 两个原子的电负性相同，A—B 键的键能应为 A—A 键和 B—B 键键能的几何平均值。

而大多数 A—B 键的键能均超过此平均值，此差值可用以测定 A 原子和 B 原子电负性的依据。例如，H—F 键的键能为 565kJ/mol，而 H—H 和 F—F 键的键能分别为 436kJ/mol 和 155kJ/mol。它们的几何平均值为 $(155 \times 436)^{\frac{1}{2}} kJ/mol = 260kJ/mol$，差值 Δ 为 305kJ/mol。根据一系列电负性数据拟合，可得方程

$$\chi_A - \chi_B = 0.102\Delta^{\frac{1}{2}} \tag{2-4}$$

F 的 χ 为 4.0，这样 H 的电负性为 2.2。因为氢可以与大多数元素形成共价键，因此就把氢作为基点，定其电负性为 2.2。

表 2-2 列出主族元素及第一过渡系列元素的电负性。

表 2-2 元素的电负性

H							He		
2.20							—		
2.30							4.16		
Li	Be	B	C	N	O	F	Ne		
0.98	1.57	2.04	2.55	3.04	3.44	3.98	—		
0.91	1.58	2.05	2.54	3.07	3.61	4.19	4.79		
Na	Mg	Al	Si	P	S	Cl	Ar		
0.93	1.31	1.61	1.90	2.19	2.58	3.16	—		
0.87	1.29	1.61	1.92	2.25	2.59	2.87	3.24		
K	Ca	Ga	Ge	As	Se	Br	Kr		
0.82	1.00	1.81	2.01	2.18	2.55	2.96	3.34		
0.73	1.03	1.76	1.99	2.21	2.42	2.69	2.97		
Rb	Sr	In	Sn	Sb	Te	I	Xe		
0.82	0.95	1.78	1.96	2.05	2.10	2.66	2.95		
0.71	0.96	1.66	1.82	1.98	2.16	2.36	2.58		
Cs	Ba	Tl	Pb	Bi	Po	At	Rn		
0.79	0.89	2.04	2.33	2.02	2.00	2.20	—		
0.66	0.88	1.79	1.85	2.01	2.19	2.39	2.60		
Sc	Ti	V	Cr	Mn	Fe	Co	Ni	Cu	Zn
1.36	1.54	1.63	1.66	1.55	1.83	1.88	1.91	1.90	1.65
1.19	1.38	1.53	1.65	1.75	1.80	1.84	1.88	1.85	1.59
Y	Zr	Nb	Mo	Tc	Ru	Rh	Pd	Ag	Cd
1.22	1.33	—	2.16	—	—	2.28	2.20	1.93	1.69
1.12	1.32	1.41	1.47	1.51	1.54	1.56	1.59	1.87	1.52
Lu	Hf	Ta	W	Re	Os	Ir	Pt	Au	Hg
—	—	—	2.36	—	—	2.20	2.28	2.54	2.00
1.09	1.16	1.34	1.47	1.60	1.65	1.68	1.72	1.92	1.76

注：元素符号下面第一个数为 χ_p；第二个数为 χ_s，指 Allen 电负性标度，是以基态自由原子价层电子的平均能量表示电负性，即所谓的光谱电负性。

由表 2-2 中的电负性数据可知：

① 金属元素的电负性较小，非金属元素的较大。电负性是判断元素金属性的重要参数，$\chi=2$ 可作为近似标志金属元素和非金属元素的分界点。

② 同一周期的元素，由左向右随着族次增加，电负性增加。对第二周期元素，原子序数增加一个，电负性约增加 0.5。同一族元素，其电负性随着周期的增加而减小。因此，电负性大的元素集中在周期表的右上角，而小的分布于左下角。

③ 电负性差别大的元素之间的化合物以离子键为主，电负性相近的非金属元素相互以共价键结合、金属元素相互以金属键结合。离子键、共价键和金属键是 3 种极限键型。由于键型变异，在化合物中出现一系列过渡性的化学键，电负性数据是研究键型变异的重要参数。

④ 稀有气体在同一周期中电负性最高,这是因为它们具有极强的保持电子的能力,即 I_1 特别大。Ne 的电负性比所有同壳层电子结构的元素都高,它对价电子抓得极紧,以至于不能形成化学键。Xe 和 F、O 比较,电负性较低,可以形成氧化物和氟化物;Xe 和 C 的电负性相近,可以形成共价键。第一个测定出晶体结构的包含 Xe—C 共价键的化合物为 $[F_5C_6XeNCMe]^+[(C_6F_5)_2BF_2]^-MeCN$。

2.1.4　原子及离子半径

由于电子云无边界且单个原子不易制得,所以无法测定单个原子的半径,而只能测定单质或化合物中两个原子核间的距离 d(即键长),然后再将 d 划分为两个原子半径。例如同种原子间 A—A 或不同原子间 A—B 的 d 已测得(如用 X-射线衍射法测得 d),则 d 与 r 有如下关系:

$$d = 2r_A（同种原子） \tag{2-5}$$

$$d = r_A + r_B（不同种原子） \tag{2-6}$$

对于同种原子,显然 $r_A = d/2$;但对于不同种原子,如已知 d 及 r_A,由 $r_B = d - r_A$ 可以算出 r_B,反之亦然。当然,这是承认 $d_{(A-B)}$ 有一定的守恒性,或者说半径有加合性,才能得出正确的结论。大多数情况果真如此,但随着 A、B 原子间结合力不同,r 会有相当大的变化,失去了加合性。

原子半径有共价半径、金属半径和范德瓦耳斯半径三类。通常所谓的原子半径是指共价单键半径,金属半径是指紧密堆积的金属晶体中以金属键结合的同种原子核间距离值的一半,而范德瓦耳斯半径为非键合原子的半径。

在周期表中原子半径的变化趋势与 I_1 和 EA 大致相反。从左到右,有效核电荷逐渐增大,内层电子不能有效屏蔽核电荷,外层电子受原子核吸引而向核靠近,导致原子半径减小。所以,从左到右,原子半径趋于减小,而从上到下,随着电子层数的增加,原子半径增大。

对于离子来说,通常正离子的半径小于相应的中性原子,负离子半径则变大。

2.2　原子间的键合

在物质世界里,原子互相吸引、互相排斥,以一定的次序和方式结合成分子或晶体。分子是保持化合物特性的最小微粒,是参与化学反应的基本单元。所以,材料的性质主要取决于分子中原子种类、排列以及原子间的键合方式。原子间的键合,依据其强弱,可以分为主价键和次价键。主价键,也就是通常所说的化学键,定义为在分子或晶体中两个或多个原子间的强烈相互作用,导致形成相对稳定的分子和晶体。共价键、离子键和金属键是化学键的三种极限键型,在这三者之间通过键型变异而偏离极限键型,出现多种多样的过渡型的化学键。分子之间以及分子以上层次的超分子及有序高级结构的聚集体,则是依靠氢键以及范德瓦耳斯键等次价键将分子结合在一起的。

2.2.1　离子键和离子液体

(1) 离子键

现代离子键理论认为,原子都有建立稳定电子构型而使系统能量达到最低的倾向,当电负性相差较大（一般认为电负性差值在 1.7 以上）的活泼金属原子与活泼非金属原子互相靠近时，发生了电子转移，金属原子失去电子成为正离子，非金属原子获得电子成为负离子。当正、负离子之间的吸引作用和排斥作用达到平衡时，系统能量最低，此时形成了稳定的化学键。这种靠正、负离子间的静电作用而形成的化学键叫离子键。离子键具有强的键合力，既无饱和性也无方向性，配位数高。这些特性确定了由离子键形成的材料具有高熔点、高强度、高硬度、低膨胀系数、塑性较差等性质。此外，离子化合物在固态下不导电、熔融状态下由于离子迁移而导电。

（2）晶格能

离子电荷、离子半径以及离子的电子构型是影响离子键强度的结构因素。离子键的强度通常用晶格能 U 来度量，晶格能是指气态正离子和气态负离子结合成 1mol 离子晶体时所放出的能量。

根据晶格能的大小可以预测和解释离子型化合物的一些性质，如熔点、沸点、硬度、稳定性等。对于同种构型的离子晶体，离子电荷越高，半径越小，晶格能就越大。晶格能大，说明形成晶体时放出的能量多，则离子键强度大，离子晶体的熔、沸点高，离子型化合物的稳定性强。

（3）离子液体

离子液体是指一种只由离子组成的液体，该定义包含一个附加的特殊的含义以区别经典的熔融盐。熔融盐通常为高熔点盐的液体相，如熔融的氯化钠，而离子液体存在于很低的温度（＜100℃）下。已报道的重要的离子液体是由下列正离子和负离子组成。

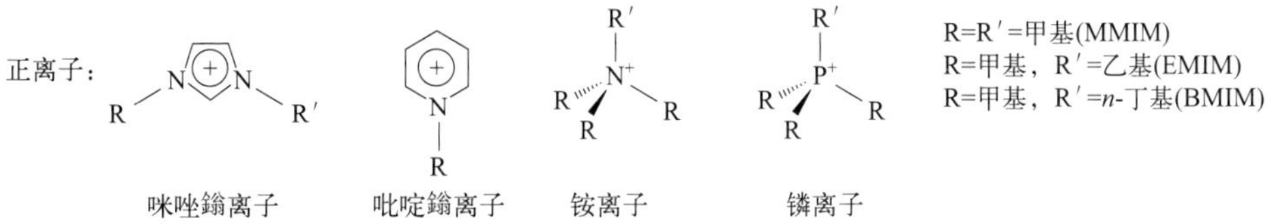

负离子：$AlCl_4^-$，$Al_2Cl_7^-$，BF_4^-，Cl^-，$AlEtCl_3^-$，PF_6^-，NO_3^-，$CF_3SO_3^-$

离子液体的研究进展已显示出这些离子具有下列结构特点：

① 离子半径大。对一个离子液体评价的关键判据是它的熔点。对比列于表 2-3 中不同正离子的氯化物盐的熔点，清楚地表明了正离子的影响：碱金属氯化物有着小的正离子半径，它们具有高熔点的特征，而具有适当大小的有机正离子的氯化物在低温下熔化。除正离子影响外，带有相同电荷的负离子的尺寸增加，也会使熔点进一步下降。

表 2-3 一些盐和离子液体的熔点

盐或离子液体	熔点/℃	盐或离子液体	熔点/℃
NaCl	801	[EMIM]NO_2	55
KCl	772	[EMIM]NO_3	38
[MMIM]Cl	125	[EMIM]$AlCl_4$	7
[EMIM]Cl	87	[EMIM]BF_4	6
[BMIM]Cl	65	[EMIM]CF_3SO_3	−9
[BMIM]CF_3SO_3	16	[EMIM]CF_3CO_2	−14

② 离子间的作用力弱。在离子液体中离子间的作用力弱，并且要尽可能地避免在分子

间形成氢键。

③ 正负离子分别由有机和无机组分组成。在一般的情况下，离子液体的正负离子分别由有机正离子和无机负离子组成。一种离子液体的溶解度性能可在正离子中选用不同的烷基基团和选择不同的负离子而得到。

离子液体所具有的物理性质和化学性质使它们成为很有价值的潜在溶剂和作其他的用途。

① 离子液体可在广泛范围内同时用作低温下无机和有机材料的优良溶剂。通常能将溶剂带入同一个相中。离子液体代表了一种独特的、新的用作过渡金属催化作用的反应介质。

② 离子液体中的离子通常配位能力很差，所以它们可用作高度极性的溶剂，而不会干扰预期的化学反应。

③ 离子液体能与一系列有机溶剂互溶，提供作为非水的、极性选择的两相体系。疏水的离子液体也可用作能和水不互溶的极性的相。

④ 在离子液体中，离子间的相互作用力是强的静电库仑力。离子液体蒸气压低，没有可测量出来的蒸气压，因此它们可用于高真空体系去克服许多污染问题。它们的无挥发性特点可应用于催化方面并通过蒸馏的方式分离出产品，从而回收离子液体催化剂。

2.2.2 共价键和分子轨道理论

分子轨道理论认为，在分子中电子不再属于某一个原子，而是在整个分子中运动，即电子不是定域化的。分子轨道理论是理解分子的结构稳定性、预测分子的顺磁性与反磁性和金属能带理论的基础，是研究半导体材料性质、催化机理和导电高分子掺杂原理等的重要理论。

2.2.2.1 共价键

根据量子力学对 H_2 分子的计算，当两个 H 原子互相靠近而作用增强时，由于自旋状态的不同，使原来属于一个原子的轨道 (ψ) 及其对应的能量状态发生变化，出现两种新的状态，即基态和排斥态。基态中两个电子的自旋相反而成对，两核间电子的概率密度大，相互作用增大而成键，体系能量小于两个 H 原子能量之和，因而稳定；排斥态中两个电子的自旋平行，两核间电子的概率密度接近于零，两核正电荷的排斥增大而不能成键，其能量大于两个 H 原子能量之和，因而很不稳定，倾向于互相分开，如以势能曲线表示则如图 2-2。根据实验测定，得出相应于势能阱的最低点处的能量，即 H_2 分子的解离能 $D(H_2)$ 为 432kJ/mol，此时的核间距 R_0 为 74.1pm，理论计算结果亦与实验值基本一致。可见，共价键的本质是两个原子核间电子的概率密度大，吸引两核而结合，使体系的势能降低，即原子轨道的互相重叠。

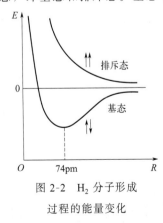

图 2-2 H_2 分子形成过程的能量变化

共价键具有饱和性和方向性，配位数低。因此由共价键构成的材料（如金刚石）具有高熔点、高强度、高硬度、低膨胀系数、塑性较差等特点。

共价键的极性是因成键原子的电负性及吸引电子的能力不同，共用电子对偏向电负性较大的原子而产生的，因而一般情况下，键合原子间的 $\Delta\chi$ 越大，键的极性越大。当两成键原子的电负性相差较大时，共用电子对强烈偏向电负性大的原子，这时的键就带有离子键的性质。极性共价键与离子键的界限有时不很分明，一个简单的判断方法是利用电负性差 $\Delta\chi$：当 $\Delta\chi > 1.7$ 时，主要形成离子键；而当 $\Delta\chi < 1.7$ 时则倾向于形成共价键。也可以通过鲍林公式计算键的离子特征百分数：

$$离子特征百分数 = [1 - e^{(-1/4)(\chi_A - \chi_B)^2}] \times 100\% \tag{2-7}$$

式中，χ_A 和 χ_B 分别是 A 原子和 B 原子的电负性。

【例 2-1】 利用鲍林公式计算半导体化合物 GaAs 和 ZnSe 的离子特征百分数。其中 Ga、As、Zn、Se 的电负性分别为 1.8、2.2、1.7 和 2.5。

解：

$$GaAs\ 离子特征百分数 = [1 - e^{(-1/4)(\chi_{Ga} - \chi_{As})^2}] \times 100\% = [1 - e^{(-1/4)(1.8-2.2)^2}] \times 100\% = 4\%$$

$$ZnSe\ 离子特征百分数 = [1 - e^{(-1/4)(\chi_{Zn} - \chi_{Se})^2}] \times 100\% = [1 - e^{(-1/4)(1.7-2.5)^2}] \times 100\% = 15\%$$

2.2.2.2 分子轨道理论基本观点

现代价键理论在解释共价键的特点、类型、分子的空间构型等方面取得了较大成功，但该理论也有其局限性。例如它把成键电子局限在相邻两个原子之间，没有考虑分子的整体性；它对某些分子的磁性、分子中的单电子键等都无法给出圆满的解释。为了合理解决这类问题，1932 年德国化学家洪特（F. Hund）和美国化学家密立根（R. S. Mulliken）提出了分子轨道理论。

分子轨道理论的基本要点为：

① 假定共价分子中的每一个电子的运动状态可以用分子轨道 $\varphi_{M.O.}$（单电子波函数，波动方程的解）来描述。$\varphi_{M.O.}$ 一定时，也有一定的概率密度 $|\varphi_{M.O.}|^2$ 及其对应的能量，$\varphi_{M.O.}$ 是属于分子整体的，不像价键理论中的定域键只局限于两个核之间，而是假定以所有原子核作为固定的骨架，每个电子在整体的骨架之间运动（离域的），因而 $\varphi_{M.O.}$ 是多中心的（与多个核发生联系），不像原子轨道那样只有一个中心（与一个核发生联系）。

② 分子的能量等于各个分子轨道中电子电离能的总和。分子轨道中的电子数也是符合泡利原理的，即最多只能容纳 2 个自旋相反的电子，按此则每个分子轨道中的电子数可以是 0、1、2 等。

③ 分子轨道 $\varphi_{M.O.}$ 可以近似地由原子轨道线性组合构成，有几个原子轨道，就组成几个分子轨道。例如，两个原子轨道 ψ_A 及 ψ_B 组成如下的两个分子轨道 φ_1 及 φ_2：

$$\varphi_1 = C_1 \times (\psi_A + \psi_B) \tag{2-8}$$

$$\varphi_2 = C_2 \times (\psi_A - \psi_B) \tag{2-9}$$

式中，C_1、C_2 是与重叠有关的常数；$\psi_A + \psi_B$ 表示重叠相加（正重叠）；$\psi_A - \psi_B$ 表示重叠相减（负重叠）；φ_1 叫作"成键分子轨道"，即重叠相加代表两核间电子的概率密度大，受两个核吸引而成键，能量处于比原子轨道平均能量低的状态；φ_2 叫作"反键分子轨道"，即重叠相减代表两核间电子的概率密度小（或者说电子从核间区移开），能量处于比原子轨道平均能量高的状态。如果电子处于反键分子轨道中时，会抵消处于成键分子轨道中的电子能量而使分子不稳定。

④ 分子轨道中电子的填充也遵循泡利原理、能量最低原理和洪特规则。

⑤ ψ_A 与 ψ_B 符合下列三个原则时，方能有效地组成分子轨道。

第一，能量近似原则。原子轨道的能量必须相近才能组成分子轨道，而且相差越小越好。例如同核双原子分子 H_2 中一个 H 原子的 1s 与另一个 H 原子的 1s 能组成分子轨道，而 1 个 H 原子的 1s 与另一 H 原子的 2s 或 2p 就不能组成分子轨道，因为能量相差太大；再如异核双原子分子 HF 中，H 原子的 1s 与 F 原子的 2p 能组成分子轨道是由于 F 原子的 Z^* 较大，使 2p 的能量降至与 H 原子的 1s 相近之故，而 H 原子的 1s 与 F 原子的 1s 或 2s 则不能组成分子轨道。

第二，最大重叠原则。两原子轨道的重叠越大，则成键轨道的能量越低而键越稳定。这一点和价键理论中相同，即沿轨道的最大伸展方向重叠才能得到最大重叠。例如，p_x-$p_x\sigma$ 键强于 s-sσ 键，是因为前者的重叠较大。

第三，对称性匹配原则。ψ_A 与 ψ_B 具有相同对称性时，方能有效地组成分子轨道。相同对称性是指沿键轴旋转时，正负号变化相同。ψ_A 与 ψ_B 的同号区域重叠，组成成键分子轨道（即线性组合中的重叠相加）；ψ_A 与 ψ_B 的异号区域重叠，组成反键分子轨道（即线性组合中的重叠相减），ψ_A 与 ψ_B 重叠部分正、负区域的面积相等时，组成非键分子轨道，此时 ψ_A 与 ψ_B 的正、负重叠互相抵消，好像没有发生重叠一样，电子仍然在 A、B 各自的原子轨道中运动。可见原子轨道重叠时的相对正、负号至关重要。

关于 ψ_A 与 ψ_B 如何重叠组成成键、反键及非键分子轨道的情形，可由图 2-3 看出。

沿键轴（x）以头碰头方式重叠的，叫作 σ 轨道，如 s-s、s-p_x、p_x-p_x 等重叠。其特点为圆柱形对称，即沿键轴旋转 180° 时，形状、符号都不改变。

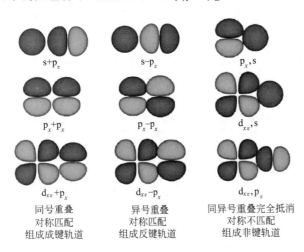

s+p_z s-p_z p_x,s

p_x+p_x p_x-p_x d_{xz},s

d_{xz}+p_x d_{xz}-p_x d_{xz},p_z

同号重叠　　　异号重叠　　　同异号重叠完全抵消
对称匹配　　　对称匹配　　　对称不匹配
组成成键轨道　组成反键轨道　组成非键轨道

图 2-3　原子轨道的重叠

沿键轴（x）以肩并肩方式重叠的，叫作 π 轨道，如 p_y-p_y、p_z-p_z、p_y-d_{xy}、p_z-d_{xz}、d_{xy}-d_{xy}、d_{xz}-d_{xz} 等重叠。其特点是把 π 轨道沿键轴旋转 180° 时符号要改变。

关于 s-s(σ)、p_x-p_x(σ) 和 p_z-p_z(π) 等重叠组成 σ 及 π 轨道，成键以及反键（有*号者）轨道的情况，可由图 2-4 看出，同号重叠（相加）时，核间的图形变大；异号重叠（相减）时，核间的图形变小。其余 p-d 或 d-dπ 轨道的情况可以类推。

2.2.2.3　分子轨道能级图

（1）同核双原子分子的分子轨道能级图

同核双原子分子主要指第二周期元素组成的 Li_2～F_2 等，将从光谱实验得出的各分子轨道的能量从低到高依次排列，即可得到分子轨道能级图。分子轨道的能量与组成它的原子轨道的类型和重叠程度有关。原子轨道能量低者，所组成的分子轨道的能量也低，例如，能量 1s-1s(σ)＜2s-2s(σ)。从重叠程度考虑，重叠程度大者能量低。因 σ 重叠＞π 重叠，故能量一般为 2p_x-2p_x(σ)＜2p_z-2p_z(π)；还有同号重叠（成键）＞异号重叠（反键），故能量为成

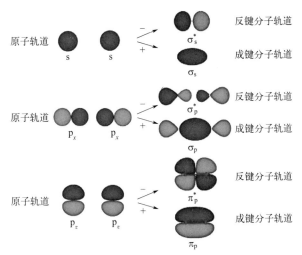

图 2-4 s-s(σ)、p_x-p_x(σ) 和 p_z-p_z(π) 重叠的成键与反键轨道

键<反键；而且 π 轨道的成键与反键的能量差<σ 轨道的成键与反键能量差。从以上叙述，可以预料分子轨道有如下的能级顺序：

$$\sigma_{1s} < \sigma_{1s}^* < \sigma_{2s} < \sigma_{2s}^* < \sigma_{2p} < \pi_{2p_y} = \pi_{2p_z} < \pi_{2p_y}^* = \pi_{2p_z}^* < \sigma_{2p}^*$$

顺序中有等号者指能量相等的等价轨道。O_2、F_2 的能级完全符合上述顺序，而 Li_2、B_2、C_2、N_2（Be_2 不形成）的能级顺序中出现能级交错，即其 $\pi_{2p} < \sigma_{2p}$，这是由于从 Li 到 F，Z^* 增大时 2s 与 2p 的能级差稳定地增大，而从 Li 到 N，2s 与 2p 的能级差较小，均在 11eV（1eV = 96.487kJ/mol）以下，2s 与 2p 之间的相互作用较强，以致顺序颠倒，使 $\pi_{2p} < \sigma_{2p}$。

根据各个分子轨道的能级顺序、泡利原理、能量最低原理及洪特规则，由低到高依次填入电子，即能得到具体的某个同核双原子分子的分子轨道能级图。如 H_2 分子是 2 个 H 原子各自用 1s 电子组成的，其分子轨道能级如图 2-5 所示。可以看出，在能量较原子轨道低的成键分子轨道（σ_{1s} 分子轨道）上存在自旋方向相反的两个电子，故 H_2 分子的分子轨道式应为 $(\sigma_{1s})^2$。

O_2 分子是由 2 个 O 原子（$1s^2 2s^2 2p^4$）组成的，共有 16 个电子，依上法可得 O_2 分子的分子轨道式应为 $(\sigma_{1s})^2 (\sigma_{1s}^*)^2 (\sigma_{2s})^2 (\sigma_{2s}^*)^2 (\sigma_{2p})^2 (\pi_{2p_y})^2$

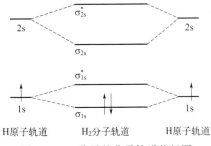

图 2-5 H_2 分子的分子轨道能级图

$(\pi_{2p_z})^2 (\pi_{2p_y}^*)^1 (\pi_{2p_z}^*)^1$（等价轨道按洪特规则填充电子）。1s 是内层，$(\sigma_{2s})$ 与 (σ_{2s}^*) 各有 1 对电子，能量抵消，属于非键电子，净剩的用于成键的有 $(\sigma_{2p})^2 (\pi_{2p_y})^2 (\pi_{2p_z})^2 (\pi_{2p_y}^*)^1 (\pi_{2p_z}^*)^1$，相当于生成 1 个 σ 键，$(\pi_{2p_y})^2 (\pi_{2p_y}^*)^1$ 形成 1 个三电子 π 键，$(\pi_{2p_z})^2 (\pi_{2p_z}^*)^1$ 形成另 1 个三电子 π 键。由于 $(\pi_{2p_y}^*)^1$ 与 $(\pi_{2p_z}^*)^1$ 是等价轨道，各有 1 个单电子，故 O_2 分子有顺磁性（电子配对法无法说明）。图 2-6 为 O_2 分子的分子轨道能级图。

（2）异核双原子分子的分子轨道能级图

异核双原子分子如 CO、NO 等，与同核双原子分子相比，由于各原子的 Z^* 及电负性不

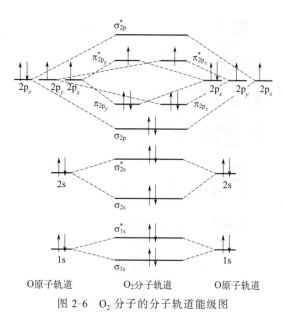

图 2-6　O_2 分子的分子轨道能级图

同，纵是相同类型的原子轨道，电负性较大的原子因为吸引电子的能力较强而轨道能量较低。尽管如此，但二者能量相差不多，互相间仍可以组成分子轨道。以 CO 为例，因 O 原子的电负性较大，故其相同类型的原子轨道的能量均比 C 原子的低一些。CO 中 C 原子（$1s^2 2s^2 2p^2$）与 O 原子（$1s^2 2s^2 2p^4$）的价层共有 $4+6=10$ 个电子，与 N_2（$5+5=10$）是"等电子分子"。根据下述的等电子原理，CO 与 N_2 的分子结构和分子轨道能级图应该相似。

　　凡两个或两个以上的分子或离子，它们的原子数相同，分子中的电子数也相同，这些分子常具有相似的电子结构、相似的几何形状，而且性质（如物理性质）上也有许多相似之处，叫作"等电子原理"。按此原理，则 CO 的分子轨道能级图可依照 N_2 分子绘出。前面指出，N_2 分子的能级顺序中出现能级交错，即其 $\pi_{2p} < \sigma_{2p}$，因此 CO 中也出现能级间的交叉，即 $\pi_{2p} < \sigma_{2p}$，如图 2-7 所示。其中 σ_{2s} 与 σ_{2s}^* 因能量抵消是非键轨道，净的成键轨道为 $(\pi_{2p_y})^2 (\pi_{2p_z})^2 (\sigma_{2p})^2$，故 CO 分子中也有 1 个 σ 键和 2 个 π 键。因为 CO 与 N_2 分子中均有三键，二者均是较稳定的双原子分子。

　　有些异核双原子分子中相同类型的原子轨道的能量相差较多，如 HF。由于 F 原子的 Z^* 及电负性较 H 原子的都要大得多，相同类型的原子轨道，如 F 的 1s 和 H 的 1s，能量相差很大，F 原子的 1s 轨道能量比 H 原子的要低得多。根据原子轨道线性组合成分子轨道的能量相近原则，它们彼此之间不能组合成分子轨道，但 H 的 1s 轨道与 F 的 2p 轨道能量相差不多（即外层轨道能量彼此接近，如果这一点也达不到，则只能生成离子键），则可组合成分子轨道。因此，HF 的分子轨道能级图可以表示成如图 2-8 那样。

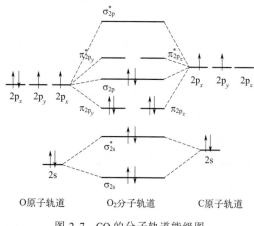

图 2-7　CO 的分子轨道能级图

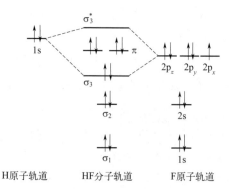

图 2-8　HF 的分子轨道能级图

其中 σ_1、σ_2、π 实际上就是 F 的 1s、2s、$2p_y$、$2p_z$ 原子轨道，由于在分子中，其能量未发生变化，故是非键轨道，对成键没有贡献。σ_3 和 σ_3^* 是 H 和 F 的 $2p_x$ 组合的两个分子轨道，一个为成键轨道，一个为反键轨道。根据电子的填充情况可知，HF 中存在一个 σ 键，这和价键理论得出的结果也是一致的。

综上所述，分子轨道理论的应用可以总结如下：①推测分子的存在和阐明分子的结构。体系能量降低，故能存在；体系能量无变化，从理论上推测该两个分子要么不存在，要么高度不稳定。②用分子轨道理论预测分子的顺磁性与反磁性。顺磁性指凡有未成对电子的分子，在外加磁场中必顺磁场方向排列；反之，电子完全配对的分子则具有反磁性。③描述分子的结构稳定性。

$$键级 = (成键轨道的电子数 - 反键轨道的电子数)/2$$

键级越大，键能越大，分子结构越稳定，键级为零，分子不可能存在。

2.2.3 金属键和能带理论

金属的性质不能用通常的离子键和共价键来解释，这两种类型的化学键在解释金属的形成时存在不足。即金属的所有原子都是相似的，因此他们不能形成离子键。同时离子化合物在固态时不能导电，且是脆性的，与金属的性质相反。此外，金属元素的原子仅含有 1～3 个价电子，故不能形成共价键。共价化合物是电的不良导体，通常呈液态，其性质与金属的性质也相反。由此可见，金属具有不同的成键方式，即为金属键。与金属键模型相关的模型是能带模型。该模型实际上是一种金属晶体的分子轨道模型，即整个晶体的轨道是由单个原子的原子轨道线性组合而获得的。

2.2.3.1 金属键

金属原子可以电离出它的部分价电子并生成正离子，这些自由运动的电子在正离子与中性原子间不断交换，即电子在此一瞬间与正离子相遇生成中性原子，而某一中性原子在同一时间又电离出电子生成正离子。整体上总保持着自由电子与正离子之间的相互作用，从而形成金属键。金属键的特点：一是电子共有化，可以自由流动；二是既无饱和性又无方向性。自由电子的定向移动形成了电流，使金属表现出良好的导电性；正电荷的热振动阻碍了自由电子的定向移动，使金属具有电阻；自由电子能吸收可见光的能量，使金属具有不透明性；当自由电子从高能级回到低能级时，将吸收的可见光的能量以电磁波的形式辐射出来，使金属具有光泽；晶体中原子发生相对移动时，正电荷与自由电子仍能保持金属键结合，使金属具有良好的塑性。金属有很强的结晶倾向，其晶体为低能量密堆结构，配位数高。

2.2.3.2 能带理论

将分子轨道理论应用于金属键就产生了能带理论。根据金属晶体中原子配位数高、密堆积以及电子共有化（属于金属整体）来看，这意味着价电子轨道在三维空间的各方向上有广泛的重叠，能组成大量的、能量非常接近的分子轨道，实际上形成能级（在图 2-9 中每个能级用一条线表示）非常密集、能量

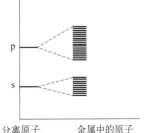

图 2-9 分离原子中的能级与金属中的能带

可在某个区间变动的带，叫作能带。能带的组成如图 2-9 所示。

图 2-10　Li_n 的能带结构

以 Li_n 为例，用 n 个 2s 原子轨道组成 n 个分子轨道，其中 $n/2$ 个为成键，$n/2$ 个为反键。每个成键轨道被一对自旋相反的电子占据，而反键轨道则空着，即金属锂的 2s 能带是半满半空的，如图 2-10 所示。

又如金属铍（及其他碱土金属和 Zn、Cd 等）中由于价层的 s 原子轨道原已充满，当其形成 s 能带时各能级均被电子占满，p 能带则全空着，但 s 与 p 能带间因能量很接近而有部分的重叠，这可由图 2-11 看出。

充满电子的能带，叫作价带（或满带）。部分充满（如 Li 金属的 2s 带）或全空的能带，叫作空带（或导带）。满带与导带之间的能量间隔 ΔE，叫作禁带，作为禁区电子不能在此存在，于通常情况（外界不供给能量）下电子也不能由价带越过禁区而进入导带。根据禁带宽度 ΔE 从小到大，而导电性却由大到小，可将固体分为金属导体、半导体和绝缘体三类，如图 2-12 所示。

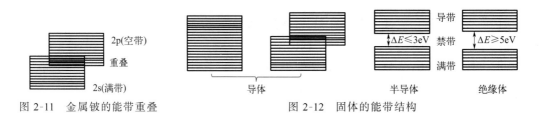

图 2-11　金属铍的能带重叠　　　　图 2-12　固体的能带结构

金属导体是指能带部分充满（如 Li、Na 等金属）或空带与满带有重叠者（如碱土金属及 Zn、Cd 等），它易于导电是因为价带中的成对电子在微小的外加电场影响下，就能拆开而升级进入导带，变成定向运动的传导电子。绝缘体的所有价带已全满，而满带与空带之间的禁带宽度 ΔE 很大（$\Delta E \geqslant 5eV$），满带中的电子纵有电场影响也难升级进入导带，所以是绝缘体。例如金刚石（C）的 ΔE 大约 500kJ/mol，因而属于绝缘体。

导电性及禁带宽度（$\Delta E \leqslant 3eV$）介于导体和绝缘体二者之间的叫作半导体。半导体通常可分为本征半导体和杂质半导体。本征半导体（即纯半导体），单质有 Si、Ge 等，它们通常不导电，在受热（热敏）或光照（光敏）的情况下，价带电子即可跃迁到导带而导电，且随温度升高而导电性增强（这和金属恰相反）。这种导电性与金属只有电子导电不同，半导体不仅有跃迁到导带中的电子导电，也有价带中因电子跃迁到导带而形成的空穴（相当于带正电）导电。

杂质半导体是在纯半导体中掺入少量的杂质原子而形成的。根据掺入原子的不同又可分为 n、p 型两类。n 型如在 Ge（价电子＝4）中掺入价电子比 Ge 多的少量 As 原子（价电子＝5），以 As^+ 取代母体 Ge 的晶格位置时，授出多余的 1 个电子进入靠近导带的能级上，易于激发到导带而成传导电子。这类杂质由于授出电子，叫作施主杂质。因是负电子导电故称为 n 型。p 型半导体是用比母体 Ge 价电子少的元素如 Ga 或 B（价电子＝3）来取代 Ge 的位置，此时 Ga 或 B 原子得到 1 个电子以满足价的要求，在靠近满带处产生一个空能级。从满带中提取 1 个电子到空能级时，就在满带中留下 1 个因缺少电子而带正电的空穴，表观上形成和电子流动方向相反的空穴电流，p 型因此而得名。这类杂质由于缺少电子而乐于接受电子，故称为受主杂质。无论 n 型或 p 型，由于 ΔE 比母体都更小，因而更易激发和更易导电，这也是和本征半导体的区别。

还应指出，禁带宽度 ΔE 随着电子在原子上定域化趋势的增加而增大。例如，按照从金属导体的 Sn（$\Delta E=0$）、单质半导体（如 Ge、Si）、化合物半导体（如 GaAs、CdS）至绝缘体（如金刚石、NaCl）的顺序，ΔE 依次增大，导电性愈来愈差。

半导体器件的研究和应用非常广泛。例如用 Si 作基体的太阳能电池因换能效率不高，今后可能被用 CdS 作阴极、CdTe 作阳极的高效率薄膜太阳能电池所取代。现在甚至已研制出用金属薄片和绝缘体薄片制得的代替半导体材料的新型晶体管。

粗略地讲，过渡金属原子对形成能带所提供的成单 d 电子数越多，则金属键越强，熔、沸点越高，相对密度、硬度也越大，尤其是 Nb～Ru 和 Hf～Ir。当然，也和这些过渡金属的高配位数的内聚能很大，使 M(s)——→M(g) 的原子化热特别大有关。例如 W($5d^46s^2$)、Re($5d^56s^2$) 的成单 d 电子数很多，原子化热都很大，金属的熔点都很高。W 的熔点为 3683K，是金属中熔点最高者（W 的原子化热也是金属中最大的），故 W 很早就用作耐高温材料，如白炽灯的灯丝。这可认为是与能带较宽且能级密度较小的 s、p 能带相比，d 能带又低又窄，能级又多又密，各能级上虽有许多电子，而能量没有显著的上升，使 d 电子与正离子的结合力更大，而金属键更强使然。另外，Cr、Mo、W 等金属的硬度比其余 d 过渡金属都要大，也与成单的 d 电子数较多有关。这些可以看作是能带理论的应用。

2.2.4 氢键与范德瓦耳斯键

（1）氢键

在一个典型的 X—H--Y 氢键体系中，X—Hσ 键的电子云极大地趋向于高电负性的 X 原子，导致出现屏蔽小的带正电性的氢原子核，它强烈地被另一个高电负性的 Y 原子所吸引。X、Y 通常是 F、O、N、Cl 等原子，也可以是双键和三键成键的 C 原子。氢键具有饱和性和方向性。

氢键的强度远低于上述 3 种化学键，但对材料的结构和性质同样有很大影响。例如 DNA 的双螺旋结构就是氢键所导致的。在高分子材料（如聚酰胺）中，如果分子间形成氢键，由于这些氢键数目巨大，所以对聚合物的性质如熔点、力学性能等影响很大。对于小分子来说，氢键的形成对熔点、沸点、溶解性、黏度、密度等性质也有显著影响。

（2）范德瓦耳斯键

范德瓦耳斯键也称范德瓦耳斯力，或称分子间力，是分子间相互作用的总称，这些作用有别于共价键、离子键和金属键。分子间作用主要有：荷电基团、偶极子、诱导偶极子之间的相互作用，疏水基团相互作用，π···π 堆积作用以及非键电子排斥作用，等等。大多数分子间作用能在 10kJ/mol 以下，它比化学键的键能小 1～2 个数量级，比氢键还弱，不具有方向性和饱和性，作用范围为 0.3～0.5nm。范德瓦耳斯力有 3 种来源，即取向力、诱导力和色散力。当极性分子相互接近时，它们的固有偶极相互吸引产生分子间的作用力，叫作取向力。当极性分子与非极性分子相互接近时，非极性分子在极性分子的固有偶极作用下发生极化，产生诱导偶极，然后诱导偶极与固有偶极相互吸引而产生分子间的作用力，叫作诱导力。极性分子之间的相互诱导可使分子极性更大，所以诱导力同样存在于极性分子之间。非极性分子之间，由于组成分子的正、负微粒不断运动，产生瞬间正、负电荷重心不重合，而出现瞬时偶极。这种瞬时偶极之间的相互作用力，叫作色散力。同样，在极性分子与非极性分子之间或极性分子之间也存在着色散力。

范德瓦耳斯键对物质的沸点、熔点、汽化热、熔化热、溶解度、表面张力、黏度等物理化学性质有决定性的影响。对于聚合物材料来说，由于分子链很长，所以即使范德瓦耳斯键很弱，但分子链间范德瓦耳斯力总和还是很大的，聚合物材料的性质在很大程度上受范德瓦耳斯力的影响。

由于键型变异及结构的复杂性，在一种单质或化合物中常常包含多种类型的化学键，例如 ZnS 中，Zn 和 S 的氧化态通常都写成 Zn^{2+} 和 S^{2-}，实际上由 Zn 转移两个电子到 S 是不完全的，所以形式上的 Zn^{2+} 和 S^{2-} 之间的化学键有着相当多的共价键型；NbO 中的金属原子呈低氧化态，它过多的价电子使原子间形成金属—金属键，在一维和二维方向上延伸，从而具有优良的导电性；石墨晶体是由 C 原子组成层形分子，然后再堆积而成的，层形分子中的 C 原子除形成共价 C—Cσ 键外，整个层中的 n 个 C 原子还形成 π_n^n 离域 π 键，它可看作一种二维的金属键，使石墨分子具有金属光泽和导电性，层形石墨分子依靠 π⋯π 相互作用和范德瓦耳斯力结合成晶体。表 2-4 列出了若干种单质和化合物中存在的化学键类型。

表 2-4　若干种单质和化合物中存在的化学键类型

单质和化合物	键型
ZnS	共价键,离子键
NbO	离子键,金属键
Sn	金属键,共价键
石墨	共价键,金属键,范德瓦耳斯键
AlP	共价键,离子键,金属键
明矾$\left[K(H_2O)_6\right]^+\left[Al(H_2O)_6\right]^{3+}(SO_4^{2-})_2$	共价键,离子键,氢键

2.3　晶体学基础

材料的微观结构所考虑的首先是材料中所含元素的原子结合方式，包括所形成分子的相互作用，其次是材料中原子、离子或分子的排列方式。这两者都对材料的性质和使用性能有直接影响。第一个问题在 2.2 节中已经述及，也就是原子间的键合方式。在这一节中，我们将关注第二个问题，材料中的微粒（原子、离子或分子等）是如何排列的。该部分内容主要涉及在材料结构中经常用到的一些晶体学基本概念和影响材料性能的晶体缺陷。

2.3.1　晶体、非晶体和准晶体

按构成固体的粒子性质和内部结构的不同，可以将固体物质分为晶体（crystal）、非晶体（amorphous matter）[也称为无定形固体（amorphous solid）]和准晶体（quasi-crystal）三大类（图 2-13）。

2.3.1.1　晶体

晶体是指原子或原子团、离子或分子按一定规律呈周期性地排列所构成的物质，其内部

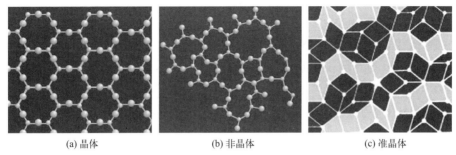

(a) 晶体　　　　　　　　(b) 非晶体　　　　　　　　(c) 准晶体

图 2-13　晶体、非晶体与准晶体中原子排列对比

基元的排列无论在长程还是短程都是有序的。晶体的特性由晶体内部原子或原子团、离子或分子排列的周期性所决定，是各种晶体所共有的，是晶体的一些基本性质，主要包括以下几点：

① 晶体具有各向异性。在晶体各个不同的方向上具有不同的物理性质，如力学性质（硬度、弹性模量等）、热学性质（热膨胀系数、热导率等）、电学性质（介电常数、电阻率等）及光学性质（吸收系数、折射率等）。例如，当外力作用在云母的结晶薄片上时，沿平行于薄片的平面很容易裂开，但在薄片垂直方向上则不容易裂开，说明云母晶体在不同方向上的力学性质不同。在云母片上涂层薄石蜡，用烧热的钢针触及云母片的反面，石蜡便会以接触点为中心，逐渐熔化成椭圆形，说明云母在不同方向上热导率不同。再如石墨晶体的导电率，平行石墨层方向比垂直方向大一万倍。晶体的这种特性，是由晶体内部原子的周期性排列所决定的。在周期性结构中，不同方向上原子或分子的排列情况是不相同的，因而在物理性质上具有异向性。

玻璃体等非晶物质，不会出现各向异性，而呈现等向性，例如玻璃的折射率、热膨胀系数等，一般不随测定的方向而改变。

② 晶体具有整齐、规则的几何外形。晶体在生长过程中自发地形成晶面，晶面相交成为晶棱，晶棱会聚成顶点，从而出现具有多面体外形的特点，这种特点源自晶体的周期性结构。晶体在理想环境中生长，应长成凸多面体，比如食盐、石英和明矾，分别为立方体、六角棱柱和八面体的几何外形。玻璃体不会自发地形成多面体外形，当液体玻璃冷却时，随着温度降低，黏度变大，流动性变小，固化成表面圆滑的无定形体。这与晶体的有棱、有顶角、有平面的性质完全不同。

③ 在一定压力下，晶体具有明显确定的熔点。晶体具有周期性结构，各个部分都按同一方式排列。当温度升高，热振动加剧，晶体开始熔化时，各部分需要同样的温度，因而有一定的熔点，并且在熔解过程中温度保持不变。玻璃体和晶体不同，它们没有一定的熔点。例如，将玻璃加热，它随着温度升高逐渐变软，黏度减小，变成黏稠的液体，进而成为流动性较大的液体。在此过程中，没有温度停顿的时候，很难指出哪一温度是其熔点。

④ 晶体具有特定的对称性。晶体点阵是晶体粒子所在位置的点在空间的排列，晶体的点阵结构使晶体具有的对称元素受到点阵的制约，点对称元素只有镜面、对称中心以及轴次为 1、2、3、4、6 等的对称轴。这些点对称元素通过一个公共点组合，可得 32 个晶体学点群。根据晶体所具有的特征对称元素或点群，可将晶体分成 7 个晶系。按对称性要求选择晶胞，可得 6 种几何特征的晶胞，由此将晶体分成 6 个晶族。根据各个晶族规定的点阵单位和带心型式，可推得 14 种空间点阵型式。将空间点阵型式、点群及平移对称操作组合在一起，

可得 230 种空间群。这些内容构成了丰富的晶体对称性的知识宝库。

⑤ 晶体对 X 射线、电子流和中子流产生衍射。晶体结构的周期大小和 X 射线、电子流及中子流的波长相当，可作为三维光栅，产生衍射。而晶体的衍射成为了解晶体内部结构的重要实验方法。非晶物质没有周期性结构，只能产生散射效应，得不到衍射图像。

按照晶格结点上粒子的种类及作用力的不同，可把晶体分为离子晶体（ionic crystal）、分子晶体（molecular crystal）、金属晶体（metallic crystal）和原子晶体（atomic crystal）四种类型。

① 离子晶体。在离子晶体中，组成晶格的粒子是正、负离子。正、负离子之间靠静电引力相互作用，形成离子键。由于离子键没有饱和性和方向性，每个离子可在各个方向上吸引尽量多的异号电荷离子，所以在离子晶体中，配位数一般较高。离子晶体的堆积方式与正负离子的半径比有一定关系，通常可以通过半径比值预测某些物质的结构和配位数。离子键较强，因而离子晶体具有较高的熔点、沸点和较大的硬度。许多离子晶体易溶于极性溶剂（如水）中，其水溶液或熔融液都能导电。属于离子晶体的物质通常是活泼金属的盐类和含氧化合物，如 NaCl、KBr、MgO 等。

② 原子晶体。在原子晶体中，组成晶格的粒子是中性原子，原子间以共价键相连接。例如，在金刚石的晶体中，晶格结点上排列着中性 C 原子，每一个 C 原子通过共价键与其他 4 个碳原子结合，构成正四面体（由 4 个 sp^3 杂化轨道形成）。由于共价键具有饱和性和方向性，配位数一般比离子晶体小，且由于共价键的键能强，原子晶体一般具有很高的熔点、沸点和很大的硬度。如金刚石的熔点高达 3570℃，硬度为 10。所以，原子晶体在工业上常用作磨料或耐火材料。但是，原子晶体的延展性小，性脆，晶体中没有离子，所以，固态、熔融态的电导率都比较低，不易导电。除某些原子晶体如硅、锗、砷化镓等可作为优良的半导体材料以外，一般都是电绝缘体，且不溶于一般的溶剂。

③ 分子晶体。在分子晶体中，组成晶格的粒子是单质或化合物分子，分子间以范德瓦耳斯力或氢键相结合。由于范德瓦耳斯力无方向性和饱和性，故其配位数可高达 12。范德瓦耳斯力一般较弱，所以分子晶体的硬度较小，熔点较低，一般低于 400℃，并有较大的挥发性。有些分子晶体，如碘、萘等还可升华。

分子晶体是由电中性的分子组成的，固态和熔融态都不导电，是电的绝缘体。但某些分子晶体具有极性共价键，溶于水后产生水合离子，因而溶液能导电，如乙酸、氯化氢等。另外，分子晶体的延展性也很差。最典型的分子晶体是 C_{60}，这个球形分子内部碳碳间以共价键结合，而分子间靠范德瓦耳斯力结合成分子晶体。已发现 C_{60} 分子晶体在超导、半导体、催化剂等领域得到应用。

④ 金属晶体。在金属晶体中，组成晶格的粒子是金属原子或金属正离子，在它们中间有可自由运动的电子。这些自由电子时而与金属正离子结合成金属原子，时而又从金属原子上运动离开，从而在金属原子、金属正离子和自由电子之间产生了一种结合力，即金属键。自由电子并不为某个原子或离子所有，而是为许多原子或离子所共有。金属原子紧密堆积在一起而稳定存在，堆积方式有简单立方堆积、体心立方堆积、面心立方密堆积和六方密堆积。金属晶体是热和电的良导体，导电性随温度的升高而降低，有优良的机械加工性能和延展性，有金属光泽，对光不透明。不同金属晶体的熔点、沸点、硬度的变化幅度较大。

实际上属于以上单纯的四种基本类型的晶体并不是很多，有相当多的晶体不仅有过渡型的化学键，而且还可以由不同的键型混合组成。即除了上述四种类型的晶体外，还存在过渡型和混合型两类晶体。

① 过渡型晶体。过渡型晶体是指处于典型离子晶体与分子晶体或离子晶体与原子晶体之间的一种晶型，其性能处于两类晶体之间。

② 混合型晶体。在一些具有链状结构和层状结构的晶体中，粒子间的作用力不止一种，链内和链外、层内和层间的作用力并不相同，这类晶体称为混合型晶体。石墨晶体就是混合型晶体。在石墨晶体结构中，同层碳原子之间的距离为 0.145nm，层间碳原子的距离为 0.3345nm。在同一层内，碳原子以 sp^2 杂化轨道和其他碳原子形成共价键，构成正六角形平面。每一个碳原子还有 1 个电子布居在其 2p 轨道，且 p 轨道垂直于上述平面层。这些相互平行的 p 轨道肩并肩重叠形成遍及整个平面层的离域 π 键（又称大 π 键）。由于大 π 键的离域性，电子能沿每一层的平面移动，因此石墨具有良好的导电、导热性，工业上常以石墨作电极和冷却器。又由于石墨晶体中层与层之间的距离较远，相互作用力与分子间力相仿，所以在外力作用下容易滑动，工业上用石墨作固体润滑剂。

2.3.1.2 非晶体

非晶体是指结构无序或者近程有序而长程无序的物质，组成物质的分子（或原子、离子）不呈空间有规则周期性排列的固体，它没有一定规则的外形。如玻璃、松脂、沥青、橡胶、塑料、人造丝等都是非晶体，它们的微观结构千变万化，十分复杂，赋予了非晶体材料多种多样的特征。它的物理性质在各个方向上是相同的，叫各向同性。它没有固定的熔点，所以有人把非晶体叫作"过冷液体"或"流动性很小的液体"。玻璃体是典型的非晶体，所以非晶态又称为玻璃态。非晶体没有固定的熔点，随着温度升高，物质首先变软，然后由稠逐渐变稀，成为流体，具有明显确定的熔点是一切晶体的宏观特性，也是晶体和非晶体的主要区别。非晶体材料的物理化学性能比相应的晶体材料更佳，是目前材料科学中广泛研究的一个领域，也是一类发展较迅速的材料。

2.3.1.3 准晶体

准晶体是一种介于晶体和非晶体之间的固体。准晶体具有与晶体相似的长程有序的原子排列，但是准晶体不具备晶体的平移对称性。因而可以具有晶体所不允许的宏观对称性。

准晶体的研究开始于合金领域，它的出现有其历史的必然。首先航空航天技术的发展，需要高强度而质轻的合金，促使人们对 Mg、Al、Ti 等轻质合金和快速冷却技术更加重视。这类合金结构中常含有三角二十面体和五角十二面体等含有五次轴对称的原子排列骨架和密堆积结构，它们为准晶的发现和深入研究提供了晶体学基础。其次，高分辨电子显微成像技术和亚微米晶体结构的纳米电子衍射技术在 20 世纪 70 年代已经兴起，为准晶的研究提供了有力的工具。准晶物质是一些金属元素（有时也含有少数非金属元素）组合形成的合金。准晶的发现为探索改善合金的性能开辟了新路径，也扩宽了认识晶体结构的眼界。

2.3.2 晶体的结构

在工业生产、日常生活中广泛应用的金属、合金材料及矿物质材料大多具有晶体的结构特征。而非晶体没有特定的结构特征，更为复杂。对非晶体结构进行研究时，往往借用或参考晶体的研究方法。因此研究晶体的结构，对于认识固体物质的结构特征具有重要的意义。

2.3.2.1 点阵和结构基元

在晶体内部，原子或分子在三维空间作周期性重复排列，每个重复单位的化学组成相同、空间结构相同，若忽略晶体的表面效应，重复单位周围的环境也相同。这些重复单位可以是单个原子或分子，也可以是离子团或多个分子。如果每个重复单位用一个点表示，可得到一组点，这些点按一定规律排列在空间。研究这些点在空间重复排列的方式，可以更好地描述晶体内部原子排列的周期性。从晶体中无数个重复单位抽象出来的无数个点，在三维空间按一定周期重复，它具有一种重要的性质：这些点构成一个点阵，即点阵是一组无限个点的集合，连接其中任意两点可得一矢量，将各个点按此矢量平移，能使它复原。点阵结构中每个点阵点所代表的具体内容，即包括原子或分子种类、数量以及在空间按一定方式排列的结构单元，称为晶体的结构基元。结构基元是指重复周期中的具体内容，而点阵点是一个抽象的点。如果在晶体点阵中各点阵点的位置上，按同一种方式安置结构基元，就得到整个晶体结构。所以，可以简单地将晶体结构表示为：

$$晶体结构＝点阵＋结构基元$$

2.3.2.2 点阵参数和晶胞参数

根据晶体结构的周期性，将沿着晶棱方向周期地重复排列的结构基元，抽象出一组分布在同一直线上等距离的点列，称为直线点阵，它由矢量 a 或者重复距离 a 完整地描述，称为直线点阵参数，如图 2-14 所示。

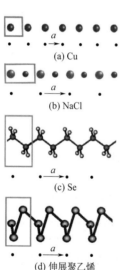

图 2-14 一维周期排列的结构和直线点阵（黑点代表点阵点）

(a) Cu
(b) NaCl
(c) Se
(d) 伸展聚乙烯

平面点阵可划分为一组平行的直线点阵，并可选择两个不相平行的单位矢量 a 和 b 划分成并置的平行四边形单位，点阵中各点阵点都位于平行四边形的顶点上。矢量 a 和 b 的长度 $a＝|a|$、$b＝|b|$ 以及夹角 γ 称为平面点阵参数。通过点阵点划分平行四边形的方式多种多样，如图 2-15 所示。虽然平面点阵参数不同，但若它们都只含 1 个点阵点，它们的面积就一定相等，将这样的只含一个点阵点的平行四边形的平面点阵称为素单位，即平面点阵的基本单位；含两个点阵点的平行四边形，其面积一定是含一个点阵点的 2 倍，将含两个及以上点阵点的平行四边形的平面点阵单位称为复单位。

空间点阵可选择 3 个不相平行的单位矢量 a、b、c，它们将点阵划分成并置的平行六面体单位，称为点阵单位，如图 2-16 所示。空间点阵可任意选择 3 个不相平行的单位矢量进行划分。由于选择单位矢量不同，划分的方式也不同，可以有无数种形式。但基本上可归结为两类：一类是单位中包含一个点阵点者，称为素单位。注意，计算点阵点数目时，要考虑处在平行六面体顶点上的点阵点均为 8 个相邻的平行六面体所共有，每一平行六面体单位只摊到该点的一部分。另一类是每个单位中包含 2 个或 2 个以上的点阵点，称为复单位。复单位有体心（I）、底心（C）和面心（F）三种类型，如图 2-17 所示。有时为了一定的目的，将空间点阵按复单位进行划分。

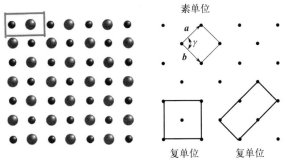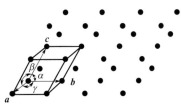

图 2-15　二维周期排列的 NaCl 结构和　　　图 2-16　空间点阵结构
平面点阵（黑点代表点阵点）　　　　　　（黑点代表点阵点）

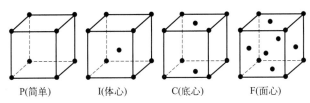

图 2-17　素单位和复单位结构示意

　　空间点阵按照确定的平行六面体单位连线划分，获得一套直线网格，称为空间格子或晶格。点阵和晶格分别用几何的点和线反映晶体结构的周期性，它们具有同样的意义，都是从实际晶体结构中抽象出来，表示晶体周期性结构的规律。点阵强调的是结构基元在空间的周期排列，它反映的周期排列方式是唯一的；晶格强调的是按点阵单位划分出来的格子，由于选坐标轴和单位矢量有一定灵活性，它不是唯一的。

　　相应地，按照晶体结构的周期性划分所得的平行六面体单位称为晶胞，点阵单位和晶胞都可用来描述晶体结构的周期性。点阵是抽象的，只反映晶体结构周期重复的方式；晶胞是按晶体实际情况划分出来的，晶体结构的内容包含在晶胞的两个基本要素中：

　　① 晶胞的大小和形状，即晶胞参数（或点阵参数）a、b、c 以及 α、β、γ，且

$$a=|\boldsymbol{a}|,b=|\boldsymbol{b}|,c=|\boldsymbol{c}|$$
$$\alpha=\boldsymbol{b}\wedge\boldsymbol{c},\beta=\boldsymbol{a}\wedge\boldsymbol{c},\gamma=\boldsymbol{a}\wedge\boldsymbol{b} \tag{2-10}$$

　　② 晶胞内部各个原子的坐标位置，即原子的坐标参数 (x,y,z)。有了这两方面的数据，整个晶体的空间结构也就知道了。原子在晶胞中的坐标参数 (x,y,z) 的意义是指由晶胞原点指向原子的矢量，r 用单位矢量 $\boldsymbol{a}$、$\boldsymbol{b}$、$\boldsymbol{c}$ 表达，即

$$r=x\boldsymbol{a}+y\boldsymbol{b}+z\boldsymbol{c} \tag{2-11}$$

例如在图 2-18 中，Cl^- 和 Na^+ 的坐标参数为

$$Cl^-:0,0,0;\frac{1}{2},0,\frac{1}{2};0,\frac{1}{2},\frac{1}{2};\frac{1}{2},\frac{1}{2},0$$

$$Na^+:\frac{1}{2},0,0;0,\frac{1}{2},0;0,0,\frac{1}{2};\frac{1}{2},\frac{1}{2},\frac{1}{2}$$

　　注意，晶体中原子的坐标参数是以晶胞的 3 个晶轴作为坐标轴，以 3 个晶轴的长度作为坐标轴的单位。当原点位置改变或选取的晶轴改变时，原子坐标参数也会改变。

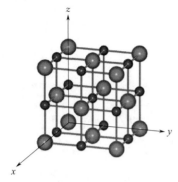

图 2-18 NaCl 晶体中的晶胞

2.3.2.3 点阵的标记和点阵平面间距

当空间点阵选择某一点阵点为坐标原点，选择 3 个不相平行的单位矢量 a、b、c 后，该空间点阵就按确定的平行六面体单位进行划分，单位的大小形状就已确定。这时点阵中每一点阵点都可用一定的指标标记。而一组直线点阵或某个晶棱的方向也可用数字符号标记。一组平面点阵或晶面也可用一定的数字指标标记。

（1）点阵点指标 uvw

空间点阵中某一点阵点的坐标，可作从原点至该点的矢量 r，并将 r 用单位矢量 a、b、c 表示，若

$$r = ua + vb + wc \qquad (2\text{-}12)$$

则该点阵点的指标为 uvw。

（2）直线点阵指标或晶向指标 $[uvw]$

晶体点阵中的每一组直线点阵的方向，用记号 $[uvw]$ 表示，其中 u、v、w 为 3 个互质的整数。直线点阵 $[uvw]$ 的取向与矢量 $ua + vb + wc$ 平行。晶体外形上晶棱的记号与和它平行的直线点阵相同。

（3）平面点阵指标或晶面指标 (hkl)

晶体的空间点阵可划分为一组平行而等间距的平面点阵。晶体外形中每个晶面都和一族平面点阵平行，可根据晶面和晶轴相互间的取向关系，用晶面指标标记同一晶体内不同方向的平面点阵族或晶体外形的晶面。

设有一平面点阵和 3 个坐标轴 x、y、z 相交，在 3 个坐标轴上的截数分别为 r、s、t（以 a、b、c 为单位的截距数目）。截数之比即可反映出平面点阵的方向，但直接由截数之比 $r : s : t$ 表示时，当平面点阵和某一坐标轴平行，截数将会出现 ∞。为了避免 ∞ 数，规定用截数的倒数之比 $1/r : 1/s : 1/t$ 作为平面点阵的指标。由于点阵的特性，这个比值一定可化成互质的整数之比 $1/r : 1/s : 1/t = h : k : l$。所以平面点阵的取向就用指标 (hkl) 表示，即平面点阵的晶面指标为 (hkl)。晶面指标的数值反映了晶面间距的大小和阵点的疏密程度。晶面指标越大，晶面间距越小，晶面所对应的平面点阵的阵点密度越小。

图 2-19 中 r、s、t 分别为 3、3、5，而 $1/r : 1/s : 1/t = 1/3 : 1/3 : 1/5 = 5 : 5 : 3$，该平面点阵的晶面指标为（553）。

晶体外形中每个晶面都和一族平面点阵平行，所以 (hkl) 也用作和该平面点阵平行的晶面的指标。当对晶体外形的晶面进行指标化时，通常把坐标原点放在晶体的中心，

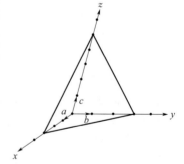

图 2-19 平面点阵（553）的取向

外形中两个平行的晶面一个为 (hkl)，另一个为 $(\bar{h}\,\bar{k}\,\bar{l})$。例如 NaCl 晶体常出现立方体的外形，其 6 个晶面的指标分别为（100）、（010）、（001）、（$\bar{1}$00）、（0$\bar{1}$0）、（00$\bar{1}$）。

（4）晶面间距 $d_{(hkl)}$

在一组晶面指标为 (hkl) 的平面点阵中，相邻的两个平面点阵间的距离称为晶面间距，记为 $d_{(hkl)}$，计算公式为：

$$d^{2}_{(hkl)}\left[\left(\frac{h}{a}\right)^{2}+\left(\frac{k}{b}\right)^{2}+\left(\frac{l}{c}\right)^{2}\right]=\cos^{2}\alpha+\cos^{2}\beta+\cos^{2}\gamma \qquad (2\text{-}13)$$

例如，在立方晶系中，$\alpha=\beta=\gamma$，$a=b=c$，因此 $\cos^2\alpha+\cos^2\beta+\cos^2\gamma=1$，此处的 α、β、γ 为法线与晶轴的夹角，

$$d_{(hkl)}=\frac{1}{\sqrt{h^{2}+k^{2}+l^{2}}} \qquad (2\text{-}14)$$

同理，在正交晶系中 $a\neq b\neq c$，则晶面间距为：

$$d_{(hkl)}=\frac{1}{\sqrt{\dfrac{h^{2}}{a^{2}}+\dfrac{k^{2}}{b^{2}}+\dfrac{l^{2}}{c^{2}}}} \qquad (2\text{-}15)$$

h、k、l 值越小，晶面的间距越大，晶面出现的概率越大。

2.3.3 晶系

在晶体学中，根据晶体的特征对称元素，将所有晶体分为 7 个晶系，14 种空间点阵，称作布拉维点阵（Bravais lattice）。各种晶系的特征对称元素、晶胞特征、所包含的空间点阵类型以及标准的晶轴列于表 2-5。14 种空间点阵结构如图 2-20 所示。

表 2-5　7 种晶系的特性

晶系	特征对称元素	晶胞参数	标准的晶轴	空间点阵型式	图 2-20 中对应标号
三斜	既无对称轴也无对称面	$a\neq b\neq c$ $\alpha\neq\beta\neq\gamma$	a,b,c 不共面	简单三斜	(a)
单斜	1 个二次旋转轴或 1 个对称面	$a\neq b\neq c$ $\alpha=\gamma=90°$	主轴 b 平行于 2-轴或垂直于 m；a,c 最小的点阵矢量垂直于 b	简单单斜	(b)
				底心单斜	(c)
正交	3 个互相垂直的二次旋转轴或 2 个互相垂直的对称面	$a\neq b\neq c$ $\alpha=\beta=\gamma=90°$	a,b,c 每个都沿一个 2-重轴定向，或垂直于镜面	简单正交	(d)
				底心正交	(e)
				体心正交	(f)
				面心正交	(g)
四方	1 个四次对称轴	$a=b\neq c$ $\alpha=\beta=\gamma=90°$	c 平行于 4-或 $\bar{4}$-轴取向；a,b 最小的点阵矢量垂直于 c	简单四方	(h)
				体心四方	(i)
三方	1 个三次对称轴	$a=b\neq c$ $\alpha=\beta=90°$ $\gamma=120°$	c 平行于 3-或 $\bar{3}$-轴；a,b 最小的点阵矢量垂直于 c	简单六方	(j)
				R 心六方	(k)
六方	1 个六次对称轴	$a=b\neq c$ $\alpha=\gamma=90°$ $\gamma=120°$	c 平行于 6-或 $\bar{6}$-轴；a,b 最小的点阵矢量垂直于 c	简单六方	(l)
立方	4 个按立方体对角线取向的三次旋转轴	$a=b=c$ $\alpha=\beta=\gamma=90°$	a,b,c 每个平行于一个 2-轴，$\bar{4}$-轴，或平行于一个 4-轴	简单立方	(m)
				体心立方	(n)
				面心立方	(o)

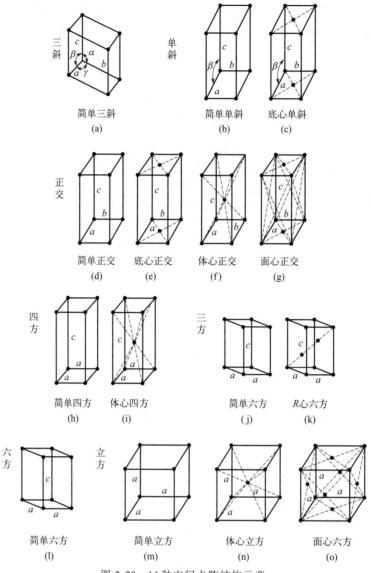

图 2-20　14种空间点阵结构示意

2.3.4　晶体的缺陷和性能

前面所讨论的晶体结构，都是基于晶体的完美结构。实际上，晶体中质点的排列往往存在某种不规则性或不完整性，表现为晶体结构中局部范围内的质点排布偏离周期性重复的空间点阵规律而出现错乱的现象。实际晶体中原子偏离理想的周期性排列的区域称作晶体缺陷。缺陷的存在只是晶体中局部规则性的破坏，在晶体中所占的总体积很小，因此总体上，晶体的正常结构仍然保持。晶体缺陷有的是在晶体生长过程中，由于温度、压力、介质组分浓度等变化而引起的；有的则是在晶体形成后，由于质点的热运动或受应力作用而产生的。它们可以在晶格内迁移，以至消失，同时又可能有新的缺陷产生。

晶体的缺陷对晶体的生长、晶体的力学性能，以及电、磁、光等性能均有很大影响，在某些材料应用中，晶体缺陷是必不可少的。在材料设计过程中，为了使材料具有某些特性，或使某些特性加强，需要人为地引入合适的缺陷。相反，有些缺陷却使材料的性能明显下降，这样的缺陷应尽量避免。由此可见，研究晶体缺陷是材料科学的一个重要内容。

晶体中的缺陷按几何维度，可分为点缺陷、线缺陷、面缺陷和体缺陷等。

2.3.4.1 点缺陷

点缺陷（point defect）是在晶体晶格结点上或邻近区域偏离其正常结构的一种缺陷，它在三维方向上尺度都很小，属于零维缺陷，只限于一个或几个晶格常数范围内。根据点缺陷对理想晶格偏离的几何位置（结点上还是空隙里）及成分，可以把点缺陷划分为空位、间隙原子（离子）和杂质原子（离子）三种类型。

晶格的正常结点处没有被原子或离子占据，形成的空结点称为空位。当晶格的正常结点处有原子（离子）进入晶格的空隙中，可形成自间隙原子（离子）缺陷。如果外来原子（离子）进入晶格，取代晶格中原子（离子）进入结点位置或进入晶格的空隙，这样的缺陷称为置换式杂质原子（离子）缺陷或间隙式杂质原子（离子）缺陷。

按其来源，点缺陷也可分为本征缺陷和杂质缺陷。

本征缺陷是指晶体原来的点阵结构随温度等外界条件的改变而出现的缺陷，例如弗仑克尔（Frenkel）缺陷和肖特基（Schottky）缺陷。在晶格热振动时，一些能量足够大的原子离开平衡位置后，挤到晶格间隙位置，成为间隙原子，而在原来的位置上留下一个空位，这种缺陷称为弗仑克尔缺陷。弗仑克尔缺陷是具有等浓度的晶格空位与间隙原子的缺陷，一般在间隙较大的晶体结构中形成，如图 2-21(a) 所示。肖特基缺陷是正常结点上的原子在能量起伏过程中获得足够的能量后，离开平衡位置迁移到晶体表面正常结点位置，在原来的位置上留下空位。肖特基缺陷是阴离子空位与阳离子空位同时产生的缺陷，如图 2-21(b) 所示。一般在结构比较紧密、没有较大空隙的晶体中或者在阴阳离子半径相差较小的晶体中比较容易形成肖特基缺陷。这两种缺陷导致了离子晶体中阴阳离子的运动而使晶体具有可观的导电性。在卤化银晶体中，Ag^+ 具有一定的自由运动性能，弗仑克尔缺陷使离子从它的结构的正常位置进入空隙位置而移动，肖特基缺陷使离子从它的正常位置迁移到位错位置或表面。这两种迁移都会在晶体中造成空位，空位密度通常随温度升高而增加。AgCl 晶体在接近熔点时，空位大约有 1%。

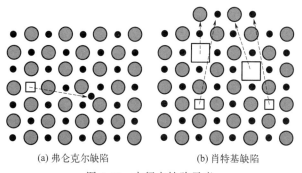

(a) 弗仑克尔缺陷　　　　　　(b) 肖特基缺陷

图 2-21　本征点缺陷示意

杂质缺陷则指掺进杂质原子而造成的缺陷。当将微量杂质元素掺入晶体中时，可能形成取代式杂质缺陷和间隙式杂质缺陷，主要取决于杂质原子与基质原子几何尺寸的相对大小及其电负性。杂质原子比基质原子小得多时，易形成间隙式杂质。例如 H 原子可以大量进入由 Zr 原子密排堆积所形成的四面体间隙中，形成半金属性氢化锆 ZrH_2。当杂质和基质具有相近的原子尺寸和电负性时，在晶格中可以以置换的方式溶入较多的杂质原子而保持原来的晶体结构。若杂质占据间隙位置，由于间隙空间有限，由此引起的畸变区域比置换式大，因而使晶体的内能增加较大。例如 ZnS 中掺进约 10^{-6}（原子）的 AgCl 时，Ag^+ 和 Cl^- 分别占据 Zn^{2+} 和 S^{2-} 的位置，形成取代式杂质缺陷。

很多时候这种缺陷是有目的地引入的，例如在单晶硅中掺入微量的 B、Pb、Ga、In、P、As 等可以使晶体的导电性能发生很大变化。当晶体存在杂质原子时，晶体的内能会增加，少量的杂质可以分布在数量很大的格点或间隙位置上，使晶体组态熵的变化也很大。因此温度 T 下，杂质原子的存在也可能使自由能降低。此外，有些杂质原子是晶体生长过程中引入的，如 O、N、C 等，这些是实际晶体不可避免的杂质缺陷，只能控制相对含量的大小。

晶体的杂质缺陷浓度仅取决于加入晶体中的杂质含量，而与温度无关，这是杂质缺陷形成与本征缺陷形成的重要区别。

晶体中出现空位或填隙原子，使化合物的成分偏离整比性。这是一种很普遍的现象，称为非整比化合物，如 $Fe_{1-x}O$、$Ni_{1-x}O$、$Ti_{1-x}O$ 等许多过渡金属氧化物和硫化物都为非整比化合物。这类化合物的成分可以改变，导致其中出现变价原子，使晶体具有特异颜色等光学性质、半导体性甚至金属性、特殊的磁学性质以及化学反应活性等，因而成为重要的固体材料。例如，在 1000K 左右将氧化锌晶体放在锌蒸气中加热，晶体转变为红色，生成 $Zn_{1+\delta}O$ 的 n 型半导体，它在室温下的电导率比整比化合物 ZnO 大很多。

点缺陷造成晶格畸变，从而对晶体材料的性能产生影响，如定向流动的电子在点缺陷处受到非平衡力，增加了阻力，加速运动提高局部温度，从而导致电阻增大；空位可作为原子运动的周转站，从而加快原子的扩散迁移，这样将影响与扩散有关的相变化、化学热处理、高温下的塑性形变和断裂等。

2.3.4.2 线缺陷

线缺陷属于一维方向上的缺陷，其他二维方向的尺度都很小，其具体形式表现为晶体中的位错。位错由晶体在生长过程中受力不均引起的部分滑移造成。滑移面是晶体中滑移区与非滑移区的分界面，位错线就是已滑移区与未滑移区在滑移面上的交界线。

位错可分为刃型位错、螺型位错和混合位错。理想晶体可看作由多层原子（或离子）紧密堆积而成，如果某原子面在晶格内部中断，在其中断处则形成位错，因为该位错处于断面的刃边处，故称为刃型位错，好像平整的一叠纸中插入了半张纸，于是这叠纸沿半张纸的边缘不再平直，出现一定扭曲，如图 2-22(a) 所示。

在晶格中选取 3 个基本矢量 a、b 和 c 构成单位晶胞。如果从某一阵点出发，以一基本矢量为单位，沿基本矢量的方向逐步延伸，最终回到出发点，形成的闭合回路称为伯格斯回路。在伯格斯回路中，设在 α、β、γ 方向上分别延伸了 n_1、n_2、n_3 个基本单位，则定义伯格斯矢量为 $b = n_1\alpha + n_2\beta + n_3\gamma$。回路围绕的区域为理想晶格点阵时，$b = 0$，否则存在位错。刃型位错也称棱位错，分为正刃型位错（用符号"⊥"表示）和负刃型位错（用符号"┬"表示），垂线指向多出的原子面，如图 2-22(b)。

刃型位错的特点：①位错线与滑移方向垂直；②伯格斯矢量 b 与位错线垂直。伯格斯

矢量 **b** 用来表示在位错存在时质点相对位移的大小,其方向与滑移方向一致、大小等于晶格中沿滑移方向两原子的间距或其整数倍。对于特定的位错,只要伯格斯回路不与另一位错回路交截,矢量 **b** 为定值。

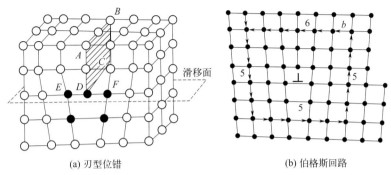

(a) 刃型位错   (b) 伯格斯回路

图 2-22 刃型位错和伯格斯回路

  螺型位错和伯格斯回路如图 2-23 所示。设想在简单立方晶体右端施加一个切应力,使右端滑移面 ABCD 上下两部分晶体发生一个原子间距的相对切变,于是在已滑移区与未滑移区的交界处, BC 线与 aa' 线之间上下两层相邻原子发生了错排和不对齐现象,如图 2-23(a) 所示。顺时针依次连接紊乱区原子,就会画出螺旋路径,如图 2-23(b) 所示,该路径所包围的呈长管状原子排列的紊乱区就是螺型位错。

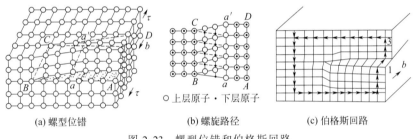

(a) 螺型位错   (b) 螺旋路径   (c) 伯格斯回路

○ 上层原子 • 下层原子

图 2-23 螺型位错和伯格斯回路

  螺型位错的特点:①滑移方向和位错线相互平行;②伯格斯矢量 **b** 与位错线平行,没有多余的原子平面。

  当位错线既不平行又不垂直于滑移方向时,可以将晶体的滑移分解为平行和垂直于边界线的位移分量,形成混合位错。

  原则上,任何位错线的移动都可以分解为滑移和垂直于滑移面的攀移。滑移一般是在滑移面的有限区域内开始,以有限的速率传播到其他区域,因此一个较小的切应力就可以使滑移进行。金属一般具有较好的延展性,晶体中的滑移系统较多而且没有方向性。陶瓷表现出脆性,是因为离子键和共价键均有方向性,在滑移时排斥力阻碍了滑移移动。攀移发生在刃型位错中,使刃型位错线离开滑移面,产生一个垂直于滑移面方向的运动分量。在一定温度时,实际晶体中存在一定数量的空位和填隙原子(或离子),当原子扩散所需的能量小于导致位错滑移的能量时,刃型位错附近的一些原子(或离子)可以扩散到间隙位置或填入空隙,使原先位错线的位置向上方移动一个滑移面。

  位错使晶体材料产生蠕变、加工硬化和再结晶等现象,晶体材料中位错的存在可改变晶体的电学性质、光学性质、磁学性质和超导性质等。晶体材料的塑性变化也可以用位错移动解释。螺型位错的产生可以使晶体生长过快。半导体材料中的位错能引起能带的变化，甚至吸收电子，使材料的性质发生极大的变化。

2.3.4.3 面缺陷

面缺陷指二维伸展，第三维方向上的尺度很小的缺陷，表现在晶体的表面和晶体中的晶界。晶体的表面（晶面）具有以下特征：①晶面原子（或离子）的配位不饱和，具有较大的反应活性；②晶格点阵结构在晶面处严重扭曲，其能量比晶体内部高，具有较大的表面能，使晶体的表面活性和反应能力都大为增强。

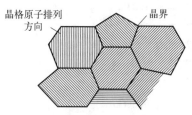

图 2-24 多晶中的晶界

多晶材料是面缺陷存在的体现。它由许多微小的晶粒在空间无序排列而成，在小晶粒彼此相连的部分可观察到明显的晶界，其结构如图 2-24 所示。在多晶材料中，晶粒的大小尺寸对晶体材料的许多性质具有重要影响。晶粒表面的粒子（原子、分子或离子）配位不饱和，使晶粒表面粒子的密度小于晶粒内部，因此晶粒表面具有较高的反应活性，易于吸附一些杂质或进行某些特定的表面化学反应。

2.3.4.4 体缺陷

体缺陷在三维尺度上都有伸展，例如晶体中的杂质团聚体和空洞。如果晶体中存在体缺陷，将造成光散射或吸收强光引起发热，进而影响晶体的强度。晶体内的杂质团聚体的膨胀系数与晶体不同时，可造成晶体生长过程中的内应力，形成大量位错。

晶体的性质是晶体材料应用的基础，它与晶体的组成和结构密切相关。在晶体的组成、结构和性质三者的关系之中，结构是核心，它上承组成、下启性质，起着关键的作用。一般而言，性质取决于结构，但有时改变晶体的微量组成而结构的对称性尚未发现有显著的变化，对晶体的性质却产生了极大的影响。完整的刚玉（Al_2O_3）是无色的，掺入少量的铬置换铝，则形成鲜艳的红宝石，它既是装饰品，也是最早发现能发射激光的晶体。硅晶体掺入不同的杂质可改变其半导体性质，掺少量的镓形成 p 型半导体，掺少量的磷形成 n 型半导体，p 型半导体和 n 型半导体接触形成 p-n 结，它的单向导通特性是半导体器件和微电子技术的基础。许多事实说明，晶体缺陷对晶体的生长，以及晶体的力学、电学、光学、磁学等性能均有极大的作用。研究晶体的缺陷，利用晶体缺陷改变晶体性质，改造晶体使它成为性能优异的材料，是人们进行生产和科研的用武之地，是涉及固体物理、固体化学和材料科学等领域的重要基础内容。

2.4 化学热力学基础

化学热力学是用热力学的原理和实验技术研究化学系统的宏观性质和行为的科学，主要研究化学系统在各种条件下的物理过程及化学变化伴随能量转化所遵循的规律，从而对系统的性质和行为、过程的方向和限度做出判断。材料的合成、加工和应用过程中经常涉及能量的转化。材料的各种变化过程中的能量转化关系以及过程进行的方向和限度，属于材料化学热力学的问题。材料化学热力学是化学热力学在材料科学中的具体运用，其有关理论和研究方法是现代材料化学的重要内容之一，它对各类现代材料的研究、开发和应用都有着极其重要的理论价值和实际意义。

2.4.1 化学反应方向与限度

对于一个化学反应，在给定的条件下，反应向什么方向进行？反应的最高限度是什么？如何控制反应条件，使反应朝人们需要的方向进行？这些是我们在采用化学方法制备材料前，在设计合成工艺参数时需要弄清楚的问题。

2.4.1.1 化学反应标准平衡常数

标准平衡常数也称为热力学平衡常数，简称平衡常数，用符号 $K^{\ominus}$ 表示，它是根据化学热力学原理计算得到的。对任一可逆反应

$$a\,A(g) + d\,D(aq) \Longleftrightarrow e\,E(g) + f\,F(aq)$$

在一定温度下达平衡时，标准平衡常数可表示为：

$$K^{\ominus} = \frac{\left[p(E)/p^{\ominus}\right]^{e}\left[c(F)/c^{\ominus}\right]^{f}}{\left[p(A)/p^{\ominus}\right]^{a}\left[c(D)/c^{\ominus}\right]^{d}} \tag{2-16}$$

式中，$p(A)/p^{\ominus}$、$p(E)/p^{\ominus}$ 及 $c(D)/c^{\ominus}$、$c(F)/c^{\ominus}$ 分别为平衡状态时各物质以其标准状态为参考量求得的相对分压和相对浓度。因此标准平衡常数 $K^{\ominus}$ 是单位为 1 的量。需要注意的是，标准平衡常数的表达式与化学反应方程式的写法有关。

平衡常数是衡量平衡状态的数量标志，是表征可逆反应进行程度的特征常数。平衡常数 $K^{\ominus}$ 越大，表示反应进行的程度越大，反之，平衡常数 $K^{\ominus}$ 越小，反应进行的程度越小。平衡常数 $K^{\ominus}$ 的大小，取决于反应的本性与反应温度，而与物质的浓度（或分压）无关，也与反应的历程无关。

2.4.1.2 化学反应方向的判断

材料科学研究中最有用的一个状态函数是吉布斯（Gibbs）自由能，等温等压下吉布斯自由能 G 定义为：

$$G = H - TS \tag{2-17}$$

用微分形式表示为：

$$dG = dH - TdS \tag{2-18}$$

式(2-17)积分得到吉布斯自由能变（ΔG）的表示式：

$$\Delta G = \Delta H - T\Delta S \tag{2-19}$$

式(2-18)称为吉布斯-赫姆霍兹方程式，或称为热力学第二定律方程式。据此，热力学第二定律又可以叙述为"在任何自发变化过程中，自由能总是减少的，即 $\Delta G < 0$"。ΔG 是衡量在恒压下发生的等温可逆过程可取功的尺度，并且直接指明了化学反应的可能性，所以吉布斯自由能变是判断化学反应自发性的判据：

$$\Delta G < 0,\text{反应正向自发进行}$$

$$\Delta G = 0,\text{反应处于平衡状态（化学反应达到最大限度）}$$

$$\Delta G > 0,\text{反应正向非自发，逆向自发进行}$$

若化学反应在标准状态下进行，则可用标准吉布斯自由能变 $\Delta G^{\ominus}$ 判断反应在标准状态

下自发进行的方向：

$$\Delta G^{\ominus} < 0, 反应正向自发进行$$

$$\Delta G^{\ominus} = 0, 反应处于平衡状态$$

$$\Delta G^{\ominus} > 0, 反应正向非自发, 逆向自发进行$$

2.4.1.3 吉布斯自由能变和标准平衡常数的计算

在定温定压下，对于任一反应：

$$a\,A(g) + d\,D(aq) \Longleftrightarrow e\,E(g) + f\,F(aq)$$

热力学理论证明 ΔG 与 $\Delta G^{\ominus}$ 存在下列关系：

$$\Delta G(T) = \Delta G^{\ominus}(T) + RT\ln\frac{[p(E)/p^{\ominus}]^{e}[c(F)/c^{\ominus}]^{f}}{[p(A)/p^{\ominus}]^{a}[c(D)/c^{\ominus}]^{d}} \tag{2-20}$$

式中，$p(A)/p^{\ominus}$、$p(E)/p^{\ominus}$ 及 $c(D)/c^{\ominus}$、$c(F)/c^{\ominus}$ 分别为任意状态时各物质以其标准状态为参考量求得的相对分压和相对浓度。

令

$$Q = \frac{[p(E)/p^{\ominus}]^{e}[c(F)/c^{\ominus}]^{f}}{[p(A)/p^{\ominus}]^{a}[c(D)/c^{\ominus}]^{d}}$$

则

$$\Delta G(T) = \Delta G^{\ominus}(T) + RT\ln Q \tag{2-21}$$

式（2-19）、式（2-20）称为范托夫（Van't Hoff）化学反应等温方程。其中 Q 被称为反应商，Q 的表达形式、书写要求和单位等与平衡常数 $K^{\ominus}$ 完全相同，不同之处是 Q 代表反应进行到任意时刻时，系统中各组分的相对量之间的关系，而 $K^{\ominus}$ 只代表反应达到平衡状态时系统中各平衡组分相对量之间的关系。

利用化学反应等温方程式，即可计算出任何温度下一个反应的 ΔG，从而判断反应的方向问题。使用化学反应等温方程时需要注意，ΔG、$\Delta G^{\ominus}$ 和 Q 所处的温度必须一致。

当反应达到平衡时，$\Delta G(T) = 0$，式（2-20）可表示为：

$$0 = \Delta G^{\ominus}(T) + RT\ln Q \tag{2-22}$$

此时，Q 是平衡状态时的反应商，即标准平衡常数 $K^{\ominus}$。因此

$$\Delta G^{\ominus}(T) = -RT\ln K^{\ominus}(T) \tag{2-23}$$

式（2-23）表达了在一定温度下，反应的标准摩尔吉布斯自由能变 $\Delta G^{\ominus}$（一种能量表达形式）和标准平衡常数 $K^{\ominus}$（一种质量表达形式）之间的定量关系，从而可以求得该温度下该反应的标准平衡常数 $K^{\ominus}$，进而评估该温度下反应进行的程度，为材料设计合成工艺提供热力学参考。

2.4.2 材料加工中的焓变

材料加工过程较多涉及温度的升降和热量的吸收或释放。材料吸收一定的热量将导致温度的上升，上升的程度用热容 C 表示：

$$C = \frac{\delta Q}{dT} \tag{2-24}$$

通常材料加工是在恒压状态下进行的，所对应的热容即恒压热容 C_p：

$$C_p = \left(\frac{\delta Q}{dT}\right)_p = \left(\frac{dH}{dT}\right)_p \tag{2-25}$$

式（2-24）积分可得到：

$$\Delta H = \int_{T_1}^{T_2} C_p \, dT \qquad (2\text{-}26)$$

材料的恒压热容与温度通常具有如下关系式：

$$C_p = a + bT + cT^{-2} \qquad (2\text{-}27)$$

式中，a、b 和 c 是常数，可通过实验测定。利用上两式可以计算材料温度变化时的焓变。

另外，材料合成加工过程中还会涉及相变或化学反应，所产生的焓变都要考虑在内。

【例 2-2】 计算 1mol 铜从 1000℃ 加热到 1100℃ 的焓变。其中，纯铜的熔点为 1084℃；铜熔体的恒压热容 $C_{p,\mathrm{Cu(l)}} = 0.0314\mathrm{kJ/(mol \cdot K)}$；固态铜的恒压热容 $C_{p,\mathrm{Cu(s)}} = 22.6 + 6.28 \times 10^{-3}T[\mathrm{J/(mol \cdot K)}]$；熔化热或熔融焓变 $\Delta H_t = 13.0\mathrm{kJ/mol}$。

解：固态铜加热至熔点的焓变：

$$\Delta H_s = \int_{1273}^{1357} C_{p,\mathrm{Cu(s)}} \, dT = \int_{1273}^{1357} (22.6 + 6.28 \times 10^{-3}T) \, dT = 2.6(\mathrm{kJ/mol})$$

铜熔体从熔点加热至 1100℃ 的焓变：

$$\Delta H_1 = \int_{1357}^{1373} C_{p,\mathrm{Cu(l)}} \, dT = \int_{1357}^{1373} 0.0314 \, dT = 0.5(\mathrm{kJ/mol})$$

总焓变：

$$\Delta H = \Delta H_s + \Delta H_t + \Delta H_1 = 2.6 + 13.0 + 0.5 = 16.1(\mathrm{kJ/mol})$$

【例 2-3】 铜熔体过冷至比熔点低 5℃（熔点为 1084℃），然后在绝热条件下发生成核和凝固。计算铜熔体凝固成固态的比例。

解：绝热条件下，过冷的铜熔体一部分结晶析出为固体，所放出的热量使体系升温直至熔点。这个过程的焓变包含两部分，一是熔体从 1079℃ 升温至熔点 1084℃ 的焓变 ΔH_1，二是部分熔体转变成固体的焓变 ΔH_2。

$$\Delta H_1 = \int_{1352}^{1357} C_{p,\mathrm{Cu(l)}} \, dT = \int_{1352}^{1357} 0.0314 \, dT = 0.157(\mathrm{kJ/mol})$$

$$\Delta H_2 = -x\Delta H_t = -13.0x$$

式中，x 为凝固铜的分数。凝固过程放热，所以 ΔH_2 为负值。由于是绝热条件，总焓变为 0，即：

$$\Delta H = \Delta H_1 + \Delta H_2 = 0.157 - 13.0x = 0$$

于是计算得到 $x = 0.012$。

2.4.3 材料加工条件的确定

利用化学热力学原理和方法，对各类材料体系作热力学分析和计算所得出的有关数据，可供材料制备、工艺设计和新材料的研究与开发参考。冶金工艺中通常是先从金属矿物原料中制得金属氧化物，然后用价廉的活泼金属，如 Fe、Al 或用 H_2 及 CO 等物质来还原金属氧化物，制得纯金属材料。为此，可先通过热力学计算得出有关反应过程的吉布斯自由能变及化学反应的平衡常数，以确定反应的方向和进行的限度。例如，对于平衡反应

$$ZnO(s) + CO(g) \Longleftrightarrow Zn(s/g) + CO_2(g)$$

在 300K（固态锌）和 1200K（气态锌）时的标准焓变分别为 $\Delta H_{300K}^{\ominus} = 65.0\mathrm{kJ/mol}$ 和

$\Delta H^{\ominus}_{1200K} = 180.9kJ/mol$；这两个温度下标准熵变则分别为 $\Delta S^{\ominus}_{300K} = 13.7J/(K \cdot mol)$ 和 $\Delta S^{\ominus}_{1200K} = 288.6J/(K \cdot mol)$。假设所有反应物和产物均处于标准状态（$\Delta G = \Delta G^{\ominus}$），则可通过计算得到 $\Delta G^{\ominus}$，从其正负值推断在这两个温度下反应进行的方向。同时利用 $\Delta G^{\ominus}$ 计算出在每一温度下反应的平衡常数值，从而推断出反应进行的限度。根据式（2-19），$\Delta G^{\ominus}$ 与 $\Delta H^{\ominus}$、$\Delta S^{\ominus}$ 的关系为：$\Delta G^{\ominus} = \Delta H^{\ominus} - T\Delta S^{\ominus}$，代入上述两个温度下的 $\Delta H^{\ominus}$ 和 $\Delta S^{\ominus}$ 值，可以计算出 300K 和 1200K 下的标准吉布斯自由能分别为 $\Delta G^{\ominus}_{300K} = 60.89kJ/mol$ 和 $\Delta G^{\ominus}_{1200K} = -165.42kJ/mol$。所以，在 1200K 下可以用 CO 还原 ZnO 制得金属锌（$\Delta G^{\ominus} < 0$），而在 300K 下则不可行（$\Delta G^{\ominus} > 0$）。

平衡常数 $K^{\ominus}$，可以利用式（2-23）计算得到。在 300K 时：

$$\ln K^{\ominus} = \frac{-60.89 \times 10^3}{8.314 \times 300} = -24.41$$

$$K^{\ominus} = 2.505 \times 10^{-11}$$

在 1200K 时：

$$\ln K^{\ominus} = \frac{-(-165.42 \times 10^3)}{8.314 \times 1200} = 16.59$$

$$K^{\ominus} = 1.60 \times 10^7$$

从计算结果可见，不同温度下 $K^{\ominus}$ 值差别很大。在 1200K 的高温下，反应向右进行的情况良好；而在 300K 的室温下，则反应可以忽略。

化学热力学原理和方法同样也是无机材料制备过程中的重要依据和工具。许多无机材料可通过简单的氧化物原料在高温固相条件下反应（煅烧）制得。可通过热力学分析和计算寻找合理的合成工艺途径和技术参数。例如，与镁质陶瓷及镁质耐火材料密切相关的是 MgO-SiO₂ 系统，发现 MgO 和 SiO₂ 之间存在固相反应，形成顽火辉石（$MgO \cdot SiO_2$）和镁橄榄石（$2MgO \cdot SiO_2$），首先可由有关手册查得相关物质在不同温度下的热力学数据，进而利用式（2-19）计算出不同温度下这两个固相反应的 $\Delta G^{\ominus}$ 值，据此确定适当的料比而获得所需的产物。

2.4.4 埃林厄姆图

埃林厄姆（H. J. T. Ellingham）于 1944 年通过实验测定了一系列金属在不同温度下的氧化过程的 $\Delta G^{\ominus}$，并作出了 $\Delta G^{\ominus}$-T 关系图（称为埃林厄姆图），发现当反应过程中不存在物质状态变化时，$\Delta G^{\ominus}$-T 为近似线性关系，于是，不同温度下的金属氧化标准自由能可以用下式表达：

$$\Delta G^{\ominus} = A + BT \tag{2-28}$$

式中，A 和 B 为常数。这种线性关系可以通过式（2-19）得到说明，用 $\Delta G^{\ominus}$、$\Delta H^{\ominus}$、$\Delta S^{\ominus}$ 代替其中的 ΔG、ΔH、ΔS，得到：

$$\Delta G^{\ominus} = \Delta H^{\ominus} - T\Delta S^{\ominus} \tag{2-29}$$

假定 $\Delta H^{\ominus}$ 和 $\Delta S^{\ominus}$ 都不随温度 T 变化，则 $\Delta G^{\ominus}$ 和 T 呈线性关系，分别把 $\Delta H^{\ominus}$ 和 $\Delta S^{\ominus}$ 换成 A 和 $-B$，即可还原为式（2-28）。实际上，由于 $\Delta H^{\ominus}$ 和 $\Delta S^{\ominus}$ 在不同温度下会发生变化，因此 $\Delta G^{\ominus}$ 和 T 只能是近似的线性关系。例如，Cu 被氧化成 Cu_2O 的反应：

$$4Cu(s) + O_2(g) = 2Cu_2O(s)$$

根据实验数据拟合得到的 $\Delta G^{\ominus}$-T 关系为：

$$\Delta G^{\ominus}(\text{J}) = -333900 + 14.2\ln T + 247T \qquad (2\text{-}30)$$

可以近似地把上式化成线性形式：

$$\Delta G^{\ominus}(\text{J}) = -333900 + 141.3T \qquad (2\text{-}31)$$

在 300K 温度下，使用式（2-31）得到结果的误差为 0.3%，1200K 时则为 1.4%。可见，在较大的温度范围内，$\Delta G^{\ominus}$-T 关系对线性的偏离较小。

图 2-25 为各种氧化物生成的埃林厄姆图。金属氧化物形成过程中，反应物中有气体 O_2，而生成物为固体，反应结果是熵减小，即 $\Delta S^{\ominus} < 0$，所以 $\Delta G^{\ominus}$-T 线的斜率（$-\Delta S^{\ominus}$）为正。而对于 C 氧化成 CO_2 的反应：

$$C(s) + O_2(g) = CO_2(g)$$

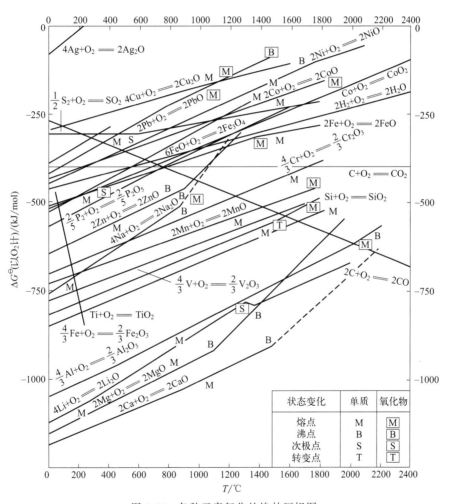

图 2-25 各种元素氧化的埃林厄姆图

1mol 的 O_2 气体可形成 1mol 的 CO_2 气体，反应前后气体分子数不变，因此熵变化很小，$\Delta G^{\ominus}$-T 线几乎与横轴平行，$\Delta G^{\ominus}$ 几乎与温度无关。另外，CO 的生成反应：

$$2C(s) + O_2(g) = 2CO(g)$$

1mol 的 O_2 气体可形成 2mol 的 CO 气体，气体分子数增加，混乱度增大，因而熵值增大，即 $\Delta S^\ominus > 0$，所以 $\Delta G^\ominus$-T 线的斜率（$-\Delta S^\ominus$）为负。在埃林厄姆图中得到一条由左向右往下倾斜的直线，表示这个反应随着温度升高自由能负值增大。这表明碳对氧的亲和力随着温度升高而增强，即在高温下碳作为氧化物的还原剂，其效果大大增强。

从埃林厄姆图中还可看出，较活泼的金属还原剂如 Ca、Mg 的氧化物生成焓较大，因而生成氧化物过程的 $\Delta G^\ominus$ 负值也很大，相应的直线出现在图的下方，表示反应自发进行的倾向很大，生成的氧化物很稳定。而在图上方的直线则表示相应金属生成氧化物的倾向相对较弱，生成的氧化物较不稳定，例如 Cu_2O。

此外，在某一温度下，$\Delta G^\ominus$-T 关系曲线发生明显转折，这是由于在该温度下金属或其氧化物发生相态变化，使标准熵变 $\Delta S^\ominus$ 发生变化，斜率改变。

利用埃林厄姆图，可在很宽的温度范围内研究各种材料的热力学性质及氧化还原性质，为材料的制备和使用以及新材料的研究开发提供依据和参数。

（1）氧化物生成平衡及控制

从图 2-25 可见，对大多数氧化物来说，其 $\Delta G^\ominus$ 在很大温度范围内均为负值，因此氧化物

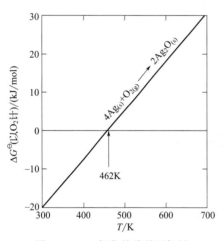

图 2-26　Ag 氧化的埃林厄姆图

的生成在所有温度下都是可行的。反之，氧化物的分解是不可行的。个别金属氧化物如 Ag_2O 的 $\Delta G^\ominus$ 较高（负值较小），在一定温度下达到零。图 2-26 为 Ag_2O 生成的埃林厄姆图。温度为 462K 时，$\Delta G^\ominus = 0$，纯固态银和 0.101MPa（1atm，1atm = 101.325kPa）的氧气与氧化银在此温度下达到平衡。当温度低于 462K 时，$\Delta G^\ominus < 0$，Ag 的氧化自发进行，但当氧气压力下降到某一值（平衡压力 $p_{O_2,eqT}$），使 $\Delta G = 0$，则反应达到平衡。温度高于 462K 时，$\Delta G^\ominus > 0$，Ag 的氧化不能自发进行，Ag_2O 分解，但当氧气压力高于 0.101MPa 并达到 $p_{O_2,eqT}$ 时，反应达到平衡，只要把氧气压力保持高于 $p_{O_2,eqT}$，Ag 的氧化就可自发进行。可见，在一定温度下，通过调节氧气压力，

就可控制反应进行的方向，关键是要知道该温度下的平衡压力 $p_{O_2,eqT}$。利用式（2-23）可以得到：

$$\Delta G^\ominus = -RT\ln p_{O_2}^{-1} \qquad (2\text{-}32)$$

从埃林厄姆图获得温度 T 下对应的 $\Delta G^\ominus$ 值，通过式（2-32）就可以计算出该温度下氧气的 $p_{O_2,eqT}$。显然，一定温度下 $\Delta G^\ominus$ 越负，则 $p_{O_2,eqT}$ 越小，即 Ag 越容易被氧化，相应地，其氧化物越稳定。

其他一些金属在足够高的温度时，其氧化物生成的 $\Delta G^\ominus$ 也可达到零，例如 PdO 的 $\Delta G^\ominus = 0$ 的温度为 900℃，NiO 则为 2400℃。

（2）氧化物稳定性比较

利用埃林厄姆图，可以很方便地比较各种金属氧化物的热力学稳定性。图 2-25 中，$\Delta G^\ominus$-T 曲线越在下方，金属氧化物的 $\Delta G^\ominus$ 负值越大，其稳定性也就越高。显然，在给定温度下，位于下方的 $\Delta G^\ominus$-T 曲线所对应的元素能使上方 $\Delta G^\ominus$-T 线的金属氧化物还原。所研究的氧化还原反应两条直线之间的距离在给定温度下就代表了反应的标准自由能变 $\Delta G^\ominus$。例

如图 2-25 中，在整个温度范围内，TiO_2 生成线位于 MgO 生成线的上方，即表明前者的稳定性小于后者。

图 2-25 的埃林厄姆图中含有 H_2O 的生成线，位于该线上方的金属氧化物约占图的三分之一，它们都可被氢还原。图的中部三分之一包含了不太容易还原的元素，如 Si、Zn、Cr 等。这些元素的氧化物有相对较高的稳定性，可利用这些元素作为金属冶炼过程中的脱氧剂。图的下部三分之一是能够形成稳定氧化物的元素。其中 CaO 具有最高的热力学稳定性，其次为 MgO、Li_2O、Al_2O_3 等，它们的标准生成自由能变的负值均在 1000kJ/mol 以上，因此它们都是耐高温的稳定氧化物。

（3）还原能力的相互反转

当两根氧化物生成线在某特定温度相交时，则两个元素的相对还原能力便相互反转。例如 MgO 线与 Al_2O_3 线在 1550℃ 相交，在低于交点温度（1550℃）时，Mg 可使 Al_2O_3 还原；高于该温度时，则 Al 将还原 MgO，温度越高，越容易还原。

碳被氧化时可生成 CO 或 CO_2：

$$C(s) + O_2(g) = CO_2(g)$$
$$2C(s) + O_2(g) = 2CO(g)$$

两条生成线在 700℃ 相交。在较低温度下，CO_2 生成线位于 CO 生成线下方，所以 CO_2 比较稳定，在还原反应产物中占优势地位。但在高于 700℃ 时，CO 生成线位于 CO_2 生成线下方，所以 CO 比较稳定。由于 CO 生成线斜率为负，随着温度升高，$\Delta G^{\ominus}$ 越负，CO 稳定性越高。只要温度足够高，图中出现的氧化物均可被还原。例如 MgO、CaO、Al_2O_3 这些难熔氧化物可分别在 1850℃、2150℃ 和 2000℃ 温度下被还原。

习题

一、填空题

1. 不查表确定 C、N、O 元素的第一电离能大小顺序：____ > ____ > ____。

2. 描述晶体结构周期性的要素包括 ____ 和 ____。

3. 点阵具有点数无限多、各点所处环境完全相同的特点，可分为 ____、____ 和 ____ 三种类型。

4. 复单位有 ____、____ 和面心（F）三种类型。

5. 晶面指标的数值反映了 ____ 大小和 ____ 的疏密程度。晶面指标越大，晶面间距 ____，晶面所对应的平面点阵上的阵点密度越小。

6. 根据对理想晶格偏离的几何位置（结点上还是空隙里）及成分，可以把点缺陷分为 ____、____ 和 ____ 三种类型。

7. 面缺陷是一种在 ____ 维尺度很大，另一维方向上尺寸很小的缺陷。常见的面缺陷有 ____ 和 ____。

8. 位错可分为 ____ 位错、____ 位错和混合位错。

二、名词解释

1. 电离能；　2. 电负性；　3. 键的离子特性；　4. 弗伦克尔缺陷；　5. 肖特基缺陷

三、简答题

1. 原子间的结合键共有几种？各自特点如何？

2. 请简述本征半导体和杂质半导体的区别。

3. 简述晶面指标的确定方法。

4. 试求下图中所示方向的晶向指标。

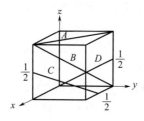 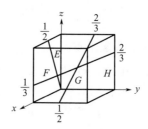

5. 试求下图中所示面的晶面指标。

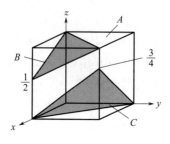 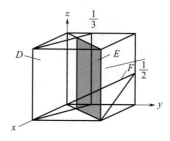

6. 通过埃林厄姆图解释为何碳在高温下可以作为金属氧化物的还原剂。

7. 埃林厄姆图上大多数斜线的斜率为正,但是反应 $C + O_2 \longrightarrow CO_2$ 的斜率为 0,反应 $2C + O_2 \longrightarrow 2CO$ 的斜率为负,请解释原因。

8. 在埃林厄姆图上,哪些元素可以从二氧化硅中还原出硅?

四、计算题

1. Cs 熔体的标准吉布斯自由能(单位为 J)与温度 T(单位为 K)的关系为

$$\Delta G_{m, Cs}^{\ominus} = 2100 - 6.95T$$

求 Cs 的熔点。

2. 计算压力为 100kPa,温度为 298.15K 及 1400K 时如下反应的标准摩尔吉布斯自由能变,判断在此两个温度下反应的自发性,估算该反应可以自发进行的最低温度。

$$CaCO_3(s) \Longrightarrow CaO(s) + CO_2(g)$$

3 材料的化学合成方法与原理

材料的物理化学性质决定材料的用途，因此通过一定的制备方法来调节材料的这些性质，可以帮助我们根据需要制备不同用途的材料。在很早以前人类就能经过简单的加工直接使用一些天然材料，这些材料包括石材、木材、动物的皮毛、矿物等。但是随着科学技术的发展和人们对材料使用性能要求的不断提高，各种具有特殊性能的结构和功能材料层出不穷。大多数材料都要通过一定的实验制备方法来获得，材料科学的发展在很大程度上得益于材料制备技术的进步。由于纳米材料具有独特的光、电、磁、力学等性能，近年来纳米材料和纳米技术的研究成为材料化学研究的一个热点，并伴随着产生了许多新的材料制备方法。

材料的制备就是用一定的方法把原料变为可以利用的材料的过程，包括合成具有一定化学组成的材料和通过一定工艺控制材料的物理形态。材料的制备方法成为决定材料性质的一个重要因素，同一种物质，由于制备方法或加工方法的不同，它的物理化学性质会有很大的差别，因此材料的制备方法也是材料领域的研究热点之一。

材料的制备方法多种多样，按照反应物的状态可分为液相法、气相法和固相法，每一类又具体包括许多不同的合成手段。本章主要介绍液相法、气相法和固相法中常见的几种制备方法。

3.1 液相法

液相法中主要介绍水热法、熔体生长法、溶胶-凝胶法、液相沉淀法和液相骤冷法等常见的制备方法。

3.1.1 水热法

水热法是19世纪中叶地质学家模拟自然界成矿作用而开始研究的。1900年后科学家们建立了水热合成理论，之后又开始转向功能材料的研究。目前已用水热法制备出百余种籽晶（seed crystal）。水热法又称热液法，它是在特制的密闭反应容器里，采用水溶液作为反应介质，通过对反应容器加热，创造出一个高温高压反应环境，使通常难溶或不溶的物质溶解并且重新结晶。

按照研究对象和目的的不同，水热法可以分为水热晶体生长、水热合成、水热反应、水热处理、水热烧结等方法，分别用于生长各种单晶，制备超细、无团聚或者少团聚、结晶完好的陶瓷粉体，完成某些有机反应，或者对一些危害人类生存环境的有机废弃物进行处理，以及在相对较低的温度下完成某些陶瓷材料的烧结等。按照设备的不同，水热法又可以分为普通水热法和特殊水热法两种。所谓特殊水热法是指在水热条件反应体系中再添加其他作用力场，例如添加直流电场、磁场（采用非铁电材料制作的高压釜）、微波场等。

水热法不仅在实验室里得到了应用，还引起了人们的持续研究。水热法具有下列8个特点：①水热法晶体是在相对较低的热应力条件下生长的，因此晶体位错密度远低于在高温熔体中生长的晶体；②水热法晶体生长使用相对较低的温度，因而可得到其他方法难以获取的物质，即低温同质异构体；③水热法晶体生长是在一个密闭系统里进行的，这样可以控制反应气氛，从而创造氧化或者还原反应条件，获得其他方法难以获取的物质，即有利于某些物相的生成；④水热反应体系存在溶液的快速对流和十分有效的溶质扩散，因此水热晶体具有较快的生长速率；⑤水热法是一种在密闭容器内完成的湿化学方法，与溶胶-凝胶法、共沉淀法等其他湿化学方法的主要区别在于温度和压力的不同；⑥水热法研究的温度范围在水的沸点和临界点（374℃）之间，但是通常使用的温度是在130～250℃之间，相应的蒸气压为0.3～4MPa；⑦与溶胶-凝胶法和共沉淀法相比，水热法最大的优点是一般不需高温烧结即可直接得到结晶粉末，从而省去了研磨及由此带来的杂质；⑧水热法可以制备包括金属、氧化物和复合氧化物在内的60多种粉末，所得粉末的直径范围通常为0.1微米至几微米，有些可以为几十纳米，且所得材料一般具有结晶好、团聚少、纯度高、粒度分布窄以及多数情况下形貌可控等特点。

3.1.1.1　水热法晶体生长机理及合成粉体（形成晶粒）机理

水热条件下的晶体生长包括下面3个阶段：①溶解阶段。营养料在水热介质里溶解，以离子、分子团的形式进入溶液。②输运阶段。由于体系中存在十分有效的热对流，以及生长区和溶解区之间存在浓度差，这些离子、分子或者离子团被传输到生长区。③结晶阶段。这一阶段包括离子、分子或者离子团在生长界面上的吸附、分解和脱附，吸附物质在界面上的运动、结晶。

水热条件下合成粉体（形成晶粒）包括溶解和结晶2个阶段：①溶解。溶解是指前驱体微粒之间的团聚和联结遭到破坏，使微粒自身在水热介质中溶解，以离子或者离子团的形式进入溶液。②结晶。结晶是指溶液内的离子或者离子团成核、结晶形成晶粒的过程。

水热法晶体生长的基础是在较高温度下进入溶液的离子或者分子团在温度下降后形成过饱和溶液而发生结晶析出。而晶体析出过程中形成的晶体结构受到低温区环境的影响，如受到籽晶、压力等因素的影响。

水热法合成粉体的基础是溶液中存在的离子或者离子团在温度变化的情况下自动相互聚集，形成在该系统条件下不可分解的、化学结构稳定的粉体（或者晶粒），并从溶液中析出粉体。

3.1.1.2　前驱体的溶解

化合物在水热溶液里溶解度的温度特性分3种情况：①正温度系数，即化合物的溶解度随温度的升高而增大，如氯化钾、硝酸钾。②负温度系数，即化合物的溶解度随温度的升高而减小，如磷酸铝在磷酸水溶液中的溶解。③变温度系数，即部分温度范围内为正温度系数，部分温度范围内为负温度系数，如体系压力较低时二氧化硅在纯水中的溶解度出现正和负温度系数，体系压力较大时，温度系数为正。

水热法涉及的化合物常温下在水中的溶解度都很低，因此，常常需要在体系中引入矿化剂。矿化剂通常使化合物在水中的溶解度随着温度的升高而升高，加入矿化剂不仅可以提高溶质在水热溶液中的溶解度，而且可以改变其溶解度温度系数。矿化剂的种类和浓度都对化合物的水热溶解性有重要影响。一般的矿化剂可以分为下面 5 类：①金属及铵的卤化物；②碱金属的氢氧化物；③弱酸与碱金属形成的盐类；④由强酸生成的盐类；⑤酸类（一般为无机酸）。

3.1.1.3 晶体形貌的多样性

研究表明，同种晶体在不同的水热条件下有不同的晶体形貌。在输运阶段，溶解进入溶液中的离子、分子或者离子团之间发生反应，形成具有一定几何构型的聚合体，即生长基元。生长基元的大小和结构与水热反应条件有关，在某个反应体系中，同时存在多种形式的生长基元，则形成动态平衡，稳定性越高的生长基元存在的概率就越大。例如，$Zr(OH)_2$ 在酸性和强碱性溶液里制得的是单斜相 ZrO_2 晶粒，而在中性介质中得到四方/立方相晶粒。在相同的水热反应条件下：当 Ba 与 Ti 摩尔比为 1 时，得到的是立方相的钛酸钡晶粒；当 Ba 与 Ti 的摩尔比为 1∶3 时，得到的是四方相钛酸钡晶粒。以 $Al(OH)_3$ 为前驱体，以水为反应介质，经过水热反应和相应的后处理，可以得到长针状的氧化铝晶粒，但是以醇-水混合溶液为反应介质时却得到板状的晶粒。

3.1.1.4 水热法实例

（1）水热法生长祖母绿宝石

在众多硅酸盐矿物中，祖母绿和金水菩提的色彩十分吸引人，所以备受喜爱。祖母绿被称为绿宝石之王，是相当贵重的宝石，是国际珠宝界公认的名贵宝石之一，因其特有的绿色和独特的魅力以及神奇的传说，深受人们青睐。尽管祖母绿因其内含物而大大地影响了它的美观，但其优美的绿色仍无其他宝石可与之匹敌，其绿色来自其内部的铬离子。祖母绿属绿柱石家族，为六方晶系。

将组装好的高压反应釜放入温差电阻炉中加热，随着温度的逐渐升高，高压釜黄金管内的水溶液会膨胀充满整个高压釜，并对高压釜内壁产生压力，温度越高压力越大。当温度达到 600℃ 左右时，黄金管底部的营养料和致色剂等化学试剂被溶解进入矿化剂水溶液，上部的二氧化硅小晶体也被溶解进入矿化剂水溶液，矿化剂水溶液中的祖母绿组分浓度越来越大，逐渐达到饱和。温差电炉的下边温度高（为溶解区），上边温度稍低（为结晶生长区），会使黄金管内的水溶液产生对流，黄金管下部形成的祖母绿饱和溶液被对流到温度稍低的上部结晶生长区时，祖母绿饱和溶液变成过饱和溶液，过饱和部分就在籽晶片上结晶。结晶后的溶液在温度稍低的结晶生长区处于饱和状态，被对流到温度较高的黄金管底部时就处于不饱和状态，在底部经过充分混合后又可处于饱和状态，当它再次被对流到温度稍低的上部结晶生长区时，又处于过饱和状态。过饱和部分在籽晶片上再结晶，使籽晶片上的祖母绿晶体厚度增加。上述过程循环往复，使祖母绿晶体不断长大，直到生长实验结束。图 3-1 所示为水热法生长晶体的装置图。

将营养料分放在顶部和底部，两处的物质被溶解、扩散，在中部相遇并发生反应，生成祖母绿的溶液，当祖母绿溶液达到过饱和时便

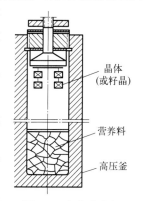

图 3-1　水热法生长
晶体的装置图

晶体
（或籽晶）

营养料

高压釜

会析出，在中部的籽晶片上生长。水热法合成祖母绿的工艺条件通常如下：原料为氧化铬、氧化铝和氧化铍粉末的烧结块，水晶碎块为二氧化硅的来源。国内通常采用 HCl 作矿化剂，填充度（充满高压釜内部空间的百分比）为 80%。籽晶可以用天然或者合成的无色绿柱石或者祖母绿为原料，籽晶沿与其柱面斜交角度为 35° 的方向切取，生长后的晶体为厚板状或柱状，利用率较高。籽晶也可以沿平行于柱面和底轴面切取，生长成板状晶体。籽晶用铂金丝挂于高压釜中部，温度为 600℃，工作压力为 $1000 \times 10^5 Pa$，高压釜内衬为铂金（或者黄金）。水热法合成祖母绿的基本过程为：石英碎块用铂金网桶挂于高压釜顶部；氧化铬、氧化铝和氧化铍烧结块放在高压釜底部；高压釜内填充矿化剂（通常为含碱金属或者铵的卤化物）；电炉在高压釜的底部加热，溶解的营养料在溶液中对流扩散，相遇后发生反应形成祖母绿溶液；当祖母绿溶液达到过饱和时便在籽晶片上析出结晶成祖母绿晶体，生长速度通常为 0.5～0.8mm/d。

（2）水热法生长 $AlPO_4$ 单晶

磷酸铝在磷酸水溶液中的溶解度是负温度系数，温度升高，压力下降，$AlPO_4$ 晶体的溶解度降低，故营养料应放在冷端（高压釜上部）以保证足够大的溶解度；籽晶应放在热端（高压釜的下部），使营养料过饱和以便结晶生长。此外，$AlPO_4$ 晶体的溶解度在 151～200℃ 范围内变化最敏感，有利于单晶生长，因此生长实验温度从 151℃ 开始；为了使单晶充分生长，升温过程以 0.6～2℃/d 的速度缓慢升温到 200℃。

（3）水热法生长石英单晶

人们常发现在石英的单晶生长过程中，当反应器内的压力较低时会出现籽晶溶解而不生长的现象；另外也发现当反应釜缓慢降温后，剩余的营养料出现晶体生长而形成完整晶面的现象。这是为什么呢？

前面介绍到，当体系压力较低时二氧化硅在纯水中的溶解度出现正和负温度系数：体系压力较大时，温度系数为正；当反应器内压力较低时，石英的溶解度变为负温度系数。负温度系数时，冷端的籽晶溶解度反而变大，溶液处于不饱和状态，因此出现籽晶溶解而不生长的现象。当反应釜缓慢降温后，剩余营养料的溶解度变成正温度系数。温度降低后，溶液呈过饱和状态，因此剩余的营养料会出现晶体生长而形成完整晶面的现象。

3.1.2 熔体生长法

半导体工业和光学技术等领域常用到的单晶材料原则上可以由固态、液态（熔体或溶液）或气态生长而得。实际上人工晶体多半由溶液达到一定程度的过饱和或熔体达到一定程度的过冷而得，前者称为溶液生长，后者称为熔体生长。3.1.1 部分介绍的水热法即为溶液生长法中的一种。这里主要介绍熔体生长法。

熔体生长法是指使原料在高温下完全熔融，然后采用不同技术手段，在一定条件下制备出满足一定技术要求的单晶材料。熔体必须在受控的条件下实现定向凝固，生长过程是通过固液界面的移动来完成的。熔体生长法是制备大单晶和特定形状单晶常用的和十分重要的一种方法，具有生长快、晶体的纯度和完整性高等优点。

熔体生长法主要有提拉法、坩埚下降法、区熔法、焰熔法、液相外延法等。

3.1.2.1 提拉法

提拉法又称丘克拉斯基法（Czochralski method）或 CZ 法，至今已有百余年历史。此法是由熔体生长单晶的一项主要的方法，适合于大尺寸完美晶体的批量生产。半导体锗、硅、砷化镓和氧化物单晶如钇铝石榴石、钆镓石榴石、铌酸锂等均用此方法生长而得。图 3-2 为提拉法装置示意。与待生长晶体成分相同的原料熔体盛放在坩埚中，籽晶杆带着籽晶由上而下插入熔体，由于固液界面附近的熔体维持一定的过冷度，熔体沿籽晶结晶，以一定速度提拉并且逆时针旋转籽晶杆，随着籽晶的逐渐上升，即生长成棒状单晶。坩埚可以由射频感应或电阻加热。应用此方法时，控制晶体品质的主要因素是固液界面的温度梯度、生长速率、晶转速率以及熔体的流体效应等。

3.1.2.2　坩埚下降法

坩埚下降法是通过将坩埚从炉内的高温区域下移到较低温度区域，从而使熔体过冷结晶。如图 3-3 所示，将盛满原料的坩埚放在竖直的炉内，炉的上部温度较高，能使坩埚内的材料维持熔融状态，下部则温度较低，两部分以挡板隔开。当坩埚在炉内由上部缓缓下降到炉内下部位置时，熔体因过冷而开始结晶。坩埚的底部形状多半是尖锥形或带有细颈，便于优选籽晶；也有半球形状的，便于籽晶生长。最后所得晶体的形状与坩埚的形状一致。体积大的碱卤化合物及氟化物等光学晶体通常用这种方法生长。

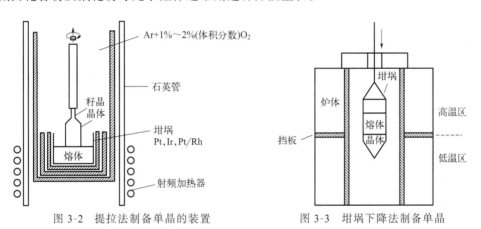

图 3-2　提拉法制备单晶的装置　　图 3-3　坩埚下降法制备单晶

3.1.2.3　区熔法

区熔法（zone melting method）的原理如图 3-4 所示，狭窄的加热体在多晶原料棒上移动，在加热体所处区域，原料变成熔体，该熔体在加热器移开后因温度下降而形成单晶。这样，随着加热体的移动，整个原料棒经历受热熔融到冷却结晶的过程，最后形成单晶棒。有时也会固定加热器而移动原料棒。这种方法可以使单晶材料在结晶过程后纯度很高，并且也能获得很均匀的掺杂。

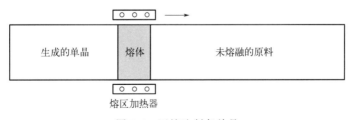

图 3-4　区熔法制备单晶

在一些化合物晶体如 CdTe 和 InP 的合成中，原料并非采用相应的多晶，而是通过单质在熔区发生反应形成化合物熔体。图 3-5 为 CdTe 单晶合成的示意。原料棒由碲块包裹镉棒构成，在加热器所处区域，两种单质受热熔融并结合成 CdTe 熔体，原料棒下移，熔体离开加热器而过冷结晶，直到整根原料棒形成 CdTe 单晶棒。

InP 单晶合成如图 3-6 所示。盛有铟的料舟置于密封的安瓿中，另一种原料磷粉则置于料舟之外、安瓿的末端。整个安瓿处于不锈钢高压腔中，其温度分布如图下方的曲线所示，料舟起始位置温度较高，但不足以使铟熔融。而处于高频感应加热线圈的部位温度最高，此处铟与磷蒸气结合形成 InP 熔体，该熔体离开高频线圈后因温度下降而结晶。

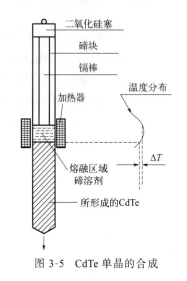

图 3-5 CdTe 单晶的合成

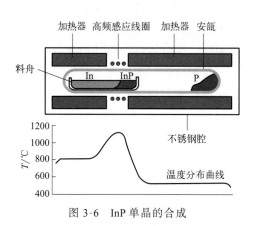

图 3-6 InP 单晶的合成

3.1.2.4 焰熔法

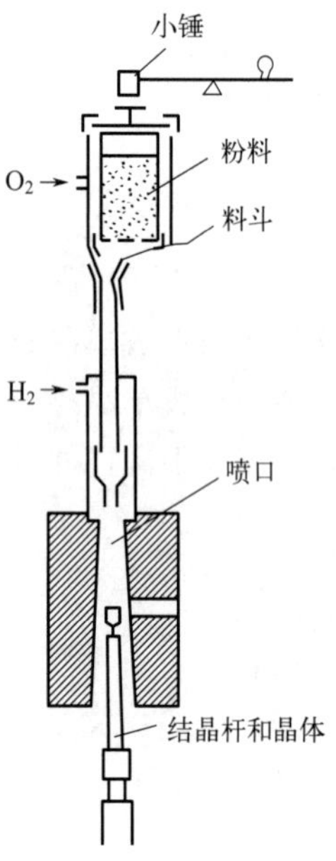

焰熔法又称维纽尔法（Verneuil's method），该方法利用 H_2 和 O_2 燃烧的火焰产生高温，使粉体原料通过火焰熔融，并落在一个结晶杆或籽晶的头部，由于火焰在炉内形成一定的温度梯度，粉料熔体落在一个结晶杆上就能结晶。如图 3-7 所示，料锤周期性地敲打装在料斗里的粉末原料，粉料经筛网及料斗逐渐地往下掉。H_2 和 O_2 各自经入口在喷口处混合燃烧，将粉料熔融，粉料熔体掉到结晶杆顶端的籽晶上。通过结晶杆下降，使落下的粉料熔体能保持同一高温水平而结晶。焰熔法可以生长长达 1m 的晶体。此外，这种方法可用来制备熔点高达 2500℃ 的氧化物晶体。采用此法生长蓝宝石及红宝石已有 80 多年的历史。焰熔法的另一个优点是不用坩埚，因此材料不受容器污染。其缺点是生长的晶体内应力很大。

3.1.2.5 液相外延法

如图 3-8 所示，料舟中装有待沉积的熔体，移动料舟经过单晶衬底时，熔体缓慢冷却在衬底表面成核，外延生长为单晶薄膜。在料舟中装入不同成分的熔体，可以逐层外延不同成分的单晶薄膜。

图 3-7 焰熔法制备单晶

液相外延法的优点是生长设备比较简单，生长速率快，外延材料纯度比较高，掺杂剂选择范围较广泛。另外，所得到外延层的位错密度通常比它赖以生长的衬底要低，成分和厚度都可以比较精确地控制，而且重复性好。其缺点是当外延层与衬底的晶格失配大于 1% 时生长困难。同时，由于生长速率较快，难以得到纳米厚度的外延材料。

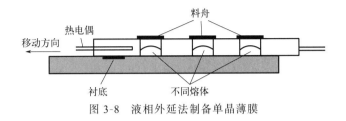
图 3-8　液相外延法制备单晶薄膜

3.1.3　溶胶-凝胶法

溶胶-凝胶法（sol-gel method）是通过凝胶前驱体的水解缩聚制备金属氧化物材料的湿化学方法。溶胶-凝胶法的出现可以追溯到 1864 年，法国化学家 J. Ebelman 等发现四乙氧基硅烷（TEOS）在酸性条件下水解成二氧化硅，从而得到了"玻璃状"材料。所形成的凝胶（gel）可以进行抽丝、形成块状透明光学棱镜或形成复合材料。当时为了避免凝胶干裂成粉末要采取长达 1 年之久的陈化、干燥过程，所以这种方法难以得到广泛应用。直到 1950 年，Roy 等改变传统的方法将溶胶-凝胶过程应用到合成新型陶瓷氧化物中，这样溶胶-凝胶过程合成的硅氧化物粉末在商业上得到了广泛应用。经过长期研究，可以控制 TEOS 水解后得到的粉末形态和颗粒大小，甚至可以通过溶胶-凝胶过程制备纳米级的均匀颗粒。目前溶胶-凝胶法在化工、医药、生物、光电子学等领域都有广泛的实际应用，如制备陶瓷、涂料、颜料、超细和纳米粉体、磁性材料和信息材料等。

3.1.3.1　溶胶-凝胶法的基本原理

溶胶-凝胶法一般以含高化学活性结构的化合物（无机盐或金属醇盐）作前驱体（起始原料），其主要反应步骤是先将前驱体溶于溶剂（水或有机溶剂）中，形成均匀的溶液，并进行水解、缩合，在溶液中形成稳定的透明溶胶体系，溶胶经陈化，胶粒间缓慢聚合，形成三维空间网络结构，网络间充满了失去流动性的溶剂，形成凝胶，凝胶经过后处理（如干燥、烧结固化）制备出所需的材料。

（1）溶胶-凝胶法主要过程

溶胶-凝胶法主要包括以下 5 个步骤。

① 水解（hydrolysis）与缩合（condensation）。金属醇盐作前驱体时，首先是在水中发生水解，水解产生的 $M(OH)_x(OR)_{n-x}$ 可继续水解，直至生成 $M(OH)_n$。

$$M(OR)_n + x(H_2O) \longrightarrow M(OH)_x(OR)_{n-x} + xROH$$

当采用无机盐作为前驱体时，则是无机盐的金属阳离子 M^{z+} 吸引水分子形成 $M(H_2O)_n^{z+}$（z 为 M 离子的价数），为保持它的配位数而具有强烈释放 H^+ 的趋势。

$$M(H_2O)_n^{z+} \Longleftrightarrow M(H_2O)_{n-1}(OH)^{z-1} + H^+$$

水解产物通过失水或失醇缩合成—M—O—M—网络结构：

$$—M—OH + HO—M— \longrightarrow —M—O—M— + H_2O$$
$$—M—OR + HO—M— \longrightarrow —M—O—M— + ROH$$

缩合反应最终形成金属氧化物（$MO_{n/2}$）无定形网络结构。可以把上述失水和失醇过程合写为如下反应式：

$$M(OH)_x(OR)_{n-x} \xrightarrow{\text{缩合}} MO_{n/2} + \left(x - \frac{n}{2}\right)H_2O + (n-x)ROH$$

以二氧化钛的合成为例，前驱体采用 $Ti(OC_4H_9)_4$，其水解、缩合的过程为：

$$Ti(OC_4H_9)_4 + xH_2O \xrightarrow{\text{水解}} Ti(OH)_x(OC_4H_9)_{4-x} + xC_4H_9OH$$

$$Ti(OH)_x(OC_4H_9)_{4-x} \xrightarrow{\text{缩合}} TiO_2 + \frac{x}{2}H_2O + \frac{4-x}{2}C_4H_9OC_4H_9$$

得到的 TiO_2 无定形，在一定温度下烘烤可以转变成锐钛矿（anatase）型或金红石（rutile）型结晶。采用硅氧烷如四乙氧基硅烷 $Si(OC_2H_5)_4$ 作前驱体，可合成二氧化硅微球，其反应过程与二氧化钛类似。

水解和缩聚过程是很复杂的，实际上两者往往是同时进行的，这时得到低黏度的溶胶。

② 凝胶化。随着反应时间的延长，溶胶粒子之间相互交联，形成以前驱体为骨架具有三维网络结构的凝胶。溶胶颗粒的尺寸和交联范围都会影响凝胶网络的物理特征。在凝胶化的过程中，溶胶的黏度显著增加，最后形成和模子同样形状的固体物质。通过适当控制反应时间可以调节凝胶的黏度，还可以产生纤维状凝胶。

③ 陈化。凝胶的陈化也叫脱水缩合，在这个过程中，缩聚继续进行，同时伴随着局部的溶解和重新沉淀形成凝胶网格结构。这就减小了颗粒间隙，减弱了多孔性。随着陈化时间的延长，凝胶的强度也随着增加。凝胶必须要达到一定的强度才能抵制干燥过程中的开裂现象。

④ 干燥。在干燥过程中，溶剂以及生成的水和醇从体系的孔道中挥发，当孔的尺寸小于 20nm 时，将会产生大的毛细管应力，这些应力往往分布不均，致使凝胶收缩甚至开裂。可以通过降低液体的表面能或者减小孔道尺寸来控制这些应力的产生。孔道尺寸可以通过控制水解和缩聚反应的速度来调节，超临界蒸发可以阻止固液界面的产生从而减小表面能。

⑤ 烧结。将干凝胶加热到一定温度，使凝胶的多孔性减弱而固化，使无定形的材料转变为晶态。最后得到的产品形状可以是块体、薄膜、粉末或纤维。最初几个过程是在液相条件下进行的，因此可以在这个阶段添加多种物质，很容易得到具有均匀掺杂物的材料。凝胶形成以后，掺杂物被局限在固态主体网络中，而且这个过程主要是在室温条件下进行的，可以把酶、抗体或者细胞掺杂在不同材料中。

（2）溶胶-凝胶法的影响因素

溶胶转变成凝胶形成三维网络结构，也就是无机聚合物。无机聚合物的尺寸、支化度和交联程度都影响凝胶的孔隙率，继而影响烧结产物的比表面积、孔隙率等。交联程度高、支化度高的无机聚合物会有较大的孔洞区域，结构具有刚性，烧结产物是大孔和介孔结构；而交联程度低、支化度低的聚合物强度低，孔洞小，烧结产物大部分是微孔结构，并且孔隙率低，比表面积小。一般来说，如果水解速度比缩合速度慢，则容易形成长的高支化度和交联度的聚合物，产生大孔结构；如果水解速度与缩合速度差不多，则容易形成短的低支化度和交联度的结构，最终形成的氧化物多为微孔结构；如果缩合速度远快于水解速度，则形成氢氧化物沉淀。金属盐或者酯的水解速度和缩合速度的相对快慢决定了产物的支化度。

此外，还有很多因素可以影响产物的特性以及整个过程的速度，例如，加水量、催化剂、水解温度、金属醇盐的类型、酸碱性烷氧基团的尺寸等等。加水量少时容易形成低交联度的产物，溶胶黏度大；而加水量大时则易形成高度交联的产物，黏度下降。由于催化机理不同，对醇盐的水解缩聚、酸催化和碱催化往往产生结构和形态不同的水解产物，因而选择合适的催化剂十分重要。较高的水解温度可以加快水解速率，然而过高的温度又会产生沉淀，所以水解温度与凝胶的形成关系密切。在酸性介质中，因为电荷的排斥作用，缩合速度慢于水解速度，形成的产物交联程度低，产生的氧化物比表面积低。随着 pH 的提高，交联程度逐步提高，孔隙率和比表面积都增大；pH 进一步提高，产物的孔径增大，但是，比表面积不再增大。对于二氧化硅，酸性催化凝胶含有较多的微孔，碱性催化凝胶含有较多的介孔。

金属原子类型不同，形成的配位物也不同。烷氧基配位体的空间位阻也会影响水解速度，加入络合剂可以减缓水解速度。烷氧基团的尺寸会影响水解反应和缩合反应的速率（空间位阻效应和诱导效应）；采用螯合物代替配合物，形成更为稳定的结构可以降低缩合速率，甚至可以提高水解程度，这样会产生更大的孔洞。螯合物最适合应用于水解速率不同的金属离子多组分胶体中，例如 TiO_2、SiO_2、己酰丙酮、柠檬酸等。可以通过改变烷氧基团、预水解、反应温度实现不同离子的均匀水解，可以添加其他的化合物形成一些新的结构。

因此，溶胶-凝胶法中的 pH、温度、金属离子化合物的种类和浓度、水的用量、老化过程、烘干过程、烧结过程都会影响产物的水解和缩合。老化过程中水解、醇解、缩合都在继续发生；碱催化凝胶过程中若提高表面张力就会降低比表面积；酸催化凝胶过程增加表面张力就会提高微孔量；水、醇溶剂在低温、低压下干燥就会形成干溶胶。

3.1.3.2 溶胶-凝胶法的应用

通过一定的工艺，利用溶胶-凝胶法可以制备颗粒、纤维、薄膜和块状材料，如图 3-9 所示。此外，还可以通过该法制备复合材料。

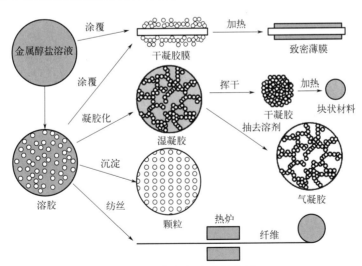

图 3-9 溶胶-凝胶法的应用

（1）制备颗粒材料

利用沉淀、喷雾热分解或乳液技术等可以从溶胶中制备均匀的无机颗粒材料。另外，对凝胶进行热处理，凝胶中含有大量液相或气孔，使得在热处理过程中粉末颗粒不易产生严重团聚，从而得到超细粉末，此法易在制备过程中控制粉末颗粒度。

以 $Mg(OCH_3)_2$ 和 $Al(OCH_2CH_2CH_2CH_3)_3$ 为前驱体，经混合、水解、缩合、干燥后得到无定形凝胶，最后在 250℃ 热处理，可得到极细的尖晶石颗粒。相对于固相合成的 1500℃ 加热数日，溶胶-凝胶法可以大大节省能源，但其所需原料试剂价格较高。

利用超临界干燥技术把溶剂移去，可以得到超多孔性的、极低密度的材料，即气凝胶（aerogel）。所谓超临界干燥是在干燥介质（如 CO_2）临界温度和临界压力的条件下进行干燥，它可以避免物料在干燥过程中的收缩和碎裂，从而保持物料原有的结构与状态，防止初级粒子的团聚和凝结。

（2）制备纤维材料

通常我们看到的氧化铝都是粉末或陶瓷，而通过溶胶-凝胶法，可以制得纤维状的氧化铝。例如 ICI 公司利用此法生产的氧化铝纤维，商品名为 "Saffil"，可代替石棉作为绝热材料。前驱体使用 $Al(OCH_2CH_2CH_2CH_3)_3$，制备纤维的关键是在拉纤的阶段控制溶胶黏度（10～100Pa·s）。另外，缩聚中间体应该是线型分子链，为此，应使用酸催化，因为碱催化条件下会形成三维网络结构。适当加入硅酸酯前驱体，也可得到 Al_2O_3-SiO_2 陶瓷纤维（SiO_2 的质量分数为 0～15%），其杨氏模量达 150GPa 以上，并且可以得到长纤维，而采用离心喷出法只能制备短纤维。

（3）制备表面涂膜

将溶液或溶胶通过浸渍法或转盘法在基板上形成液膜，经凝胶化后通过热处理可转变成无定形态（或多晶态）膜或涂层。主要是制备减反射膜、波导膜、着色膜、电光效应膜、分离膜、保护膜、导电膜、敏感膜、热致变色膜、电致变色膜等。

（4）制备块状材料

溶胶-凝胶法制备的块状材料是指每一维尺度都大于 1mm 的各种形状并且无裂纹的产物。通过这种方法能制备在较低温度下形成各种复杂形状并致密化的块状材料。现主要的应用领域有制备光学透镜、梯度折射率玻璃和透明泡沫玻璃等。

传统熔融法很难制备纯的二氧化硅玻璃，即使制备出来，耗费也较高，这是因为熔融态的二氧化硅即使在 2000℃ 下黏度仍较高。使用四乙氧基硅烷 $Si(OC_2H_5)_4$ 作为前驱体，用溶胶-凝胶法可以制备出无定形的二氧化硅，各方面来看，它与二氧化硅玻璃都很类似，属于亚稳态，在 1200℃ 热处理时应避免产生结晶。

此外，利用溶胶-凝胶法可以制备一般方法难以得到的块状材料。例如成分为 $Ba(Mg_{1/3}Ta_{2/3})O_3$ 的复合钙钛矿型材料，一般烧结温度达 1600℃ 以上，而溶胶-凝胶法烧结温度为 1000℃ 左右。

（5）制备复合材料

用溶胶-凝胶法制备复合材料，可以把各种添加剂、功能有机物或分子、晶种均匀地分散在凝胶基质中，经热处理致密化后，此均匀分布状态仍能保存下来，使材料能更好地显示出复合材料特性。

3.1.3.3　溶胶-凝胶法的优缺点

溶胶-凝胶法之所以被重视，主要有 3 方面原因：①可以低温合成氧化物。有些产品不允许在高温下加热，例如高能放射性废物的低温玻璃固体烧制，以及集成电路用陶瓷基板配线的烧制等，都不可以在太高的温度下进行。②提高材料的均匀性。溶胶可以是多种成分在分子或者原子尺度的均匀混合，如此制备的产品具有均匀的成分。③生产效率相对于其他功能材料的合成方法较高。例如与真空蒸镀或者阴极溅射等相比，溶胶-凝胶法不但成本低，而且速度快，因而更加容易实现大规模生产。除此之外，溶胶-凝胶法在实际应用中还具有如下优势：①可以制造化学键合的薄膜涂层，为金属基板与顶层的涂层之间提供优越的黏附性。②可以制造厚涂层以提供摩擦磨损保护。③可以在凝胶状态下很容易地把材料塑造成复杂的结构。④可以提供高纯产品。因为金属有机物前驱体可以按照需要的比例进行混合，然后溶解到特定溶剂中再水解成溶胶，进而演变为凝胶，从而使得成分高度可控。⑤可以进行低温烧结，烧结温度通常为 $200 \sim 600℃$。⑥可以简单、经济、有效地实现高质量涂层的制备。溶胶-凝胶法也存在某些问题，包括：所使用的原料价格比较昂贵；有些原料为有机物，对健康有害；通常整个溶胶-凝胶过程所需时间较长，常需要几天或几周；凝胶中存在大量微孔，在干燥过程中会逸出许多气体及有机物，并产生收缩。

3.1.4 液相沉淀法

液相沉淀法是指在原料溶液中添加适当的沉淀剂，从而形成沉淀物的方法。该法可分为直接沉淀法、共沉淀法和均匀沉淀法。

3.1.4.1 直接沉淀法

直接沉淀法是在金属盐溶液中直接加入沉淀剂，在一定条件下生成沉淀析出，沉淀经洗涤、热分解等处理工艺后得到超细产物。利用不同的沉淀剂可以得到不同的沉淀产物，常见的沉淀剂为 $NH_3 \cdot H_2O$、$NaOH$、$(NH_4)_2CO_3$、Na_2CO_3、$(NH_4)_2C_2O_4$ 等。

直接沉淀法操作简单易行，对设备技术要求不高，不易引入杂质，产品纯度很高，有良好的化学计量性，成本较低。缺点是洗涤原溶液中的阴离子较难，得到的粒子粒径分布较宽、分散性较差。

3.1.4.2 共沉淀法

共沉淀法是在含有多种阳离子的溶液中加入沉淀剂，在各成分均匀混合后，使金属离子完全沉淀，得到的沉淀物再经热分解而制得微小粉体的方法。该法可获得含两种以上金属元素的复合氧化物，例如 $BaTiO_3$、$PbTiO_3$ 等锆钛酸铅（PZT）系电子陶瓷。以 CrO_2 为晶种的草酸沉淀法，可制备 La、Ca、Co、Cr 掺杂氧化物及掺杂 $BaTiO_3$ 等。另外，向 $BaCl_2$ 与 $TiCl_4$ 的混合水溶液中滴加草酸溶液，则得到高纯度的 $BaTiO(C_2O_4)_2 \cdot 4H_2O$ 草酸盐沉淀，再经 $550℃$ 以上热解可制得 $BaTiO_3$ 粉体。

与传统的固相反应法相比，共沉淀法可避免引入对材料性能不利的有害杂质，生成的粉末化学均匀性较好，粒度较细，颗粒尺寸分布较窄且具有一定形貌。共沉淀法的设备简单，便于工业化生产。

3.1.4.3 均匀沉淀法

均匀沉淀法是利用某一化学反应使溶液中的构晶离子从溶液中缓慢均匀地释放出来，通过控制溶液中沉淀剂浓度，保证溶液中的沉淀处于一种平衡状态，从而均匀地析出。通常，加入的沉淀剂不立刻与被沉淀组分发生反应，而是通过化学反应使沉淀剂在整个溶液中缓慢生成，克服了由外部向溶液中直接加入沉淀剂而造成沉淀剂的局部不均匀性。

对于氧化物纳米粉体的制备，常用的沉淀剂为尿素，其水溶液在 70℃ 左右可发生分解反应而生成水合 NH_3，起到沉淀剂的作用，得到金属氢氧化物或碱式盐沉淀，分离后干燥、煅烧可以得到金属氧化物。例如氧化锌的合成：

$$CO(NH_2)_2 + 3H_2O \xrightarrow{\triangle} 2NH_3 \cdot H_2O + CO_2$$

$$Zn^{2+} + 2NH_3 \cdot H_2O \longrightarrow Zn(OH)_2 \downarrow + 2NH_4^+$$

$$Zn(OH)_2 \xrightarrow{\triangle} ZnO + H_2O \uparrow$$

硫化物的制备可采用硫代乙酰胺作为硫源，例如硫化铅的合成：

$$CH_3CSNH_2 \xrightarrow{\triangle} CH_3CN + H_2S$$

$$(CH_3COO)_2Pb + H_2S \longrightarrow PbS \downarrow + 2CH_3COOH$$

硫代硫酸盐溶液加热也会释放出硫化氢，因此也常常作为硫源用于均匀沉淀法，其热分解反应如下：

$$S_2O_3^{2-} + H_2O \xrightarrow{\triangle} SO_4^{2-} + H_2S$$

3.1.5 液相骤冷法

非晶态固体与晶态固体相比，微观结构的有序性偏低，热力学自由能偏高，因而是一种亚稳态。基于这样的特点，制备非晶态固体必须解决两个问题：①必须形成原子或分子混乱排列的状态；②必须将这种热力学上的亚稳态在一定的温度范围内保存下来，使之不向晶态转变。

对于一些结晶倾向较弱的材料如玻璃、高分子材料等，很容易满足上述条件，在熔体自然冷却下就能得到非晶态。而对于结晶倾向很强的金属，则需要采用特别的工艺方法才能得到非晶态，常见的非晶态制备方法有液相骤冷和从稀释态凝聚，包括蒸发、离子溅射、辉光放电和电解沉积等，近年来还发展了离子轰击、强激光辐照和高温压缩等新技术。

液相骤冷法是目前制备各种非晶态金属和合金的主要方法之一，并已经进入工业化生产阶段。它的基本特点是先将金属或合金加热熔融成液态，然后通过不同途径使熔体急速地降温，降温速度高达 $10^5 \sim 10^8 ℃/s$，以至晶体生长甚至成核都来不及发生就降温到原子热运动足够少的温度，从而把熔体中的无序结构"冻结"保留下来，得到结构无序的固体材料，即非晶或玻璃态材料。样品可以制成几微米到几十微米的薄片、薄带或条带。

液相骤冷制备非晶金属薄片的方法主要有：①喷枪法，将熔融的金属液滴用喷枪以极高的速度喷射到导热性好的大块金属冷却板上；②活塞法，金属液滴被快速移动活塞压到金属冷却板上，形成厚薄均匀的非晶态金属薄片；③抛射法，将熔融的金属液滴抛射到导热性好的冷却板上。图 3-10 为这三种工艺的示意图。

液相骤冷制备非晶金属薄带的方法是用加压惰性气体把液态金属从直径为几微米的石英喷嘴中喷出，形成均匀的熔融金属细流，连续喷到高速旋转（2000～10000r/min）的一对轧辊之间或者喷射到高速旋转的冷却圆筒表面而形成非晶态，这两种工艺分别称为双辊法和单辊法（图 3-11）。另外还有立式或卧式离心法、行星法等。

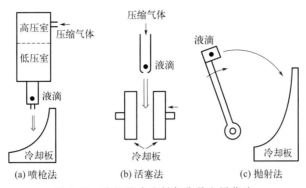

图 3-10　液相骤冷法制备非晶金属薄片

非晶金属条带可通过将熔体喷射到一块运动着的金属基板上进行快速冷却而制得，即急冷喷铸法，如图 3-11(c) 所示。

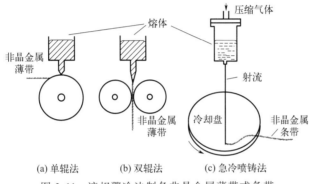

图 3-11　液相骤冷法制备非晶金属薄带或条带

此外气相沉积法、溶胶-凝胶法也可得到非晶态的无机陶瓷薄膜或粉状材料。

3.2　气相法

材料制备方法中的气相法主要介绍气相沉积法，气相沉积指的是物质在气态下发生物理或者化学反应制备所需要材料的过程。可以直接利用气体反应物，或者通过一定的手段（加热、电子束激发、等离子体等）把固体或液体物质变为气体，使这些物质在气态下进行反应。该方法常被用来制备涂层，从而调节材料的力学、电、热、光以及抗腐蚀性能，还被用来合成颗粒、薄膜、纤维以及复合材料等。近年来，气相沉积技术还被广泛用来合成纳米材料。气相沉积需要在真空室中进行，不发生化学反应的被称为物理气相沉积（physical vapor deposition，PVD），发生化学反应的称为化学气相沉积（chemical vapor deposition，CVD）。

3.2.1　物理气相沉积法

物理气相沉积法是利用高温热源将原料加热至高温，使之汽化或形成等离子体，在基体上冷却凝聚成各种形态的材料（如晶须、薄膜、晶粒等）。所用的高温热源包括电阻、电弧、高频电场或等离子体等，由此衍生出各种物理气相沉积技术，其中以真空蒸镀和阴极溅射法较为常用。

3.2.1.1 真空蒸镀

真空蒸镀，又称真空蒸发沉积法（vacuum evaporation depostion），是在真空条件下通过加热蒸发某种物质使其沉积在固体表面。此技术最早由法拉第于 1857 年提出，现已成为常用镀膜技术之一，用于电容器、光学薄膜、塑料等领域，例如制造光学镜头表面的减反增透膜等。

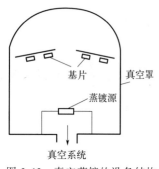

图 3-12　真空蒸镀的设备结构

真空蒸镀的设备结构如图 3-12 所示。蒸发物质如金属、化合物等置于坩埚内或挂在热丝上作为蒸发源，待镀工件如金属、陶瓷、塑料等基片置于坩埚前方。待系统抽至高真空后，加热坩埚使其中的物质蒸发。蒸发物质的原子或分子以冷凝方式沉积在基片表面。薄膜厚度可由数百埃（1Å，1Å＝0.1nm）至数微米。膜厚取决于蒸发源的蒸发速率和时间（或真空系统装料量），并与蒸镀源和基片的距离有关。对于大面积镀膜，常采用旋转基片或多蒸发源的方式以保证膜层厚度的均匀性。从蒸发源到基片的距离应小于蒸气分子在残余气体中的平均自由程，以免蒸气分子与残气分子碰撞引起化学作用。蒸气分子平均动能为 0.1～0.2eV。

蒸发手段有 3 种类型：①电阻加热。用难熔金属如钨、钽制成舟箔或丝状，通以电流，加热在它上方的或置于坩埚中的蒸发物质。电阻加热源主要用于蒸发 Cd、Pb、Ag、Al、Cu、Cr、Au、Ni 等材料。②用高频感应电流加热坩埚和蒸发物质。③用电子束轰击材料使其蒸发，适用于蒸发温度较高（不低于 2000℃）的材料。

真空蒸镀与其他真空镀膜方法相比，具有较高的沉积速率，可镀制单质和不易热分解的化合物膜。使用多种金属作为蒸镀源可以得到合金膜，也可以直接利用合金作为单一蒸镀源，得到相应的合金膜。

3.2.1.2 阴极溅射法

阴极溅射法（cathode sputtering）又称溅镀，它是利用高能粒子轰击固体表面（靶材），使得靶材表面的原子或原子团获得能量并逸出表面，然后在基片（工件）的表面沉积形成与靶材成分相同的薄膜。常用的阴极溅射设备如图 3-13 所示。通常将欲沉积的材料制成板材作为靶，固定在阴极上；待镀膜的工件置于正对靶面的阳极上，距靶几厘米。系统抽至高真空后充入 1～10Pa 的惰性气体（通常为氩气），在阴极和阳极间加几千伏电压，两极间即产生辉光放电。放电产生的正离子在电场作用下飞向阴极，与靶表面原子碰撞，受碰撞后从靶面逸出的靶原子称为溅射原子，其能量在一至几十电子伏特范围。溅射原子在工件表面沉积成膜。

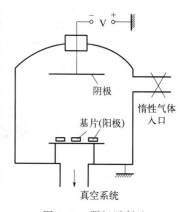

图 3-13　阴极溅射法

阴极溅射法中，溅射原子具有较高的能量，初始原子撞击基质表面即进入几个原子层深度，这有助于薄膜层与基质间的良好附着。同时改变靶材料可产生多种溅射原子，形成多层薄膜且不破坏原有系统。阴极溅射法广泛应用于制备由元素硅、钛、铌、钨、铝、金和银等形成的薄膜，也可用于碳化物、硼化物和氮化物等耐火材料在金属工具表面形成薄膜，还可用于制备光学设备上防太阳光氧化物薄膜等。相似的设备也可以用于非导电的有机高分子薄膜的制备。

阴极溅射法的缺点是靶材的制造受限制、析镀速率低等。

阴极溅射法又包含高频溅镀和磁控溅镀两种技术。

（1）高频溅镀

如果镀膜为绝缘体，则由于目标表面带正电位，使靶材表面与阳极的电位差消失，不会持续放电，无法产生辉光放电效应，这时可采用高频溅镀（RF sputtering）。基片装在接地的电极上，绝缘靶装在对面的电极上。高频电源一端接地，一端通过匹配网络和隔直流电容接到装有绝缘靶的电极上。接通高频电源后，高频电压不断改变极性。等离子体中的电子和正离子在电压的正半周和负半周分别打到绝缘靶上。由于电子迁移率高于正离子，绝缘靶表面带负电，在达到动态平衡时，靶处于负的偏置电位，从而使正离子对靶的溅射持续进行。

（2）磁控溅镀

对于磁性膜的溅镀，可在溅射装置中附加与电场垂直的磁场，以提高溅射速度，即磁控溅镀（magnetron sputtering）。例如 CoPt 磁性薄膜的制备通常就是采用磁控溅镀。在高真空条件下充入适量的氩气，在阴极（柱状靶或平面靶）和阳极（镀膜基片）之间施加几百千伏直流电压，在镀膜室内产生磁控型异常辉光放电，使氩气发生电离。氩离子被阴极加速并轰击阴极靶表面，将靶材表面原子溅射出来沉积在基底表面上形成薄膜。通过更换不同材质的靶和控制不同的溅射时间，可获得不同材质和不同厚度的薄膜。磁控溅镀可使沉积速率比非磁控溅射提高近一个数量级，并具有镀膜层与基材的结合力强及镀膜层致密、均匀等优点。

3.2.1.3　离子镀

离子镀（ion plating）就是蒸发物质的分子被电子碰撞电离后以离子形式沉积在固体表面。它是真空蒸镀与阴极溅射技术的结合。离子镀系统如图 3-14 所示，将基片台作为阴极，外壳作阳极，充入工作气体（氩气等惰性气体）以产生辉光放电。从蒸发源蒸发的分子通过等离子区时发生电离。正离子被基片台负电压加速打到基片表面。未电离的中性原子（约占蒸发料的 95%）也沉积在基片或真空室壁表面。电场对离子化的蒸气分子的加速作用（离子能量为几百至几千电子伏特）和氩离子对基片的溅射清洗作用，使膜层附着强度大大提高。离子镀工艺综合了蒸发（高沉积速率）与溅射（良好的膜层附着力）工艺的特点，并有很好的绕射性，可为形状复杂的工件镀膜。

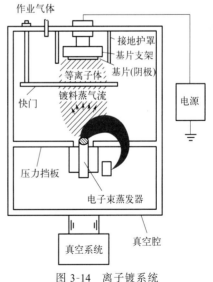

图 3-14　离子镀系统

另外，离子镀改善了其他方法所得到的薄膜在耐磨性、耐摩擦性、耐腐蚀性等方面的不足。

真空蒸镀、溅镀和离子镀是物理气相沉积法的 3 种主要镀膜方式，表 3-1 对这 3 种方式进行了比较。

表 3-1　真空蒸镀、溅镀、离子镀的比较

项目		真空蒸镀	溅镀	离子镀
压强/mmHg		$10^{-6} \sim 10^{-5}$	$0.02 \sim 0.15$	$0.005 \sim 0.02$
粒子能量/eV	中性	$0.1 \sim 1$	$1 \sim 10$	$0.1 \sim 1$
	离子	—	—	数百到数千
沉积速率/(μm/min)		$0.1 \sim 70$	$0.01 \sim 0.5$	$0.1 \sim 50$
绕射性		差	较好	好
附着能力		不太好	较好	很好
薄膜致密性		低	高	高
薄膜中的气孔		低温时较多	少	少
内应力		拉应力	压应力	压应力

注：1mmHg＝133Pa。

3.2.2　化学气相沉积法

化学气相沉积（CVD）是指通过气相化学反应生成固态产物并沉积在固体表面的过程。化学气相沉积法可用于制造覆膜、粉末、纤维等材料，它是半导体工业中应用十分广泛的沉积多种材料的技术，可制备大范围的绝缘材料、大多数金属材料和合金材料。

典型的化学气相沉积系统如图 3-15 所示。两种或两种以上的气体前驱体导入反应沉积室内，然后气体间发生化学反应，形成一种新的材料，沉积到基片表面上。气体的流动速率由质量流量控制器（mass flow controller，MFC）控制。

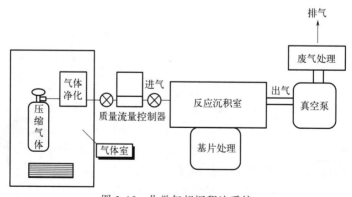

图 3-15　化学气相沉积法系统

一般的化学气相沉积技术工艺包括以下关键步骤：反应气体的扩散、反应气体在基体上的吸附、发生化学反应、分解产物的脱附以及分解副产物的扩散除去。

3.2.2.1　化学气相沉积法的种类

按采用的反应能源，CVD 法可以分为热能化学气相沉积法（thermal CVD）、等离子体增强化学气相沉积法（plasma enhanced CVD，PECVD）、光化学气相沉积法（photo CVD）、热激光化学气相沉积法（thermal-laser CVD）；按照气体压力大小，则可以分为常压化学气相沉

积法（APCVD）、低压化学气相沉积法（LPCVD）、亚常压化学气相沉积法（SACVD）、超高真空化学气相沉积法（UHCVD）等。

（1）热能化学气相沉积法

热能化学气相沉积法是利用热能引发化学反应，反应温度通常高达 800～2000℃。其加热方式包括电阻加热器、高频感应、热辐射、电热板加热器等，也有几种加热方式相结合的。用于 thermal CVD 的反应器有两种基本类型，即热壁反应器（hot-wall reactor）和冷壁反应器（cold-wall reactor）。

① 热壁反应器。反应器的基板和反应器壁都通过辐射进行加热，它们可以实现高通量生产。由于反应器壁也是热的，沉积会在器壁和基板上同时发生，所以需要经常对反应器进行清洁维护。热壁反应器的优点是：操作简单；反应器是一个等温炉，通常比较大，可以同时沉积若干个基板；由于整个反应腔室是加热的，因此可在一定的压力和温度范围内操作，实现对温度的准确控制；基体相对于气流的方向可以不同。热壁反应器的缺点是：沉积不仅发生在基体上，也发生在反应器壁上，在反应器壁上的反应会消耗反应物气体，从而限制薄膜的生长速度；膜层会从器壁上脱落并污染基体；被膜层覆盖的器壁表面积在实验期间以及从一个实验转变到另一个实验时会发生变化，导致沉积条件的重复性不好。

由于上述原因，热壁反应器主要被用于实验室研究给定前驱体做 CVD 的可行性；因为巨大的受热表面积能完全消耗前驱体并提供高产率，因此，热壁反应器也常常用于确定反应产物的分布。热壁反应器通常不在工业上使用或者用于反应动力学的定量测量，而是被广泛用于具有高蒸气压前驱体的半导体和氧化物的化学气相沉积方面。图 3-16 为水平式热壁反应器。

② 冷壁反应器。在冷壁反应器中，只有基板被加热，通常通过电磁感应进行辐射加热。由于大部分的 CVD 反应是吸热反应，故沉积倾向于在最高温度处发生。冷壁反应器可以控制基板上面的气流，而且由于不会在器壁上沉积，因此可以有效抑制前驱体的损耗。然而，其量产的效率没有热壁反应器那么高。相对于热壁反应器，冷壁反应器有两个突出的优点：不会因为壁面沉积物脱离造成污染；沉积只发生在基板上，不会造成气源的损耗。图 3-17 是一个典型的垂直式冷壁反应器。

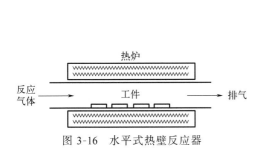

图 3-16 水平式热壁反应器

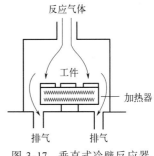

图 3-17 垂直式冷壁反应器

冷壁反应器被广泛应用于实验室和工业生产。尽管冷壁反应器相对于气流不同的方向通常仅容纳一片半导体晶片，但是可以控制压力和温度，可以使用等离子体，反应器壁上不会发生沉积，不易发生同质反应，能获得比热壁反应器高的沉积效率。由于易于实现表面反应控制的动力学，冷壁反应器也被用于测量动力学参数。对于生产应用，通常选择单一晶片冷壁反应器，因为这样能更好地控制涂层性能。

（2）等离子体增强化学气相沉积法

等离子体增强化学气相沉积法是指利用等离子体激发化学反应，可以在较低温度下沉积。等离子体增强化学气相沉积包含了化学和物理过程，可以认为是连接 CVD 和 PVD 的桥梁，与在化学环境下的 PVD 技术相类似，如反应溅镀。

双原子分子气体（例如 H_2）在一定高温下解离成原子状态，大部分原子最后都失去电子而被离子化，从而形成等离子体，等离子体是由带正电的离子和带负电的电子以及一些未离子化的中性原子组成。实际上，离子化温度非常高（＞5000K），而燃烧焰的最高温度大约为 3700K，在这样的条件下离子化程度很低，例如氢气燃烧时离子化程度大约为 10%。因此，要形成高度离子化的等离子体，需要有相当高的热能。在等离子体增强化学气相沉积法中，通常利用微波、射频等电磁能使气体分子完全离子化而形成等离子体。

等离子体增强化学气相沉积技术所采用的等离子体种类有辉光放电等离子体（glow-discharge plasma）、射频等离子体（RF plasma）、电弧等离子体（arc plasma）。辉光放电等离子体是在较低压力下利用高频电磁场（例如频率为 2.45GHz 的微波）形成的，电功率为 1～100kW。射频等离子体则是在 13.56MHz 的射频场作用下产生的。电弧等离子体采用的频率较低（约 1MHz），但需要的电功率很大（1～20MW）。

等离子体增强化学气相沉积的优点是工件的温度较低，蒸镀反应可消除应力，同时反应速率较高。其缺点是无法沉积高纯度的材料。而由于温度较低，反应产生的气体不易脱附。另外，等离子体和生长的镀膜相互作用可能会影响生长速率。

（3）光化学气相沉积法

光化学气相沉积法是利用紫外线照射反应物，利用光能使分子中的化学键断裂而发生化学反应，沉积出特定薄膜。该方法的缺点是沉积速率慢，因而其应用受到限制。

除了普通光源外，光化学气相沉积也可采用激光作为光源，从原理上来说，仍然是利用分子吸收光能后变成激发态而发生反应的原理，这种技术有人称为 photo-laser CVD。

（4）热激光化学气相沉积法

热激光化学气相沉积法（下称热激光 CVD）是利用高强度的激光光束产生的热能，使受照部位产生高温而发生化学反应，所以热激光 CVD 的沉积机理和所涉及的化学反应与传统的热 CVD 基本相同，理论上热 CVD 沉积的材料都可以用热激光 CVD 沉积。

（5）常压化学气相沉积法和低压化学气相沉积法

常压化学气相沉积法和低压化学气相沉积法主要区别是气体压力不同，前者在接近常压的压力下进行，而后者的压力低于 13.33kPa。气相反应在较高压力（例如常压）下为扩散控制，而在低压下，表面反应是决定性因素，因此低压化学气相沉积法可以沉积出均匀的、覆盖能力较佳的、质量较好的薄膜，但沉积速度较常压化学气相沉积法慢。常压化学气相沉积法在气压接近常压下进行，分子间的碰撞频率很高，因而沉积速度极快，且设备较简单、经济，但容易产生微粒，可充入惰性气体加以缓解。

除了常压化学气相沉积法和低压化学气相沉积法外，还有超高真空化学气相沉积法（UHCVD），压力低至 $(1.33～0.67)×10^{-5}kPa$，用来沉积硅、锗之类的半导体材料和一些光电材料，优点是可以更好地控制沉积结构和减少杂质。

3.2.2.2　化学气相沉积法的化学反应类型

目前，工业上大部分重要的化学气相沉积工艺都采用简单的前驱体，它们的蒸气压高，膜层以高度可重复和可控制方式沉积，避免杂质的混入。常用的简单前驱体包括金属氢化物、烷基金属、金属卤化物或混合配位体系化合物。因此，化学气相沉积所涉及的化学反应主要有热分解、氢还原、金属还原、氧化和水解、碳化和氮化等反应。

（1）热分解反应

在热分解（thermal-decomposition）反应中，化合物分子吸收热能而分解成单质或较小的化合物分子。这类反应通常只需要一种气体反应物，所以在 CVD 中是最简单的反应类型。根据反应物的不同，热分解反应可以分成以下几种。

① 氢化物热分解。如石墨、金刚石和其他碳的同素异形体可通过烃类热解得到，反应温度为 $800\sim1000℃$：

$$CH_4(g)\longrightarrow C(s)+2H_2(g)$$

单质硅、硼和磷也可通过相应的氢化物热分解得到。例如，单质硅的获得：

$$SiH_4(g)\longrightarrow Si(s)+2H_2(g)$$

二元化合物可通过两种氢化物共同热分解得到，例如：

$$B_2H_6+2PH_3\longrightarrow 2BP+6H_2$$

② 卤化物热分解。一些金属沉积物可以通过其卤化物热分解获得，例如钨和钛的沉积：

$$WF_6(g)\longrightarrow W(s)+3F_2(g)$$

$$TiI_4(g)\longrightarrow Ti(s)+2I_2(g)$$

③ 羰基化合物热分解。金属羰基化合物受热释放出一氧化碳并得到金属单质，例如：

$$Ni(CO)_4(g)\longrightarrow Ni(s)+4CO(g)$$

④ 烷氧化物热分解。

$$Si(OC_2H_5)_4\xrightarrow{740℃}SiO_2+4C_2H_4+2H_2O$$

⑤ 金属有机化合物与氢化物体系的热分解。

$$Ga(CH_3)_3+AsH_3\xrightarrow{630\sim675℃}GaAs+3CH_4$$

（2）氢还原反应

氢还原（hydrogen reduction）反应主要是利用氢气将一些元素从其卤化物中还原出来，例如：

$$WF_6(g)+3H_2(g)\longrightarrow W(s)+6HF(g)$$

$$SiCl_4(g)+2H_2(g)\longrightarrow Si(s)+4HCl(g)$$

$$2BCl_3(g)+3H_2(g)\longrightarrow 2B(s)+6HCl(g)$$

氢还原反应的一个主要优势是反应温度较低，因此被广泛应用于将过渡金属从其卤化物中沉积出来，特别是第ⅤB族的钒、铌、钽和第ⅥB族的铬、钼、钨。而第ⅣB族的钛、锆、铪的卤化物较稳定，因此较难进行氢还原。非金属元素（如硅和硼）卤化物的氢还原则是半导体和高强度纤维制造中的主要手段。

除了单质材料外，氢还原还可用于二元化合物的沉积，如碳化物、氮化物、硼化物、硅化物等，反应物采用相应的两种卤化物，同时被氢还原生成化合物。例如二硼化钛的沉积：

$$TiCl_4(g)+2BCl_3(g)+5H_2(g)\longrightarrow TiB_2(s)+10HCl(g)$$

（3）金属还原反应

第ⅣB族的钛、锆、铪较难通过氢气还原得到，而采用锌、镉、镁等金属单质作为还原剂进行金属还原（metal reduction）反应则较容易实现。例如可用金属镁从四氯化钛中还原出金属钛，作为气相反应，反应温度应在金属还原剂的沸点以上。

$$TiCl_4(g) + 2Mg(s) \longrightarrow Ti(s) + 2MgCl_2(g)$$

以金属作还原剂时，还要考虑生成的副产物氯化物的排放。氯化钾和氯化钠的沸点在1400℃以上，挥发性较差，因此钾和钠作还原剂时需要较高的反应温度，且这两种碱金属的还原性太强，反应不好控制，所以钾和钠不太适合作为还原剂使用。锌是较常用的金属还原剂，因为卤化锌有较好的挥发性，卤化物共沉积的机会较小。碘化锌的挥发性在卤化锌中最好，因此采用碘化物作为前驱体效果更佳。例如锌还原钛的反应如下：

$$TiI_4(g) + 2Zn(s) \longrightarrow Ti(s) + 2ZnI_2(g)$$

（4）氧化反应

氧化（oxidation）反应是化学气相沉积氧化物的重要反应。氧化剂可采用氧气或二氧化碳，例如沉积二氧化硅可采用下面几个反应：

$$SiCl_4(g) + O_2(g) \longrightarrow SiO_2(s) + 2Cl_2(g)$$
$$SiH_4(g) + O_2(g) \longrightarrow SiO_2(s) + 2H_2(g)$$
$$SiCl_4(g) + 2CO_2(g) + 2H_2(g) \longrightarrow SiO_2(s) + 4HCl(g) + 2CO(g)$$

（5）水解反应

水解（hydrolysis）反应是另一类生成氧化物的重要反应，如卤化物水解形成氧化物和卤化氢：

$$SiCl_4(g) + 2H_2O(g) \longrightarrow SiO_2(s) + 4HCl(g)$$
$$TiCl_4(g) + 2H_2O(g) \longrightarrow TiO_2(s) + 4HCl(g)$$
$$2AlCl_3(g) + 3H_2O(g) \longrightarrow Al_2O_3(s) + 6HCl(g)$$

（6）碳化反应和氮化反应

碳化（carbidization）是指碳化物的沉积，一般用于卤化物与烃类（如甲烷）的反应，如碳化钛的沉积：

$$TiCl_4(g) + CH_4(g) \longrightarrow TiC(s) + 4HCl(g)$$

氮化（nitridation）则指氮化物的沉积，前驱体可采用卤化物，如氮化钛的沉积反应：

$$4Fe(s) + 2TiCl_4(g) + N_2(g) \longrightarrow 2TiN(s) + 4FeCl_2(g)$$

通过氨解（ammonolysis）反应也可以沉积氮化物。氨的生成自由能为正值，因此在化学气相沉积反应中，其平衡反应基本偏向生成氮气和氢气，氮气和氢气与卤化物反应生成氮化物。例如半导体工业中普遍采用化学气相法沉积氮化硅，总的反应如下：

$$3SiCl_4(g) + 4NH_3(g) \longrightarrow Si_3N_4(s) + 12HCl(g)$$

3.2.2.3 化学气相输运

化学气相输运（chemical vapor transportation）技术是指在一定条件下把材料转变成挥发性的中间体，然后改变条件使原来的材料重新形成。该技术可以用于材料的提纯、单晶的气相生长和薄膜的气相沉积等，也可用于新化合物的合成。化学气相输运过程如图 3-18 所示，源区的固态物质 A 在温度 T_2 下与气体 B 反应，生成气体 AB，AB 在温度为 T_1 的沉积区沉积出来，从而达到提纯、改变形态（单晶或薄

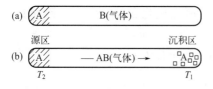

图 3-18 化学气相输运示意

膜）等目的。其反应过程如下所示。

$$A(s) + B(g) \underset{T_1}{\overset{T_2}{\rightleftharpoons}} AB(g)$$

例如，氧气作为输运气体，对金属铂进行输运沉积：

$$Pt(s) + O_2(g) \underset{<1200℃}{\overset{>1200℃}{\rightleftharpoons}} PtO_2(g)$$

温度高于 1200℃ 时 Pt 与 O_2 反应生成 PtO_2 蒸气，并扩散到较低温度区域，即可沉积出金属铂。

化学气相输运技术也可用于新化合物的合成，即利用输运气体 B 在 T_2 温度下把固态反应物变为气态中间体 AB，然后在温度 T_1 再与另一反应物 C 反应，生成新化合物，其反应过程可描述为：

T_2 温度下： $\qquad A(s) + B(g) \rightleftharpoons AB(g)$

T_1 温度下： $\qquad AB(g) + C(s) \rightleftharpoons AC(s) + B(g)$

总反应： $\qquad A(s) + C(s) \rightleftharpoons AC(s)$

例如，亚铬酸镍（$NiCr_2O_4$）的制备，如果用 NiO 与 Cr_2O_3 两种固体直接反应，则反应很慢，加入氧气则能有效加速反应，原因是 Cr_2O_3 与 O_2 反应生成气态的 CrO_3，后者扩散到 NiO 处反应生成 $NiCr_2O_4$，反应过程如下：

$$Cr_2O_3(s) + \frac{3}{2}O_2(g) \rightleftharpoons 2CrO_3(g)$$

$$2CrO_3(g) + NiO(s) \rightleftharpoons NiCr_2O_4(s) + \frac{3}{2}O_2(g)$$

上述过程把原来固态与固态之间的反应转变成气态与固态的反应，反应速度因气态的高迁移性而大大提高。另外，也可以利用化学气相输运把一个反应的固态产物变成气态以便移走，从而促进反应的进行。

3.2.2.4　化学气相沉积的优点和缺点

化学气相沉积（CVD）与物理气相沉积（PVD）（例如真空蒸镀和阴极溅射）相比具有下列优点和缺点。

CVD 的优点：CVD 采用的前驱体可以对三维结构进行涂层，而 PVD 通常只能直接在正面沉积，难以进行全方位沉积；因为前驱体的流速更快，所以 CVD 的沉积速率是 PVD 的若干倍；CVD 反应器结构简单，可以容纳几个基材同时进行沉积，也不需要超高真空，而且更换和增加前驱体很容易；PVD 即使改变蒸发（汽化）速度也难以精确控制化学计量比，而 CVD 通过监控前驱体流速能更方便地控制化学计量比；CVD 的其他优势还包括涂层对底材具有良好的附着性，可确保高纯度和制备突变结，等等。

CVD 的缺点：虽然可以使用等离子体增强的 CVD 或者金属有机前驱体在一定程度上降低工作温度，但是一些 CVD 需要在高温（600℃ 以上）下进行，这使一些基材无法承受；CVD 前驱体经常是有毒有害的，分解产物也是有毒的，所以经常需要采用其他步骤来处理；很多 CVD 前驱体非常昂贵；CVD 过程需控制很多参数才能达到最佳效果。

3.3　固相法

固相法是以固态物质为原料，通过各种固相反应和烧结等过程来制备材料的方法，如陶瓷和耐火材料的高温烧结、金属材料的粉末冶金、人工晶体的固相生长、高分子材料的固相缩聚以及自蔓延高温合成法等。本节内容主要介绍固相反应和自蔓延高温合成法。

3.3.1 固相反应

固相反应是指有固态物质直接参加的反应，是至少在固体内部或者外部有一个过程起控制作用的化学反应。固相反应的特点是反应速度较慢，固体质点间化学键力大，反应通常在高温下进行，高温传质、传热过程对反应速度影响较大。

固相反应机理包括 3 个过程。①反应物迁移过程：蒸发-凝聚、溶解-沉淀到相界面上。②在相界面上发生化学反应：传热传质使反应基本在相界面上进行。③反应物通过产物层的扩散：反应物达到一定厚度后，进一步反应必须要有反应物通过产物层的扩散。

固相反应大致可以归纳成 4 类：固体的热分解反应、气-固相反应、液-固相反应、固-固相反应。

3.3.1.1 不同固相反应的反应机理

（1）固体的热分解反应

固体化合物的热分解是一个常见且获得广泛应用的固相反应，例如石灰石分解为 CaO 和 CO_2 就属于这类反应。

$$CaCO_3(s) \longrightarrow CaO(s) + CO_2(g)$$

热分解反应总是从晶体的某一点开始，形成反应的核心。晶体中容易成为初始反应核心的地方就是晶体的活性中心，它总是位于晶体结构缺少对称性的地方，例如晶体中存在点缺陷、位错、杂质的地方，或者晶体的表面、晶界、晶棱等位置，这些都属于局部化学因素，故用中子、质子、紫外线、X 射线、γ 射线等辐照，或者使晶体发生机械形变等都有利于增加这种局部化学因素，从而促进固相分解反应。晶核的形成速度以及晶核的生长和扩展速度决定了固相分解反应的动力学。当晶核的形成活化能大于生长活化能时，晶核一旦形成，便能迅速地生长和扩展。在一定温度下，测定反应容器中分解产物的蒸气压随时间的变化即可得到一个固相分解反应的动力学曲线，如图 3-19 所示。

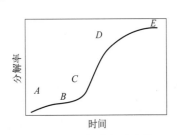

图 3-19 固相分解反应的
动力学曲线

对于固体的热分解反应 A（固）$\longrightarrow$ B（固或气）＋C（气），S 形的图形是固相分解反应的典型动力学曲线。*AB* 段相当于与分解反应无关的物理吸附、气体的解吸等，*BC* 段相当于反应的诱导期，这时发生着一种缓慢的、几乎是线性的气体生成反应，在 *C* 点反应开始加速，反应速度迅速上升到最大值 *D* 点，然后反应速度又逐渐减慢，直到 *E* 点反应完成。*BE* 间的 S 形曲线对应于三个阶段：*BC* 对应于核的生成，*CD* 对应于核的迅速长大和扩展，*DE* 对应于许多核交联一起后反应局限于反应界面上。因此，分解反应受控于核的生成数目和反应界面的面积。

（2）气-固相反应

有气体参加的固相反应主要有金属锈蚀或氧化反应。此外，固体表面的催化反应也是气-固相反应。

① 锈蚀反应。锈蚀反应是指气体作用于固体（金属）表面，生成一种固相产物，在反应物之间形成一种薄膜相的过程。在锈蚀反应的最初阶段，因为气体分子和金属表面可以充分接触，所以反应速度很快。但锈蚀产物（如氧化物）的物相层一旦形成，就会成为一种阻挡金属离子和氧离子互相扩散的势垒，反应的进展取决于这个薄膜相的致密程度。如果薄膜相是疏松的，就不妨碍气相反应物穿过并到达金属表面，反应速度与薄膜相的厚度无关；如果是致密的，则反应将受到阻碍，受到包括薄膜层在内的物质输运速度的限制。

锈蚀反应过程包括气体分子扩散、金属离子的扩散、缺陷的扩散和电离、电子和空穴的迁移以及反应物分子之间的化学反应等。锈蚀反应产物的薄层既起着一种固体电解质的作用，又起着一种外加导体的作用。金属的锈蚀反应可以表示为：

$$M(s) + n/2X_2(g) \longrightarrow MX_n(s)$$

X_2 可以是氧、硫、卤素等电负性大的物质。

锈蚀反应的反应速度所遵循的规律取决于金属的种类、反应的时间阶段、金属锈蚀产物的致密程度、温度以及气相分压等因素。

② 固体表面的催化反应。气相组分在固体催化剂作用下的反应过程，是化学工业中应用较广、规模较大的一种气-固相反应类型。据统计，90% 左右的催化反应过程是气-固相催化反应过程。最早的一个工业气-固相催化反应过程，是 1832 年建成的二氧化硫在固体铂催化剂上氧化成三氧化硫的反应过程。

气-固相催化反应过程通常包括以下步骤：a. 反应物从气相主体扩散到固体催化剂颗粒外表面；b. 反应物经催化剂颗粒内微孔扩散到固体催化剂颗粒内表面；c. 反应物被催化剂表面活性中心吸附；d. 在表面活性中心上进行反应；e. 反应产物从表面活性中心脱附；f. 反应产物经催化剂颗粒内微孔扩散到催化剂颗粒外表面；g. 反应产物由催化剂颗粒外表面扩散返回气流主体。步骤 a 和 g 合称为外扩散过程，步骤 b 和 f 合称为内扩散过程，均属传质过程。步骤 c、d 和 e 合称为表面反应；步骤 b 至 f 可视作催化剂内部过程。若其中某一步骤的阻力远较其他步骤为大，则该步骤为控制步骤。

在放热反应中，释放在催化剂表面活性中心上的热量，须先传递到催化剂颗粒外表面，再传递到气相主体；在吸热反应中，则按相反方向传递，由气流主体提供反应所需的热量。因此，除质量传递外，一般与表面反应同时存在的还有热量传递。发生在催化剂颗粒之外的质量传递和热量传递，统称为外部传递过程；发生在催化剂颗粒内的则称为内部传递过程。

气-固相催化是固体表面反应的一个重要且有实际意义的领域。应用低能电子衍射方法研究催化反应已得出如下一些结论：a. 金属不同的晶面对催化作用的影响很大，例如对于氨的分解，钨的（100）及（112）晶面有催化活性，而（110）晶面为非活性；又如对 CO 的氧化，Cu 的（100）和（110）晶面的活性远比（111）晶面大。b. 吸附相界面或者不规则界面上的催化作用很重要，不同的气体吸附相并非均匀地存在于表面，而是具有畴结构；另外，不规则界面有时形成岛状分布。当存在两种成分时，可能出现以下 3 种情况：吸附其中的一个成分；两种成分分别以固有的吸附量而混合存在（例如在 Cu 上吸附的 CO 和 O 分别在各自的不规则界面上进行反应）以及两种成分"固溶"形成新的吸附相，而且新相的反应性能各不相同。c. 假如反应物质吸附性很强，则基底的金属原子偏离原位置移动到结晶面不同的位置上的可能性增大。这种原子位置的变化可能对催化作用具有重要意义。

（3）液-固相反应

液-固相反应比气-固相反应复杂得多，它包括结晶沉积、腐蚀和溶解等各种反应，具有很大的实用价值。液-固相反应形成膜层覆盖全部表面的情况类似于气-固相反应。如果反应产物部分或者全部溶入液相，则为溶解反应。值得注意的是，固体溶解在液体中的速度与其所暴露的特殊晶面以及晶体位错有关。例如，腐蚀点首先在晶体表面的位错处形成，正因为如此，腐蚀是实用的位错显现技术，甚至可以用来测定位错的密度。液相外延是通过溶液生长的方法在衬底上延伸一层单晶，所得的材料可应用于各种器件。例如，将 GaAs 单晶片（衬底）浸入以 As 为溶质的 Ga 饱和溶液中，使其冷却结晶，制备 GaAs 外延薄膜，这种薄膜已被广泛地应用于光电子器件上。

（4）固-固相反应

① 固-固相接触反应。在任何聚集态的物质中，由于热运动的影响，即使是处于晶格结点上的分子、原子或者离子，或多或少都有可能瞬间偏离正常的平衡位置，这些粒子（甚至空穴）在浓度差因素驱动下会产生扩散。因此，固相反应的过程一般包括相界面上的反应和物质迁移。以铁氧体晶体尖晶石类三元化合物的生成反应为例，其反应式如下：

$$MgO(s) + Al_2O_3(s) \longrightarrow MgAl_2O_4(s)$$

这种反应属于反应物通过固相产物层扩散中的加成反应。瓦格纳（Wagner）认为，尖晶石形成是由两种正离子逆向经过两种氧化物界面扩散所决定的，氧离子则不参与扩散迁移过程，为使电荷平衡，每有 3 个 Mg^{2+} 扩散到右边界面，就有 2 个 Al^{3+} 扩散到左边界面（如图 3-20 所示）。在理想情况下，两个界面上进行的反应可以写成如下的形式：

$MgO/MgAl_2O_4$ 界面：$2Al^{3+} - 3Mg^{2+} + 4MgO \longrightarrow MgAl_2O_4$

$MgAl_2O_4/Al_2O_3$ 界面：$3Mg^{2+} - 2Al^{3+} + 4Al_2O_3 \longrightarrow 3MgAl_2O_4$

② 固相的复分解反应。固相复分解反应的形式为反应物 1 + 反应物 2 = 产物 1 + 产物 2。例如：

$$ZnS(s) + CuO(s) \longrightarrow CuS(s) + ZnO(s)$$
$$Ag_2S(s) + 2Cu(s) \longrightarrow Cu_2S(s) + 2Ag(s)$$
$$PbCl_2(s) + 2AgI(s) \longrightarrow PbI_2(s) + 2AgCl(s)$$
$$Cu_2S(s) + 2Cu_2O(s) \longrightarrow 6Cu(s) + SO_2(s)$$

根据反应体系的热力学，各种离子在各物相中的迁移度以及各反应物质的交互溶解度可以理解这类反应的机理。约斯特（Jost）和瓦格纳（Wagner）规定了 $AX + BY \longrightarrow BX + AY$ 这种类型复分解反应的两个条件：a. 参加反应的各组分之间交互溶解度很小；b. 阳离子的迁移速度远远大于阴离子的迁移速度。

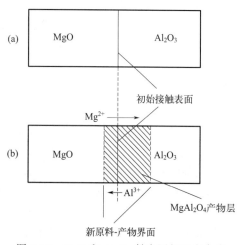

图 3-20　MgO 和 Al_2O_3 粉末固相反应合成 $MgAl_2O_4$ 示意：反应前（a），反应过程（b）

③ 固相粉体反应。单晶体之间的固-固相反应实际上很少发生。以单晶为研究对象进行讨论，其目的是使固相反应的初始条件和边界条件尽量简化，从而易于了解反应的基本机理，其结论对一般固-固相反应仍有指导意义。事实上，在生产和科研中经常遇到的、有重要实际意义的是固体金属粉末或者固体无机非金属材料粉末之间的反应。研究粉末间发生固相反应的动力学时须考虑诸多因素，例如颗粒尺寸、粒度分布及其形貌、物料混合的均匀性、接触面积、反应物及产物相的数量与时间的函数关系、粉体的蒸气压与蒸发速率等。然而，用如此众多的参数来描述整个固相反应的动力学实际上存在很大的困难。

烧结是指固体粉状成型体在低于熔点温度下加热，使物质自发地填充于颗粒间隙而致密化的过程。高温下伴随烧结发生的主要变化是颗粒间接触界面扩大，气孔从连通孔逐渐变成孤立孔并缩小，最后大部分甚至全部从坯体中排出，使成型体的致密度和强度增加，成为具有一定性能和几何外形的整体。高温烧结时，粒子间的融合动力来源于粒子尽可能降低自身表面张力的趋势，颗粒间距离的缩进主要靠晶界处物质的迁移和原子运动及物质的黏性流动等作用来实现。

烧结的分类方法很多。为了反映烧结的主要过程和机理特点，通常按烧结过程有无明显的液相出现和烧结系统的组成进行分类。凡整个过程都是在固态下进行的烧结称为固相烧结。当压坯中有两种以上成分且烧结中有某种成分熔化时则称之为液相烧结。按照烧结过程中组元的多少可分为单元系烧结和多元系烧结。单元系烧结是指压坯中只有一种成分，多元系烧结是指压坯中含有两种及两种以上的成分。单元系烧结都是固相烧结，例如纯铁制品及钨、钼等的烧结。多元系烧结有固相烧结也有液相烧结，固相烧结如铁石墨、铜石墨等，液相烧结如铁铜及钨钴类硬质合金等。

④ 粉末烧结理论。粉末烧结理论是研究粉末烧结过程和致密化规律的理论，其研究主要围绕着两个基本问题进行：烧结的原动力或者热力学问题以及烧结的机理或者动力学问题。单元系粉末压坯的烧结通常指单一金属（或者陶瓷）粉末压坯的烧结，单元系粉末压坯在烧结过程中主要发生下列 3 种变化：a. 粉末压坯发生收缩，密度增加。对于不同的粉末粒度组成及烧结工艺，粉末压坯在烧结中的收缩程度是不一样的。在一定范围内，随着粉末粒度减小、烧结温度提高及保温时间延长，粉末压坯的收缩相应地增大。b. 粉末压坯的强度显著增高。未烧结的粉末压坯用手就可掰碎；经过烧结后压坯变成很结实的制品。这是因为烧结之前，粉末压坯的强度主要是由颗粒表面原子的相互作用力和颗粒表面凹凸不平而发生相互啮合作用形成的，所以强度很低。烧结之后，粉末压坯已由颗粒聚集体变成了晶体结合体，因此粉末压坯的强度得到显著提高。c. 烧结件组织结构的变化。烧结件组织结构的变化主要有两种：（a）一种为烧结过程孔隙的变化。粉末压坯在烧结前，颗粒间只是相互机械地啮合在一起，接触点只有极小的一部分是原子结合。烧结过程就是从这些接触点开始的，这些接触点随着烧结时间的延长而逐渐增大。与此同时，颗粒间的孔隙发生变化，不仅孔隙的数量发生变化，其形状和大小也发生变化。例如，孔隙由开口孔隙变为封闭的或者孤立的孔隙；由不规则形状变为较规则形状，并趋于球形。在烧结后期，由于孔隙的聚集，小孔隙消失，大孔隙增大，残留的少数较大的球形孔隙很稳定，甚至长时间加热也不会发生明显变化。（b）另一种为回复、再结晶及晶粒长大。粉末压坯在烧结时，除了孔隙变化外，还发生回复、再结晶及晶粒长大等组织变化。回复是指存在于压坯内的弹性内应力的消除，主要发生在颗粒接触面上。回复在烧结保温之前就已基本完成，再结晶与烧结的致密化过程同时发生，这时原子进行重新排列改组形成新的晶核，新晶核继续长大，或者借助晶界移动使晶粒之间发生吞并。总之，再结晶是以新的晶粒代替旧的晶粒，并伴随晶粒长大的现象。

粉末压坯的密度和强度与压制压力相关。但是，一般烧结时并没有施加外力，那么为什么压坯的密度和强度也会提高呢？即烧结的推动力究竟是什么？事实上，烧结的推动力主要有两种，即表面能和畸变能。a. 表面能。粉末高度分散，而且粉末颗粒外表面凹凸不平，故粉末体与致密金属（或者陶瓷）和烧结后的制品比较，具有很大的比表面积（即单位质量粉末具有的总表面积）。b. 畸变能。粉末颗粒是由晶体组成的，即原子排列比较整齐，但在制造过程中，由于各种加工（例如球磨）使粉末颗粒内部的晶格发生畸变，从而产生了各种缺陷。另外，在制造过程中，由于粉末颗粒变形，在颗粒内部及颗粒间的接触处产生相当大的点阵畸变（晶格歪扭），使粉末压坯中储存了大量的畸变能。

上述两方面的能量使压坯内粉末颗粒的原子处于不稳定状态。粉末颗粒越细、比表面积越大，结构缺陷就越多，则处于不稳定状态的原子也就越多，粉末越不稳定。烧结时粉末颗粒表面的原子和因晶格畸变处于不稳定状态的原子都趋向于把自己的能量降低下来。从压坯整体来看，当粉末颗粒相互结合起来时，就可以减小压坯内部的总表面积，也就降低了系统的总表面能。由于能量降低的过程是一种自发过程，因此压坯内部颗粒之间试图结合起来也是一种自发过程，这就是烧结过程能够自动进行的内在原因。

从上述观点来看粉末压坯，似乎在低温下烧结过程也是能够进行的，但是，实际上由于原子在低温下的扩散速度极慢，因此粉末压坯在室温下一般是不可能自动烧结的。高温的作用就是要创造一种外在条件，以增加原子的活动能力，为粉末颗粒原子将自己贮存的能量释放出来提供条件。粉末颗粒的原子在释放能量的过程中引起了物质的迁移，从而使粉末颗粒之间产生了烧结现象。

固-固相反应可小结如下：①固-固相反应是指在加热状态下，不同固态物质间的相互反应。它通常由若干个简单的物理和化学过程组成，例如由化学反应、扩散、结晶熔融和升华等步骤综合组成。②整个过程的速度将由其中速度最慢的一环控制。③固相反应之所以能够进行是因为固态物质的质点获得了进行位移所必需的活化能后，就可以克服周围质点的束缚进行扩散。通过这种质点间的内外扩散来实现固相物质之间的反应。④固相反应首先是不同晶体结构中缺陷增加，质点进行扩散，相互反应生成初生晶体，初生晶体质点进一步位移，纠正新生物的晶格缺陷，形成比较细小的晶体，而后反应继续进行，细小晶体逐渐合并为大晶体，这就是聚合再结晶过程。⑤通常而言，任何固相反应都包括下面 3 个阶段：反应物之间的混合接触并产生表面效应；化学反应和新相形成；晶体生长和结构缺陷的纠正。

3.3.1.2　固相反应的影响因素

固相反应过程涉及相界面的化学反应和相内部或外部的物质扩散等若干环节，因此，除反应物的化学组成、特性和结构状态以及温度、压力等因素外，其他可能影响晶格活化、促进物质内外传输作用的因素均会对反应起影响作用。

（1）反应物化学组成与结构的影响

化学组成是影响固相反应的内因，是决定反应方向和速度的重要条件。从热力学角度看，在一定温度、压力条件下，反应可能进行的方向是自由能减少的过程，而且 ΔG 的负值愈大，该过程的推动力也愈大，沿该方向反应的概率也大。

另外，在同一反应系统中，固相反应速度还与各反应物间的比例有关。如果颗粒相同的 A 和 B 反应生成 AB，若改变 A 与 B 比例会改变产物层温度、反应物表面积和扩散截面积的大小，从而影响反应速度。例如增加反应混合物中"遮盖"物的含量，则产物层厚度变薄，相应的反应速度也增加。

从结构的观点看，反应物的结构状态、质点间的化学键性质以及各种缺陷的多少都将对反应速率产生影响。如在实际应用中，可利用多晶转变、热分解、脱水反应等过程引起晶格效应来提高生产效率。例如 Al_2O_3 和 CoO 固相反应合成 $CoAl_2O_4$，反应如下：

$$Al_2O_3(s) + CoO(s) \longrightarrow CoAl_2O_4(s)$$

实际操作中常用轻烧 Al_2O_3 而不用较高温度死烧 Al_2O_3 作原料，因为轻烧 Al_2O_3 中有

γ-Al_2O_3 向 α-Al_2O_3 转变，后者有较高的反应活性。

（2）反应物颗粒尺寸及分布的影响

在其他条件不变的情况下反应速率受到颗粒尺寸大小的强烈影响。

① 物料颗粒尺寸愈小，比表面积愈大，反应界面和扩散截面增加，反应产物层厚度减薄，使反应速度增大。理论分析表明，反应速率常数值反比于颗粒半径平方。反应物料粒径的分布对反应速率也有影响，颗粒尺寸分布越是均一对反应速率越是有利。因此缩小颗粒尺寸分布范围，以避免少量较大尺寸的颗粒存在而显著延缓反应进程，是生产工艺中应注意到的另一问题。

② 同一反应物系由于物料尺寸不同，反应速度可能会属于不同动力学范围控制。例如 $CaCO_3$ 与 MoO_3 反应，当取等分子比成分并在较高温度（600℃）下反应时，若 $CaCO_3$ 颗粒大于 MoO_3，反应属扩散控制，反应速度主要随 $CaCO_3$ 颗粒减少而加速。倘若 $CaCO_3$ 与 MoO_3 比值较大，$CaCO_3$ 颗粒小于 MoO_3 时，由于产物层厚度减薄，扩散阻力很小，则反应将由 MoO_3 升华过程所控制，并随 MoO_3 粒径减少而加剧。

（3）反应温度、压力与气氛的影响

一般可以认为温度升高均有利于反应进行。温度升高，固体结构中质点热振动动能增大、反应能力和扩散能力均得到增强。

对于化学反应，其速率常数为：

$$k = A\exp\left(-\frac{\Delta G_R}{RT}\right) \tag{3-1}$$

对于扩散，其扩散系数为：

$$D = D_0\exp\left(-\frac{Q}{RT}\right) \tag{3-2}$$

式中，Q 为扩散活化能。从上两式可见，温度上升时，无论反应速率常数还是扩散系数都是增加的。但由于扩散活化能通常比反应活化能小，因此温度的变化对化学反应的影响远大于对扩散的影响。

压力是影响固相反应的另一外部因素。对于纯固相反应，压力的提高可显著地改善粉料颗粒之间的接触状态，如缩短颗粒之间距离、增加接触面积等并提高固相反应速率。但对于有液相、气相参与的固相反应中，扩散过程主要不是通过固相粒子直接接触进行的。因此提高压力有时并不表现出积极作用，甚至会适得其反。

此外气氛对固相反应也有重要影响。它可以通过改变固体吸附特性而影响表面反应活性。对于一系列能形成非化学计量的化合物 ZnO、CuO 等，气氛可直接影响晶体表面缺陷的浓度、扩散机制和扩散速度。

（4）矿化剂及其他影响因素

在固相反应体系中加入少量非反应物物质或由于某些可能存在于原料中的杂质，常会对反应产生特殊的作用，这些物质在反应过程中不与反应物或反应产物起化学反应，但它们以不同的方式和程度影响着反应的某些环节。矿化剂的作用主要有如下几方面：改变反应机制，降低反应活化能；影响晶核的生成速率；影响结晶速率及晶格结构；降低体系共熔点，改善液相性质等。

例如在 Na_2CO_3 和 Fe_2O_3 反应体系加入 NaCl，可使反应转化率提高 1.5～1.6 倍之多。在硅砖中加入 1%～3%[Fe_2O_3＋$Ca(OH)_2$]作为矿化剂，能使其大部分 α-石英不断熔解析出

α-鳞石英，从而促使 α-石英向鳞石英转化。

3.3.1.3 固相反应实例

（1）Li_4SiO_4 的合成

Li_4SiO_4 是各种锂离子导体的母相，它可以通过 Li_2CO_3 与 SiO_2 的固相反应得到：

$$2Li_2CO_3 + SiO_2 \xrightarrow{\text{约 } 800℃, 24h} Li_4SiO_4 + 2CO_2$$

该反应的主要问题是 Li_2CO_3 在高于 720℃ 的温度下将会熔融和分解，并容易与容器材料发生反应，包括 Pt 和二氧化硅玻璃坩埚。解决的办法是用 Au 容器，让 Li_2CO_3 在 650℃ 下预反应及分解数小时，然后在 800～900℃ 下烘烤过夜。

（2）$YBa_2Cu_3O_7$ 的合成

$YBa_2Cu_3O_7$ 简称 YBCO，是一种著名的 90K 超导体，它是 Y_2O_3、BaO 与 CuO 在 O_2 存在下反应制得的：

$$Y_2O_3 + 4BaO + 6CuO + \frac{1}{2}O_2 \xrightarrow{950℃} 2YBa_2Cu_3O_7$$

合成中要解决的问题包括：BaO 很容易与空气中的 CO_2 反应变成 $BaCO_3$，后者一旦形成，就很难分解；另外，CuO 在高温下与很多容器都有较高的反应活性；YBCO 中的氧含量会有变化，而为了获得较好的临界温度 T_c，必须控制产物中的氧含量。针对上述问题，在合成中采取如下措施：使用 $BaNO_3$ 作为 BaO 的起始原料，在不含 CO_2 的环境下反应；$BaNO_3$ 分解后，反应原料制成小球状，在流化床中反应合成 YBCO；在大约 950℃ 反应后，再在大约 350℃ 下反应一段时间，使产物继续吸氧直至达到 $YBa_2Cu_3O_7$ 所需的化学计量值。

3.3.2 自蔓延高温合成法

自蔓延高温合成法（self-propagating high-temperature synthesis，SHS）是利用反应物间的化学反应热的自加热和自传导作用来合成材料的一种技术。它是 1967 年苏联科学院物理化学研究所的马尔察诺夫（Merzhanov）等在研究火箭固体燃料过程中发现的"固体火焰"的基础上提出并命名的。由于该方法基于化学燃烧过程，所以也称为燃烧合成（combustion synthesis，CS）。自蔓延高温合成技术的原理如图 3-21 所示。外部热源将原料粉或预先压制成一定密度的坯件进行局部或整体加热，当温度达到点燃温度时，撤掉外部热源，利用原料颗粒发生的固体与固体反应或者固体与气体反应放出的大量反应热，使反应得以继续进行，最后所有原料反应完毕原位生成所需材料。

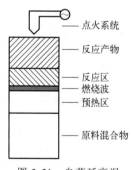

图 3-21 自蔓延高温
合成技术的原理

3.3.2.1 自蔓延高温合成法的机理

SHS 过程如图 3-22 所示。反应从图的右侧开始，向左蔓延。图中记载了某一反应时刻，在不同位置上的温度、转变率、产物浓度和放热速率。从位置上来说，反应的某一瞬时可以将反应体系沿燃烧波反方向划分为起始原料、预热区、放热区、完全反应区、结构化区和最终产物；而从时间上来说，任一位置都将经历上述各个区的变化。因此，以反应进程（时间）来描述某一反应位置上的变化，就是原料受热（点火或反应热的蔓延）后温度逐渐上升，但仍未足以引起反应，此时该位置属于预热区；温度继续升高，反应开始，并放出热量，此时属于放热区，在该区随着反应进行，放热速率达到最大，温度不断上升；当原料大部分发生转变后，燃烧波继续蔓延，该处剩下的少量未转变原料继续反应，温度达到最高，直到反应完全，此时该段属于完全反应区，在该区虽然原料在化学组成上全部转变了，但仍需要经历结构化过程才能形成最终产物；随后进入结构化区，燃烧反应的生成物在高温下进行结构转变（晶型变化、烧结等），最终产物开始形成，产物浓度上升，直至全部变为最终产物。

上述的 SHS 过程是先发生燃烧反应，然后反应产物经历结构化过程变成具有一定结构的最终产物，即化学反应和结构化不同步，因此称为非平衡机制（nonequilibrium mechanism）。如果燃烧波推进速度较慢，或结构化过程在较低温度下发生，则燃烧反应与结构化同步进行，称为平衡机制（equilibrium mechanism），如图 3-23 所示。此时放热区、完全反应区和结构化区合为一个区，也就是合成区（zone of synthesis），转变率和产物浓度变化趋势相同，因此只标出转变率曲线。

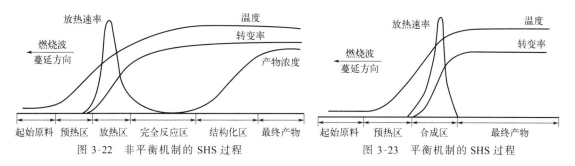

图 3-22 非平衡机制的 SHS 过程　　　　图 3-23 平衡机制的 SHS 过程

在非平衡机制中，还有另一种情形，即燃烧波所在区域（放热区）发生反应，当燃烧波过后，继续进行另一步反应，从而形成最终产物。例如 Ta 在 N_2 中的燃烧反应：

$$4Ta \xrightarrow{N_2} 2Ta_2N \quad （燃烧区）$$

$$2Ta_2N \xrightarrow{N_2} 4TaN \quad （后燃烧区）$$

首先是燃烧放热生成 Ta_2N，在燃烧波过后继续在高温下反应生成 TaN，后一阶段为燃烧波过后的阶段，处于这一阶段的区域可称为后燃烧区（subzone of afterburning），相当于图 3-22 的结构化区。实际上，除了第二步反应，产物的结构化过程同样是在后燃烧区进行的，最终形成具有一定晶体结构的产物。

3.3.2.2 自蔓延高温合成法的化学反应类型

（1）按机理分类

根据反应机理不同，可以把 SHS 反应分为如下 5 类：

① 不涉及中间产物的反应。例如：

$$Ti + C \longrightarrow TiC$$

② 涉及一个中间产物的反应。例如：

$$Ta + C \longrightarrow 0.5Ta_2C + 0.5C \longrightarrow TaC$$

③ 涉及多个中间产物的反应。例如：

$$Ti+C \xrightarrow{N_2} TiC+TiN \longrightarrow Ti_2CN$$

著名的高温超导体铜酸钇钡 $YBa_2Cu_3O_{7-x}$ 的合成，也是典型的多中间体反应。

④ 含分支反应。例如：

$$Ti+C \xrightarrow{H_2} \begin{cases} TiC+H_2 \\ TiH_2+C \longrightarrow TiC+H_2 \end{cases}$$

⑤ 单一热耦合反应：

$$W+C \longrightarrow WC$$

（2）按原料组成分类

① 元素粉末型。利用粉末间的生成热：

$$Ti+2B \longrightarrow TiB_2+280kJ/mol$$

② 铝热剂型。利用氧化还原反应：

$$Fe_2O_3+2Al \longrightarrow Al_2O_3+2Fe+850kJ/mol$$

③ 混合型。以上两种类型的组合：

$$3TiO_2+3B_2O_3+10Al \longrightarrow 3TiB_2+5Al_2O_3$$

（3）按反应形态分类

SHS 的反应物至少有一种为固态，另外还可能涉及液态、气态的反应物。

① 固体-气体反应：

$$3Si+2N_2(g) \longrightarrow Si_3N_4$$

② 固体-液体反应：

$$3Si+4N(l) \longrightarrow Si_3N_4$$

③ 固体-固体反应：

$$3Si+\frac{4}{3}NaN_3(s) \longrightarrow Si_3N_4+\frac{4}{3}Na$$

3.3.2.3 自蔓延高温合成技术类型

根据燃烧合成所采用的设备以及最终产物结构等，可以将 SHS 分为 6 种主要技术形式。

（1）SHS 制粉技术

这是 SHS 中相对简单的技术，让反应物料在一定的气氛中燃烧，然后粉碎、研磨燃烧产物，能得到不同规格的粉末。利用此技术，可以得到高质量的粉末。例如 Ti 粉和 C 粉合成 TiC，Ti 粉和 N_2 气体反应合成 TiN，等等。

利用 SHS 技术制得的粉末往往具有较好的研磨性能，这是因为燃烧合成温度很高（2000～4000℃），反应物所吸附的气体和挥发的杂质剧烈膨胀逸出使产物孔隙率很高，利于粉碎、研磨。所得粉末可用于陶瓷和金属陶瓷制品的烧结、保护涂层、研磨膏及刀具制造中的原材料。

（2）SHS 烧结技术

SHS 烧结就是通过固相反应烧结，从而制得一定形状和尺寸的产品，它可以在空气、真空或特殊气氛中烧结。

利用 SHS 烧结技术可制得高质量、高熔点的难熔化合物产品。例如由 SHS 技术得到的

55% 孔隙率的 TiC 产品，其压缩强度为 100～120MPa，远高于通过粉末冶金方法制得的 TiC 产品。由于 SHS 烧结体往往具有多孔结构（孔隙率 5%～70%），因而可用于过滤器、催化剂载体和耐火材料等。

（3）SHS 致密化技术

SHS 烧结体有一定的孔隙率，而把 SHS 技术同致密化技术相结合便能得到致密产品，常用的 SHS 致密化技术有如下几种：

① SHS-加压。利用常规压力对模具中燃烧着的 SHS 坯料施加压力，制备致密制品。例如，TiC 基硬质合金辊环、刀片等。图 3-24 是高压 SHS 装置示意。

② SHS-挤压。对挤压模中燃烧着的物料施加压力，制备棒条状制品。例如，硬质合金麻花钻等。

③ SHS-等静压。利用高压气体对自发热的 SHS 反应坯进行热等静压，制备大致密件，例如六方 BN 坩埚、Si_3N_4 叶片等。

（4）SHS 熔铸技术

SHS 熔铸技术在 SHS 工艺中起着重要的作用，它是通过选择高放热性反应物形成超过产物熔点的燃烧温度，从而获得难熔物质的液相产物，高温液相可以进行传统

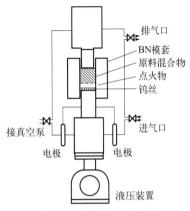

图 3-24　高压 SHS 装置

的铸造处理，以获得铸锭或铸件。它包括 SHS 制取高温液相和用铸造方法对液相进行处理。此项技术可用于陶瓷内衬钢管的离心铸造、钻头或刀具的耐磨涂层等。

（5）SHS 焊接技术

在待焊接的两块材料之间填进合适的燃烧反应原料，以一定的压力夹紧待焊材料，待中间原料的燃烧反应过程完成以后，即可实现两块材料之间的焊接，这种方法已被用来焊接 SiC-SiC、耐火材料-耐火材料、金属-陶瓷、金属-金属等系统。利用该技术可获得在高温环境下使用的焊接件。

（6）SHS 涂层技术

SHS 制备涂层的技术包括以下几种：

① SHS 熔铸涂层。在一定气体压力下利用预涂于基体表面高放热体系物料间强烈的化学反应放热，使反应物处于熔融状态，冷却后形成有冶金结合过渡区的金属陶瓷涂层。过渡区的厚度为 0.5～1.0mm，涂层厚度可达 1～4mm。根据对熔融产物所施加的致密化工艺的不同，可分为重力分离熔铸涂层、离心熔铸涂层和压力熔铸涂层等。SHS 硬化涂层技术已开始在耐磨件中得到应用。

② SHS 铸渗涂层。利用 SHS 铸造过程中高温钢水或铁水的热量，使粘贴在铸型壁上的反应物料压坯熔融或烧结致密，同时引发原位高温化学反应，从而在铸件表面获得涂层。

③ SHS 烧结涂层。通过料浆喷射、人工刷涂或与基体一起冷压成坯等形式，在基体表面预置一层均匀的反应物料，然后放入热压炉、化学炉等燃烧炉中引燃 SHS 反应并进行一定时间的烧结，从而形成与基体结合良好的涂层。

④ 气相传输 SHS 涂层。用适当的气体作为载体来输送反应原料，并在工件表面发生化学反应，反应物沉积于工件表面，可在不同工件表面沉积 10～250μm 厚的涂层。气相传输 SHS 反应的原理与前面提及的 CVD 化学气相输运类似。对于不同的反应物料，可以采用不

同的气体载体。例如，氢可以传递碳，卤素气体可以传输金属。原料粉末中的氧化物杂质的高温蒸气也起气相传输作用。

⑤ SHS 喷射沉积涂层。利用传统热源熔化并引燃高放热体系喷涂原料的 SHS 反应，将合成放出的熔滴经雾化喷射到基材表面而形成涂层。

⑥ 自反应涂层。指被涂覆工件所含全部或部分化学成分作为原始反应物之一，与预涂于工件表面的另一反应物发生 SHS 反应而在工件表面形成涂层。

习题

一、填空题

1. 熔体生长法主要有____、____、____、____焰熔法等。

2. 液相沉淀法是指在原料溶液中添加适当的____，从而形成沉淀物的方法。该法分为____、____和_____。

3. 制备非晶态金属和合金的主要方法为____。

4. 物理气相沉积法是利用____，使之汽化或形成____，在基体上冷却凝聚成各种形态的材料（如晶须、薄膜、晶粒等）的方法。其中以____和____较为常用。

5. 等离子体增强化学气相沉积所采用的等离子体种类有____、____、____。

6. 固相反应机理一般包括____、____、____。

7. 液相外延法和气相沉积法都可制备薄膜，如果要制备纳米厚度的薄膜，应采用____。

二、名词解释

1. 水热法；　2. 化学气相输运；　3. 溶胶-凝胶法；　4. 自蔓延高温合成法

三、简答题

1. 提拉法中，控制晶体品质的主要因素有哪些？

2. 怎样用均匀沉淀法合成硫化锌颗粒？写出相关的化学方程式。

3. 何为化学气相沉积？简述其应用及分类。

4. 简述阴极溅射与真空蒸镀的异同点。

5. 单晶硅棒和厚度为 $1\mu m$ 的薄膜分别可用什么方法制备？

6. 简述溶胶-凝胶法的原理及优缺点。

7. 简述自蔓延高温合成法的原理和技术类型。

8. 简述液相骤冷法的特点。

9. 简述固相反应的影响因素。

4

金属材料

金属是人类较早认识和开发利用的材料之一，在自然界中分布广泛，在人类已发现的
118 种元素中，金属元素大约占 80%。本章主要介绍金属材料概述、金属材料的结构、金属
材料的制备、金属的腐蚀以及一些常用的新型合金材料等内容。

4.1 金属材料概述

金属材料是指金属元素或以金属元素为主构成的具有金属特性的材料的统称。本节将主
要概述金属材料的特性及种类、金属材料研究的发展阶段以及现代金属材料。

4.1.1 金属材料的特性及种类

金属材料所具有的特性都可以以金属键中的自由电子为基础进行解释。金属材料通常可
分为黑色金属和有色金属两大类，两者相辅相成，共同构成现代金属材料体系。

4.1.1.1 金属材料的特性

金属材料是指依靠自由电子和排列成晶格状的金属离子之间的静电作用而形成的晶体材
料。在金属晶体中，处于凝聚态的金属原子将价电子贡献出来，成为供整个原子基体使用的
共用电子，也称为自由电子。金属材料具有导电性、延展性、导热性和金属光泽。采用自由
电子理论及能带理论能够用来阐述金属材料一般特性产生的原因。

（1）导电性

自由电子在晶格点阵的周期场中按量子力学运动，没有方向性。在外加电场作用下，金
属中的自由电子会产生定向运动，宏观表现为金属的导电性。加热使金属离子在点阵位的振
动加剧，阻碍了自由电子穿梭运动，表现为金属电阻随温度的升高而升高。本质上说，金属
的能带被电子全充满或部分充满，或有空能带且能量间隙很小，能够和相邻（有电子的）能
带发生重叠。这才是金属导电的根本原因。由于都是通过变化的电磁场进行传播，因此，电
的传导速度和光的传播速度十分接近。

（2）延展性

位于晶格点阵位的金属离子改变相对位置后，并不会破坏正离子与电子之间的结合，使
正离子在外力作用下发生整体的滑移或切变，宏观上表现为金属材料的延展性。

（3）导热性

温度是平均动能的量度。当金属接触高温或低温物体时，局部区域的金属原子和自由电

子振动频率随之升高或降低。为使振动频率接近平均，金属原子和自由电子的振动快速发生，一个接一个地传导，使局部振动快速传递至整体，宏观表现为金属材料的导热性。

（4）金属光泽

由于金属表面的激发态自由电子吸收了光电效应截止频率以上的光，并发射多种可见光，因此，大多数金属呈现银白色。

4.1.1.2 金属材料的种类

金属材料通常分为黑色金属和有色金属。狭义上讲，黑色金属是指钢铁材料。在早期，由于铬元素和锰元素是钢中最常使用的金属元素。因此，我国在 1958 年将铁、铬、锰列入黑色金属，并将铁、铬、锰以外的 64 种金属列入有色金属。

（1）黑色金属材料

由于铁的表面常常生锈，盖着一层黑色的四氧化三铁与棕褐色的氧化铁的混合物，看上去是黑色的，所以工业上将钢铁材料称为黑色金属。按照含碳量的不同，可将其划分为含铁 90% 以上的工业纯铁、含碳 2%～4% 的铁、含碳小于 2% 的钢，以及各种用途的碳素钢、合金钢、弹簧钢、轴承钢、高速钢等。黑色金属产量约占世界金属总产量的 95%，在国民经济中占有极其重要的地位，是衡量一个国家国力的重要标志。

（2）有色金属材料

黑色金属外的其他金属及其合金统称为有色金属。有色金属可划分为轻金属、重金属、贵金属和稀有金属。轻金属密度低于 $4.5g/cm^3$，包括铝、镁、钾、钠、钙、锶等金属及其合金（尽管钛的密度为 $4.51g/cm^3$，但钛及钛合金通常被视为轻金属使用）；重金属的密度大于 $4.5g/cm^3$，包括镍、钴、铜、锌、铅、锡等金属及其合金；贵金属之所以昂贵，主要是由于在地壳中丰度低，且化学性质稳定造成提纯困难，这类金属包括金、银、铂等；稀有金属则包括稀有轻金属、稀有难熔金属、稀有分散金属、稀土金属和放射性金属等。有色金属材料是国民经济发展的基础材料，是机械制造、汽车、轨道交通、国防军工、航空航天、电力、通信、建筑等领域不可缺少的结构或功能材料。

4.1.2 金属材料研究的发展阶段

金属材料的发展史是和人类文明史并进的，社会生产需求推动了在探索中研发新的金属材料，材料在生产实践和工业应用中被不断地完善。以钢为例，从 1820 年铁铬钢出现到 1912 年铁素体不锈钢出现，钢材在工业上已经得到广泛的应用。但科学层面的相关理论直到 20 世纪初才初步成型，直至 20 世纪中期，伴随着原子物理的理论完善和仪器手段的创新，金属学的理论框架才基本搭建完成，并在以后的研究中不断被完善。金属材料的发展可划分为三个阶段。

4.1.2.1 第一阶段——古代金属材料

考古研究表明，公元前 4300 年左右，人类就采用热加工、锻打等手段加工天然的金、铜，其后出现了锌、铅的熔炼；公元前 2800 年左右，人类首次在篝火中发现陨铁并加以使用；公元前 2000 年左右，我国商周时期已广泛使用青铜材料制备礼器；春秋时期，我国已掌握生铁铸造法，并在农业和军事上广泛应用；东汉时期，人们发明了对钢铁材料反复锻造和淬火的方法，使兵器的强度和韧性得到显著提高。事实上，我国在明末清初以前，在冶金方面一直居于世界领先地位。世界古代著名兵器包括中国宝剑、伊朗的大马士革刀和日本的武士剑。这一阶段对金属材料的使用都是经验性的、工艺性的，基本上不存在系统权威的理论方法。

4.1.2.2　第二阶段——工业生产体系的建立和基础研究探索

钢铁材料的研究与发展奠定了近现代金属材料科学的基础。18 世纪开始，随着第一次工业革命的爆发，冶金工业技术得到飞速发展。1788 年诞生了世界第一座铁桥；1818 年，世界第一艘铁船下水；1825 年，世界第一条铁路开始运行。这一阶段，许多沿用至今的钢材体系陆续被研制出来。1820 年铬钢出现；1857 年钨钢出现；1871 年，锰钢和硅钢出现；1910 年，奥氏体不锈钢出现；1912 年铁素体不锈钢出现。至此，工程领域常用的结构钢材体系基本确立。

在金属晶体学领域，1830 年，赫塞尔在原子学说发展的基础上提出了 32 种晶体类型；1839 年，晶体学的米勒-布拉菲指数概念得到普及；1891 年，英国、德国和俄国科学家分别独立创立了晶体学点阵结构理论。

而在金属微观研究领域，1827 年，卡斯滕首先从钢中分离出渗碳体（Fe_3C）组织，并在 1888 年得到证实；1864 年，英国的金相之父索比首次利用自己发明的显微镜和制片、抛光、腐蚀、照相技术在陨铁中观察到魏氏体组织，自此，金属学研究从宏观进入微观世界；到 19 世纪末，马氏体研究已得到深入开展，钢的硬化理论得到发展。

在相变研究领域，1861 年，俄国科学家契尔诺夫提出了钢的临界转变温度概念，成为钢的相变及热处理工艺研究领域的标志性事件；而威拉德·吉布斯的热力学研究成为相图研究的里程碑。

在这一阶段，制备钢铁材料的工艺方法和技术得到空前发展，与之相对应的工业理论体系初步建立。

4.1.2.3　第三阶段——基础研究理论的建立和研究方法的发展

时间进入 20 世纪后，随着理论物理的突破和相关设备的出现，金属材料微观研究理论和分析手段产生了质的飞跃。1900～1940 年间，许多大学设立了冶金系，也极大程度上推动了金属材料的生产与研究。金属材料理论体系框架得以建立。

金属晶体学领域，20 世纪初，X 射线衍射方法使钢的微观晶体结构分析取得突破。科学家利用 X 射线衍射证实了 α-Fe、δ-Fe 是体心立方结构，γ-Fe 是面心立方结构，成为钢铁材料研究的里程碑事件。时至今日，人们依然主要采用 X 射线衍射的方法分析材料的晶体学类型和晶格参数。配合微观组织的研究，研究者提出了晶体缺陷理论。1934 年，多国科学家各自提出了位错理论，用以阐述钢的塑性变形及强化机制，使钢的冷热加工、应力应变及组织调控研究得以快速发展。

原子固溶及化合物研究领域，1931 年，韦弗发现了元素对 γ 区扩大和缩小的影响规律，不久之后拉维斯发现了金属材料中具有代表性的电子化合物——拉维斯相（Laves 相）。这一时期，阐述原子尺寸、晶体结构、价电子浓度、电负性对元素之间形成固溶体的影响及其规律的休姆-罗瑟里定则被提出。该定则目前仍是物理冶金学中组元之间合金化时元素选择的重要理论依据。

微观组织领域，从 1938 年电子显微镜被发明出至今，在技术不断升级中，金属学得到飞速发展，塑性变形行为研究、晶体研究、相变研究等领域取得重大突破。

实践是检验真理的唯一标准，只有将事物置于与外在事物的作用中，其本质特征才能够得以展现。正因如此，金属学的建立和框架成形是围绕金属材料的应用需求开展和完善的。由于第一、二次工业革命中对钢铁材料的大量使用和第一、二次世界大战使当时的金属材料充分暴露了诸多问题，这些问题成为科学研究的导向，推动了科学研究的发展。而基础研究领域的进步反过来也不断推动着工业技术的发展。另一个层面，20 世纪初正是基础物理理论大爆发的时代，催生了大量的科学研究设备和技术被发明出来，研究者们拥有越来越多的手段进行金属材料研究，并不断取得突破。这些研究工作同样促进了科研设备和技术手段的发展，甚至推动了基础物理和基础化学的进步。

4.1.3 现代金属材料

由于金属材料研究的不断发展，并与物理等学科的不断融合，在 20 世纪 50 年代的美国形成了材料科学与工程学科，而后，全球多所大学也逐渐建立起各自的材料科学与工程专业，并设立金属结构材料和功能材料课程及研究方向。长期以来，金属结构材料的发展一直主要围绕交通运输工具制造、航空航天、军事工业、医疗领域的需求开展。除钢铁材料外，铝合金、镁合金和钛合金是较为广泛应用的金属结构材料。

（1）铝合金

铝合金是轻金属材料之一，在金属材料中，其产量仅次于钢铁，在有色金属中居首位。铝合金密度为 $2.63 \sim 2.85 \mathrm{g/cm^3}$，强度范围为 $110 \sim 800 \mathrm{MPa}$，比强度接近于钢，比刚度超过钢，具有良好的塑性加工性、导电性、导热性、耐蚀性和可焊性。目前在航空航天、交通运输、建筑、机电、机械制造等领域有着广泛应用。从 1825 年人类首次制得金属铝到 1886 首次获得电解铝，金属铝仅被大多数人视为名贵的首饰材料，在工程领域并未受到重视。1886 年，电解工艺的发明使铝的价格大大下降。此后，金属铝大多作为导线材料使用。直到 1906 年德国冶金学家威尔莫发明含有铜、锰和镁的铝合金，才使这种质软金属在工程领域应用变为可能。第一次世界大战后，铝合金得到飞速发展，在飞行器制造领域得到空前应用。1915 年美国铝业发明的 2017 合金，1933 年发明的 2024 合金，使铝在航空器中的应用得以迅速扩大。1933 年美国铝业公司发明 6061 合金，随即创造了挤压机淬火工艺，显著扩大了挤压型材料应用范围。1943 年美国铝业公司发明了 6063 合金及 7075 合金，开创了高强度铝合金的新纪元。1965 年美国铝业公司又发明了 A356 铸造铝合金，这是经典铸造铝合金。随着对铝合金材料方面的研究深入，高强铝合金（2000、7000 系列）以其优异的综合性能在商用飞机上的使用量已经达到其结构质量的 80% 以上，因此得到全球航空工业界的普遍重视。铝合金开始逐渐应用于生活、军事、科技方面。目前，全球铝合金的产量已达到 $6.5 \times 10^7 \mathrm{t/a}$。

（2）镁合金

镁合金是最轻的金属结构材料，具有比强度和比刚度高、铸造性能好、机械加工性能好、减震防噪、资源丰富可回收、电磁屏蔽性能好等优点。但镁合金存在着燃点低、耐蚀性差、弹性模量较低、焊接性能相对较差等缺点。目前镁合金的市场用途主要是航空航天、国防军工、汽车制造、电子产品及机构件、牺牲阳极、冶金工业添加元素等领域。1808 年英国人戴维首次通过还原氧化镁制得金属镁。1886年，首个商业性电解镁厂在德国建立，标志着镁合金步入工业化时代。1910年世界镁产量约10t/a。1930年德国首次在汽车上运用镁合金73.8kg。1935年，苏联首次将镁合金用于飞机生产，德国大众用压铸镁合金生产"甲壳虫"汽车发动机传动系统零部件，英国伯明翰首次将镁合金运用到摩托车变速箱壳，到1930年世界镁产量增长到1200t/a以上。第二次世界大战（二战）期间是镁工业的第一个飞速发展期，从1935年开始，德、法、苏、奥、意、美等国分别建立了镁厂，镁产能急剧增加，此期间镁主要用来制造燃烧弹、照明弹、曳光弹、信号弹以及军用装备的零部件。1943年世界镁产量达到2.3×10^5t。然而，二战结束后，镁需求降低，产量急剧降低，1946年世界镁产量降低到只有2.5×10^4t/a，镁合金发展进入了低潮期。此时，世界各国开始考虑镁合金在民用工业发展的可能性，镁合金的研发逐渐转向民用。直到20世纪90年代，由于欧洲和美国对汽车废气排放量、能源消耗、噪声限制的进一步升级，减重、提高燃油利用率的高要求迫使各汽车公司发展镁合金。自此，世界各国政府高度重视镁合金的研究与开发，美国、日本、德国、澳大利亚等国家相继出台了自己的镁合金研究计划，把镁作为21世纪的重要战略物资，加强了镁合金在计算机、汽车、航空航天、通信等领域的开发与应用。1992年开始，由于中国皮江法炼镁的快速发展，使原镁的价格降低到与铝相当的程度，促使镁合金进入了第二个飞速发展期。1995年在国际市场镁价格上涨的拉动下达到了建设高潮，随着皮江法炼镁生产工艺不断的改进与完善，中国逐渐走上了符合中国国情的镁工业之路。虽然1996年镁价格下跌，但中国原镁产量一直保持快速的增长势头，我国的纯镁产量从1990年的0.53×10^4t增加至1999年底的1.57×10^5t万吨。欧美各大汽车公司以及电子行业对镁合金汽车零部件和电子消费品外壳的研发投入了大量的人力物力和财力，带动了镁合金的研发和应用热潮。2000年世界镁实际产量达到4.3×10^5t，其中，中国镁产量达到19.5t。此时研发和应用的镁合金多为压铸镁合金。2017年，我国原镁产量已达到近1×10^6t，占全球总产量约80%，我国原镁国内消费量首次超过出口量。

（3）钛合金

钛作为金属材料，虽然比铜、铁、铝出现得晚一些，但由于其具有比强度高、耐蚀性强、生物相容性好、无磁性等优点，在航空航天、化工、石油、冶金、轻工和日常生活等方面得到了广泛的应用，被称为"太空金属""海洋金属""智能金属"等。作为一种重要的结构材料，钛金属的问世可谓是一波三折，从被发现到被提纯应用，历经上百年之久。它是英国化学家格雷戈尔在1791年研究钛铁矿和金红石时发现的。1795年，德国化学家克拉普罗特在分析匈牙利产的红色金红石时也发现了这种元素。他主张采取为铀命名的方法，引用希腊神话中泰坦神族"Titanic"的名字给这种新元素起名叫"titanium"，中文按其译音定名为钛。实际上格雷戈尔和克拉普罗特当时所发现的钛是粉末状的二氧化钛，而不是金属钛。因为钛的氧化物性质极其稳定，而且金属钛能与氧、氮、氢、碳等直接化合，所以单质钛很难制取。直到1910年才被美国化学家亨特第一次制得纯度达99.9%的金属钛。1940年卢森堡科学家克劳尔用镁还原TiCl制得了纯钛。从此，镁还原法（又称为克劳尔法）和钠还原法（又称为亨特法）成为生产海绵钛的工业方法。美国在1948年用镁还原法制出2t海绵钛，从此达到了工业生产规模。随后，英国、日本、苏联和中国也相继进入工业化生产，其中主要的产钛大国为苏联、日本和美国。1950年美国首次将钛合金在F-84战斗轰炸机上用作后机身隔热板、导风罩、机尾罩等非承力构件。20世纪60年代开始，钛合金的使用部位从后机身移向中机身，部分地代替结构钢制造隔框、梁、襟翼滑轨等重要承力构件。钛合金在军用飞机中的用量迅速增加，达到飞机结构重量的 20%～25%。70 年代起，民用机开始大量使用钛合金，如波音 747 客机用钛量达 3640 公斤以上。马赫数小于 2.5 的飞机用钛主要是为了代替钢，以减轻结构重量。80 年代以来，耐蚀钛合金和高强钛合金得到进一步发展。耐热钛合金的使用温度已从 50 年代的 400℃ 提高到 90 年代的 600～650℃。钛铝基合金的出现，使钛在发动机的使用部位正由发动机的冷端（风扇和压气机）向发动机的热端（涡轮）方向推进。结构钛合金向高强高韧、高模量和高损伤容限方向发展。我国的钛工业起步于 20 世纪 50 年代，经历了创业期（1954—1978 年）、成长期（1979—2000 年）和崛起期（2001 年至今）三个阶段。目前，我国已形成了完整的钛工业体系，生产能力和规模迅速提升，钛材需求由原来的中低端氯碱、纯碱、制盐和冶金等行业转向以航空航天、舰船、医疗和石化 PTA（精对苯二甲酸）等高端领域为主的需求领域，产业结构调整已基本完成，但与美、日、俄等国相比仍存在"低端过剩、高端不足"的问题。中国正处在历史发展的机遇期，中国的大飞机计划、嫦娥登月计划、太空站计划、核电发展计划、舰船建造、海洋石油开采，以及中国快速发展的军工、石化工业、汽车工业、体育休闲业等都对钛材提出了更高的质和量的要求，中国钛工业未来仍有很大的发展空间。

尽管人类对功能材料的研究和应用较早，但直到 1965 年，功能材料的概念才由美国贝尔研究所的莫顿首次提出。自 20 世纪 60 年代以来，激光、微电子、红外、光电、空间、能源、计算机、机器人、信息、生物和医学等领域的兴起强烈刺激了功能材料的发展。作为功能材料的重要分支，金属功能材料得到了迅猛发展。与金属结构材料相比，金属功能材料具有以下特征：

① 功能材料的聚集态和形态非常多样化，除晶态外，还有非晶态、准晶态、混合态和等离子态等。除了三维体相材料外，还有二维、一维和零维材料。除了平衡态，还有非平衡态。

② 结构材料以材料形式为最终产品，而功能材料有相当一部分以元件形式为最终产品。

③ 功能材料通常涉及多学科交叉。

④ 功能材料的制备技术通常不同于结构材料的传统技术，而是采用许多先进的新工艺和新技术，如急冷、超净、超微、超纯、薄膜化、集成化、微型化、密集化、智能化及精细控制和检测技术。

目前，针对金属功能材料的研究热点主要集中在储氢合金、梯度功能材料、磁性材料、金属薄膜材料、环境材料、纳米金属材料、非晶态金属材料、信息材料、超导材料和智能金属材料等领域。上述材料将在本章的最后一节作为新型材料选择性介绍。

4.2 金属材料的结构

金属原子结构的特点是在失去外层电子后，正离子与自由电子以金属键的方式相互作用，将金属原子有规律地结合起来。原子之间结合力的方式和大小决定了金属的内部组织结构，进而宏观体现为金属的性能。因此，了解金属的内部组织结构，对合理使用金属材料是至关重要的。

4.2.1 典型金属的晶体结构

在元素周期表中的 80 余种金属元素中，除少数金属具有复杂的金属结构外，大多数金属都具有简单的高对称性的晶体结构。最常见和最典型的晶体类型有三种，即体心立方晶格、面心立方晶格和密排六方晶格。

4.2.1.1 体心立方晶格

体心立方晶格的晶胞如图 4-1 所示，是一个长、宽、高都相等的立方体。在立方体的 8 个顶角和立方体的中心各有一个原子。晶格常数 $a=b=c$，因此通常只用一个常数 a 表示即可。

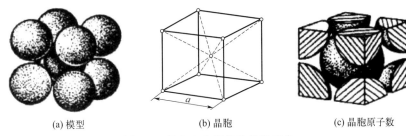

(a) 模型　　　　　　　　(b) 晶胞　　　　　　　　(c) 晶胞原子数

图 4-1　体心立方晶格的晶胞示意

体心处的原子与顶点处的原子均相切，因此原子半径即为体心处原子与顶点处原子之间距离的一半，即

$$r = \frac{\sqrt{3}}{2}a \times \frac{1}{2} = \frac{\sqrt{3}}{4}a \tag{4-1}$$

式中，r 为原子半径；a 为晶格常数。

由于位于顶点上的原子为 8 个晶胞所共有，体心处的原子为该晶胞所独有，因此原子数为

$$N = 8 \times \frac{1}{8} + 1 = 2 \tag{4-2}$$

体心立方晶胞中的任一原子（以立方体中心的原子为例）与 8 个原子接触且距离相等，因此配位数为 8。

其致密度为

$$K = N \times \frac{4}{3}\pi r^3 / a^3 = 2 \times \frac{4}{3}\pi \times \left(\frac{\sqrt{3}}{4}a\right)^3 / a^3 = 0.68 \tag{4-3}$$

式中，N 为晶胞原子数；r 为原子半径；a 为晶格常数。

属于体心立方晶格的金属有 α-铁、铬（Cr）、钼（Mo）、钨（W）、钒（V）等。

4.2.1.2 面心立方晶格

面心立方晶格的晶胞如图 4-2 所示，也是一个长、宽、高都相等的立方体，在立方体的 8 个顶角和 6 个面的中心上各有一个原子。晶格常数 $a=b=c$，也只用一个参数 a 表示。

位于面对角线上的三个原子相切，因此原子半径为面对角线（原子排列最密的方向）上原子间距的一半，即

$$r = \sqrt{2}a \times \frac{1}{4} = \frac{\sqrt{2}}{4}a \tag{4-4}$$

式中，r 为原子半径；a 为晶格常数。

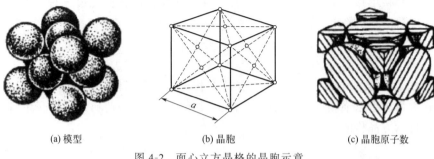

(a) 模型   (b) 晶胞   (c) 晶胞原子数

图 4-2　面心立方晶格的晶胞示意

由于位于顶点上的原子为 8 个晶胞所共有，面心上的原子为 2 个晶胞所共有，因此晶胞原子数为

$$N = 8 \times \frac{1}{8} + 6 \times \frac{1}{2} = 4 \tag{4-5}$$

面心立方晶格中的每一个原子（以面的中心原子为例）在三维方向上各与 4 个原子接触且距离相等，因此配位数为 12。

其致密度为

$$K = N \times \frac{4}{3}\pi r^3 / a^3 = 4 \times \frac{4}{3}\pi \times \left(\frac{\sqrt{2}}{4}a\right)^3 / a^3 = 0.74 \tag{4-6}$$

式中，N 为晶胞原子数；r 为原子半径；a 为晶格常数。

具有面心立方晶格的金属有 γ-铁、铝（Al）、铜（Cu）、镍（Ni）、铅（Pb）等。

4.2.1.3　密排六方晶格

密排六方晶格的晶胞如图 4-3 所示，是一个正六方柱体，在六方体的 12 个顶角和上下两个正六方形底面的中心各有一个原子。晶胞内部还有三个原子。晶格常数用六棱柱底面的边长 a 和高 c 表示，$c/a = 1.633$。

 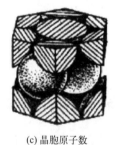

(a) 模型   (b) 晶胞   (c) 晶胞原子数

图 4-3　密排六方晶格的晶胞示意

上下面顶点上相邻的原子相切，因此六棱柱的边长 $a = 2r$，六棱柱高 $c = \frac{2\sqrt{6}}{3}a$。

由于六棱柱顶角的原子为 6 个晶胞共有，底面中心的原子为 2 个晶胞共有，两底面之间的 3 个原子为晶胞所独有，因此晶胞原子数为

$$N = 12 \times \frac{1}{6} + 2 \times \frac{1}{2} + 3 = 6 \tag{4-7}$$

密排六方晶格中每一个原子（以底面中心的原子为例）与 12 个原子（同底面上周围有 6 个，上、下各 3 个）接触且距离相等，因此配位数为 12。

其致密度为

$$K = N \times \frac{4}{3} \pi r^3 \bigg/ \left(6c \times \frac{1}{2}a \times \frac{\sqrt{3}}{2}a\right) = 6 \times \frac{4}{3} \pi \times \left(\frac{a}{2}\right)^3 \bigg/ \left(6 \times \frac{2\sqrt{6}}{3}a \times \frac{1}{2}a \times \frac{\sqrt{3}}{2}a\right) = 0.74 \quad (4\text{-}8)$$

式中，N 为晶胞原子数；r 为原子半径；a 为六棱柱边长；c 为六棱柱高。

具有密排六方晶格的金属有镁（Mg）、钛（Ti）、锌（Zn）、铍（Be）、镉（Cd）等。

应当指出，某些金属的晶体结构不是一成不变的。相反，在一定温度下，它们会从原来的结构转变为另一种结构，这种现象叫金属的同素异构转变，在金属材料的使用中发挥重要作用。

4.2.2　金属实际的晶体结构

前面所讨论的三种典型的晶体类型都是基于金属晶体完美的晶格点阵结构，但实际上所有的晶体在构晶晶格中都包含缺陷，金属晶体亦不例外。

4.2.2.1　金属的晶体缺陷

在实际应用的金属材料中，受结晶条件、加工条件及原子热运动等因素的影响，原子的排序并不像理想晶体那样规则和完整，会存在晶体缺陷。在金属中大部分原子的排列是规则的，晶体缺陷只占很小的一部分，但这一小部分的晶体缺陷却可以对金属材料的性能产生重大影响。

金属晶体中随着点缺陷的增加，电子在传导时的散射增加，导致金属的电阻率增大；当点缺陷与位错发生交互作用时，会使金属强度提高，塑性下降；晶格空位和间隙原子的运动是金属中原子扩散的主要方式之一，对金属的热处理起到了至关重要的作用；通过塑性形变，提高位错密度，是强化金属力学性能的途径之一。在实际金属晶体中，这些点、线、面缺陷的存在破坏了晶体原子排列的完整性，对金属的力学、物理、化学等性能造成了很大的影响。

4.2.2.2　单晶体与多晶体

晶体内部的晶格位向完全一致的晶体称为单晶体［如图 4-4（a）］，即在一定容积内只含一颗晶粒。单晶体的结构特点是原子按一定几何规律做周期性排列，在不同方向上的物理、化学和力学性能不相同，即为各向异性。目前在半导体元件、磁性材料、高温合金材料等方面，单晶体材料已得到开发和应用。但它的制取还是较为困难的，须经过特殊制作才能获得。

实际应用的金属材料一般都包含着许多小晶体。每个小晶体内的晶格位向是一致的，但各个小晶体之间的晶格排列方向不同。这种由许多小晶体组成的晶体结构称为多晶体结构，如图 4-4（b）所示。外形不规则的颗粒状小晶体通常称为晶粒。晶粒与晶粒之间的界面叫作晶界。由于晶界是两相邻晶粒之间不同晶格位向的过渡层，所以晶界上原子的排列总是不规则的。

由于多晶体中各个晶粒的内部构造是相同的，只是晶粒间排列的方向不同，故各个方向上原子分布的密度大致平均，以致每个晶粒在同方向上的性能差异相互抵消，从而使多晶体材料的性能呈现出各个方向大体相同的现象，即实际金属表现出各向同性。由于这种现象类似于非晶体的各向同性，故称为伪各向同性。如多晶体的工业纯铁，在任何方向上都有相同的弹性模量（$E \approx 2.1 \times 10^5 MPa$）。

通常金属材料的晶粒都很小，如钢铁材料的晶粒尺寸一般为 $10^{-3} \sim 10^{-1} mm$，必须通过显微镜才能观察得到。在显微镜下所观察到的金属材料晶粒的显微形态，即晶粒的形状、大小、数量和分布情况等，称为显微组织或金相组织。图 4-5 是钛合金的显微组织。

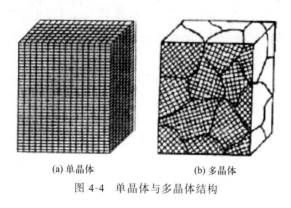

| (a) 单晶体 | (b) 多晶体 | 低倍组织 | 高倍组织 |

图 4-4　单晶体与多晶体结构

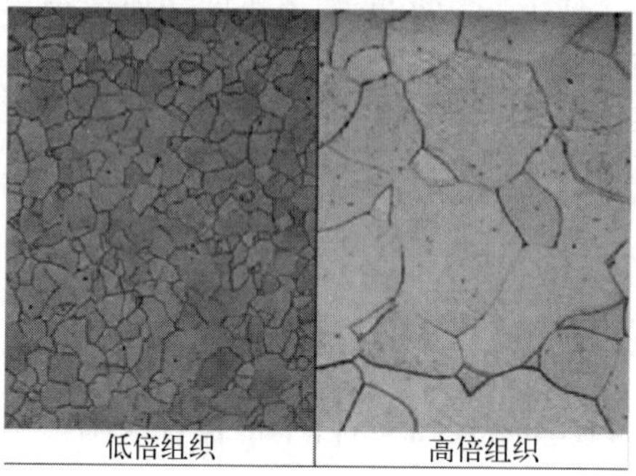

图 4-5　钛合金的显微组织

4.2.3　合金的结构

纯金属在具有良好的导电性、导热性及塑性的同时，也具有强度差、硬度低、耐磨性差等缺点，因此不适合加工成机械零配件或工件模具等。另外，纯金属种类有限，一些纯金属的冶炼和提纯成本较高，难度较大，因此我们大多使用合金来代替纯金属应用于实际生活生产中。

4.2.3.1　合金的基本概念

（1）合金

合金是指两种或两种以上的金属或金属与非金属组合而成并具有金属属性的物质。根据组成元素的数目，可分为二元合金、三元合金和多元合金。常见的合金有球墨铸铁、不锈钢、锰钢、黄铜、18K 黄金、18K 白金等。

原则上任何元素都可以作为组成合金的元素，且元素的含量可以在很大范围内调节。因此可以通过控制合金元素的种类和含量来调控合金的性能，使其具有优良的力学性能或物理化学性能，如高强度、强磁性、耐热性、耐蚀性等，以此来满足工业和工程上复杂的使用条件和性能要求。

（2）组元

组成合金的独立的、最基本的单元称为组元。组元可以是金属或非金属，也可以是化合物。例如普通的球墨铸铁的组元是碳、硅、锰、硫、磷。铁碳合金中的 Fe_3C 也可以视作一个组元。

（3）合金系

合金系是指由两个或两个以上元素按不同比例配制的一系列不同成分的合金。如我们熟知的铁-碳系、铜-镍系等。

（4）相

合金中具有同一化学成分、同一晶体结构和性质并以界面相互隔开的均匀组成部分称为相。液态物质称为液相，固态物质称为固相。

（5）组织

组织是指用肉眼或借助显微镜观察到的具有某种形态特征的合金组成物。如晶体或晶粒的大小、方向、形状、排列等微观组织。从实质上看，组织是一种或多种相按一定的方式相互结合所构成的整体的总称。一种合金的力学性能不仅取决于它的化学成分，更取决于它的显微组织。通过热处理等手段进行显微组织的调控，可以直接改变金属材料的力学性能。

4.2.3.2 合金的相结构

根据合金组元间相互作用的不同，可将合金在固态下的相结构分为固溶体和金属化合物两类。

（1）固溶体

合金在固态下由组元间相互溶解而形成的均匀相称为固溶体。晶体与固溶体相同的组元称为固溶体的溶剂，其他组元称为溶质。固溶体的最大特点是保持溶剂的晶体结构。

根据溶质原子在溶剂晶格结点所占据的位置将固溶体分为置换固溶体和间隙固溶体两类，如图 4-6 所示。

① 置换固溶体。置换固溶体是指溶质原子占据了部分溶剂晶格的结点位置而形成的固溶体，如图 4-6（a）所示。当溶剂和溶质原子直径相差不大（一般在 15% 以内）时，易于形成置换固溶体。铜-镍二元合金即可形成置换固溶体，镍原子可在铜晶格的任意位置替代铜原子。置换固溶体中溶剂晶格保持不

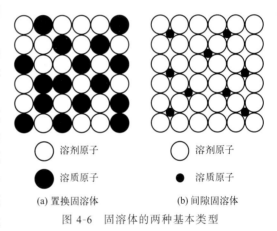

○ 溶剂原子   ○ 溶剂原子

● 溶质原子   ● 溶质原子

（a）置换固溶体   （b）间隙固溶体

图 4-6 　固溶体的两种基本类型

变，但晶格常数发生了变化。根据固溶体中溶质原子的溶解情况，可将置换固溶体分为有限固溶体和无限固溶体。有限固溶体是指溶质原子在溶剂中的溶解度受到限制，只能部分占据溶剂晶格的结点位置。而无限固溶体则是指两组元可以按任意比例相互溶解，即溶质原子能无限制地占据溶剂晶格的结点。只有在两组元晶格类型相同、原子半径相近、在周期表中临近才有可能形成无限固溶体。如同为体心立方晶体的 α-铁和铬、同为面心立方晶体的铜和镍。

有限固溶体的固溶度与温度有关。一般情况下，温度越高，固溶度越高；温度越低，固溶度越低。因此，在高温下固溶度已达饱和的有限固溶体，当它从高温冷却到低温时，其固溶度降低，会析出其他结构的产物。这对一些材料的热处理具有重要意义。

② 间隙固溶体。溶质原子分布在溶剂晶格的间隙中形成的固溶体称为间隙固溶体，如图 4-6（b）所示。间隙固溶体的形成受溶剂晶格类型、间隙原子的大小等因素的影响。一般溶质原子半径与溶剂原子半径的比值小于 0.59 时才有可能形成间隙固溶体。即溶质原子一般是原子半径很小的非金属元素，如氢、氮、硼、碳、氧等，而溶剂元素则多为过渡金属

元素。

③ 固溶强化。固溶体引起的晶格畸变使晶体形变抗力增加，材料的强度和硬度提高，这种现象称为固溶强化。如在低合金钢中利用锰、硅等元素来强化铁素体。产生固溶强化的原因是溶质原子（相当于间隙原子或置换原子）使溶剂晶格发生畸变及对位错的钉扎作用（溶质原子在位错附近偏聚），阻碍了位错的运动。固溶强化是提高合金力学性能的重要途径之一。

（2）金属化合物

金属化合物是指合金组元间发生相互作用而形成的具有金属特性的一种新相，一般可用分子式表示，如 ZnS、$CuZn$、Fe_3C 等。金属化合物一般具有固定的组成比例，结构复杂，熔点较高，性能硬而脆。当合金中出现金属化合物时，通常会提高合金的强度、硬度和耐磨性，但会降低塑性和韧性。金属化合物是各类合金钢、硬质合金和许多有色金属的重要组成相，常用作强化相来发挥作用。

综上，与纯金属相比，固溶体的强度、硬度得到了提高，但相应的，塑性和韧性有所下降。金属化合物的硬度比固溶体还要高，但塑性和韧性要较固溶体差。

4.3 金属材料的制备

金属材料的制备是指通过特定方法对原材料进行加工，以获得新的材料或充分影响材料原有性能的方法。需要强调的是，金属零件加工方法与制备方法不同，单一的金属零件加工仅能够改变零件的形状、尺寸等外在属性，而并不能够改变金属材料的物理、化学、力学性能。从这一角度出发，本章所介绍的内容既包括制备出金属材料的冶金方法、铸造方法，也包括对金属材料性能提升的塑性成形方法和热处理方法。

4.3.1 冶金方法

冶金，是指从矿物中提取金属或金属化合物，用各种加工方法将金属制成具有一定性能的金属材料的过程和工艺。绝大多数金属元素（除金、银、铂外）都以氧化物、碳化物等化合物的形式存在地壳之中。为获得各种金属及其合金材料，需通过各种方法将金属元素从矿物中提取出来，并对粗炼金属产品进行精炼提纯和合金化处理，浇注成锭，加工成形，才能得到所需成分、组织和规格的金属材料。冶金是传统金属材料最常用、最基本的制备技术之一。金属的冶炼工艺可以分为火法冶金、湿法冶金、电冶金以及真空冶金等。

4.3.1.1 火法冶金

火法冶金是在高温下从冶金原料提取或精炼金属的科学和技术。它是一种在高温条件下（利用燃料燃烧或电能产生的热或某种化学反应所放出的热）将矿石或精矿经受一系列的物理化学变化过程，使其中的金属与脉石或其他杂质分离，而得到金属的冶金方法。简言之，所有在高温下进行的冶金过程都属于火法冶金。它包括焙烧（或烧结焙烧）、熔炼、吹炼、蒸馏与精馏、火法精炼、熔盐电解等过程。对于不同的金属，其火法冶金由不同的几个冶金过程组成。例如，铅的火法冶金是将铅精矿依次经过烧结焙烧、熔炼、火法精炼，然后得到金属铅；铜的火法冶金是将铜精矿依次经过焙烧、熔炼（或者直接从精矿到熔炼）、吹炼、火法精炼，然后得到金属铜。火法冶金是比较古老的冶金方法。重有色金属的提取多采用火法冶金。对某些金属的冶炼，往往火法冶金和湿法冶金联合使用。

火法冶金是大型钢厂制造各种钢铁材料的主要方法。它的每一过程都很复杂。由于在高温下进行的反应容易达到平衡，加之原料化学成分及矿相组成变化大，因此反应过程机理是很难进行研究的。至今尚未找到能解释各种火法冶金现象的动力学规律，大都求助于热力学原理来解决生产中的问题。

4.3.1.2　湿法冶金

湿法冶金是利用浸出剂将矿石、精矿、焙砂及其他物料中有价金属组分溶解在溶液中或以新的固相析出，进行金属分离、富集和提取的科学技术。由于这种冶金过程大都在水溶液中进行，故称湿法冶金。湿法冶金的历史可以追溯到公元前 200 年，中国的西汉时期就有用胆矾法提铜的记载。湿法冶金近代的发展与湿法炼锌的成功、拜尔法生产氧化铝的出现以及铀工业的发展和 20 世纪 60 年代羟肟类萃取剂的发明并应用于湿法炼铜是分不开的。随着矿石品位的下降和对环境保护要求的日益严格，湿法冶金在有色金属生产中的作用越来越大。

湿法冶金主要包括浸出、液固分离、溶液净化、从溶液中提取金属等单元操作过程。其中，浸出是借助于溶剂选择性地从矿石、精矿、焙砂等固体物料中提取某些可溶性组分的湿法冶金单元过程；固液分离是指将浸出液分离成液相和固相的过程；溶液净化是指除去溶液中杂质的湿法冶金过程；结晶是指物质从溶液、熔融物或蒸气中以晶体状态析出的过程。把水溶液中所含的金属物料经过金属状态的转化从溶液中析出回收单元的操作过程，是湿法冶金的重要步骤之一。与火法冶金相比，湿法冶金更适用于处理低品位矿物原料和复杂矿物原料，容易满足矿物原料综合利用的要求，劳动条件好，容易解决烟气污染环境问题。但其也存在着诸多不足，例如生产能力低于火法冶金，且设备庞大，设备费用高，需处理废水废渣，能耗大，难以同时回收硫化矿物原料中的贵金属。

4.3.1.3　电冶金

电冶金是以电能为能源进行提取和处理金属的工艺过程。根据电能转化形式的不同分为电化冶金和电热冶金两类。

（1）电化冶金

电化冶金又称电解，是使电能通过电解池转化为化学能，将金属离子还原成金属的过程。根据电解液不同，电化冶金分为水溶液电解和熔盐电解；根据阳极不同又分为不溶阳极电解和可溶阳极电解，前者又称电解提取，后者又称电解精炼。电化冶金是利用电极反应而进行的冶炼方法，对电解质水溶液或熔盐等离子导体通以直流电，电解质便发生化学变化，在阳极（电流从电极向电解液流动）上发生氧化反应（称为阳极反应），而在阴极（电流从电解液流向电极）上则发生还原反应（即阴极反应）。以粗金属作阳极，而阳极反应又是目的金属本身的溶解反应，这一过程称为电解精炼（或可溶性阳极电解）；使用不溶性电极作阳极，对溶解于电解液中的金属离子进行还原、分解的过程，称为电解提取。

根据电解液性质不同，对水溶液进行电解，称为水溶液电解；对熔盐电解液进行电解，称为熔盐电解。

水溶液电解精炼，主要用于电极电位较正的金属，如铜、镍、钴、金、银等，电解液多为酸液；熔盐电解精炼主要用于电极电位较负的金属，如铝、镁、钛、铍、锂、铌等，电解质一般用氯化物、氟化物或氯氟化物体系。

水溶液电解是以金属的浸出液作为电解液进行电解还原，使目的金属在阴极表面上析出的冶金过程，简称电解提取或电解沉淀。水溶液电解是一种氧化-还原过程。体系接通直流电后，在阴极附近的离子或分子由于接受电子而被还原，在阳极处离子或分子产生电子而被氧化。

熔盐电解是以熔融盐类为电解质进行金属提取或金属提纯的电化学冶金过程。对于那些电位比氢负得多、比氢的超电压也小而不能从水溶液中电解析出的金属，以及用氢或碳难以还原的金属，常用熔盐电解法制取。当今已有 30 多种金属使用该法生产，其中包括全部碱金属和铝、大部分镁及各种稀有金属。

（2）电热冶金

电热冶金是利用电能转变为热能在电炉内进行提取或处理金属的过程，按电能转变为热能的方法即加热的方法不同，分为电弧熔炼、电阻熔炼、感应熔炼、电子束熔炼和等离子熔炼等。电热冶金具有加热速度快、调温准确、温度高（可到 2000℃）、可以在各种气氛和各种压力或真空中作业、金属烧损少等优点，成为冶炼普通钢、铁合金、镍、铜、锌、锡等重有色金属，钨、钼、铌、钛、锆等稀有高熔点金属，某些其他稀有金属、半导体材料等的一种主要方法。电热冶金消耗电能较多，只有在电源充足的条件下才能发挥优势。

电弧熔炼是利用电能在电极与电极或电极与被熔炼物之间产生电弧来熔炼金属的冶金过程。直接加热式电弧熔炼的电弧产生在电极棒和被熔炼的炉料之间，炉料受电弧直接加热，主要用于炼合金钢。直接加热式真空电弧熔炼炉主要用于熔炼钛、锆、钨、钼、铌等活泼和高熔点金属以及它们的合金。

电阻熔炼是在电阻炉内利用电流通过导体电阻所产生的热量来熔炼金属的冶金过程。按电热产生的方式，电阻炉分为直接加热和间接加热两种。

电阻-电弧熔炼是利用电极与炉料之间产生的电弧和电流通过炉料产生的电阻热来熔炼金属的冶金过程，是有色金属冶炼中应用广泛的一种电热冶金方法，主要用于生产铁合金、电石、铜锍、镍锍、黄磷等冶金及化工产品。

感应熔炼是利用电磁感应和电热转换所产生的热量来熔炼金属的冶金过程。感应熔炼在感应炉内进行。

电子束熔炼是利用电能产生的高速电子动能作为热源来熔炼金属的冶金过程，又称电子轰击熔炼。该法具有熔炼温度高、炉子功率和加热速度高、提纯效果好的优点，但其也存在金属回收率低、比电耗大等缺点。

等离子熔炼是利用电能产生的等离子弧作为热源来熔炼金属的冶金过程。该法具有熔炼温度高、物料反应速度快的特点，常用于熔炼、精炼、重熔高熔点金属和合金。等离子体用作镍和镍钴合金进行蒸发精炼，可脱出铅、锌、锡。高熔点金属钛、铌、铬等的重熔和提纯，则采用真空等离子炉。

上述的电热冶金方法，既包括将金属从矿物中提取出来的方法，也包括将金属制备成合金材料的方法。

4.3.1.4 真空冶金

真空冶金是在低于或远低于常压下进行金属及合金的冶炼和加工的冶金方法。可以实现大气中无法进行的冶金过程，能防止金属氧化，分离沸点不同的物质，除去金属中的气体或杂质，增强金属中碳的脱氧能力，提高金属和合金的质量。真空对冶金过程的重要作用主要是：

① 为有气态生成物的冶金反应创造有利的化学热力学和动力学条件，从而使某些在常压下难以进行的冶金过程在真空条件下得以实现；

② 降低气体杂质及易挥发性杂质在金属中的溶解度，相应地降低其在金属中的含量；

③ 降低金属或杂质挥发所需温度，并提高金属与杂质间的分离系数（见真空精炼）；

④ 减轻或避免金属或其他反应物与空气的作用，避免气相杂质对金属或合金的污染。

真空冶金主要用于真空分离、真空还原、真空精炼、真空熔铸、热处理、真空镀膜等，具体为：

① 冶金原料及中间产品的分离。在真空条件下加热冶金原料或中间产品，利用其中各组分在一定温度下的蒸气压不同选择性挥发和冷凝某种（某些）组分，达到彼此分离的目的。例如含汞约 1% 的硫化锑汞精矿，由于 HgS 的蒸气压比 Sb_2S_3 大 4 个数量级，因此，可将精矿加热到一合适温度，选择性挥发 HgS，而与 Sb_2S_3 分离。当用常规回转窑挥发时，汞的回收率仅 94%～95%，而且劳动条件恶劣；而在半工业规模于 593～613K、6.67kPa 真空下挥发 15min，汞的挥发率达 99%，锑仅 3%～5% 被带出。

② 在真空条件下还原金属的化合物或矿石以制取金属或合金的方法。真空在还原过程中所起的作用，除能避免还原剂和还原出的金属被空气氧化及氮的污染外，更重要的是对生成气态产物（如金属蒸气、CO 等）的冶金反应特别有利。真空还原已在有色金属冶金中广为应用，真空碳还原已成为生产金属铌的主要方法，它也是金属钒、钽生产的重要方法。在真空中用硅作还原剂的真空硅热还原法，以及在真空中用铝作还原剂的真空铝热还原法生产某些低沸点金属如钙、镁、钡等，由于其工艺简单、成本较低，而成为这些金属的工业生产方法之一。真空还原通常在真空电阻炉或真空感应炉中进行。

③ 在真空条件下将金属或合金熔铸成化学成分及物理结构符合用户要求的致密锭的方法。由于真空熔铸产品含有害杂质少，结晶构造好，有良好的力学性能，因此在 20 世纪 20 年代就开始用以熔铸某些镍基合金；自 20 世纪 50 年代以来，随着高温真空炉如电子束炉、等离子炉等的发展，使人们能在更高的温度和真空度的条件下工作，因而真空熔铸便广泛用于高温合金、特种钢以及高熔点稀有金属的熔铸。真空熔铸可在真空自耗电弧炉、电子束炉、等离子炉和真空感应电炉内进行。

④ 金属、合金或化合物粉末经压制成形后，在真空和高温条件下烧结成致密金属或制品的方法。在真空烧结过程中，还往往能起到脱气提高材料纯度的作用。真空烧结不但已用于从高熔点稀有金属粉末制取高纯致密金属，也用于制取硬质合金和某些中间产品，如钽电容器所需的坯块等。真空烧结通常在真空电阻炉或真空感应炉内进行。

4.3.2 铸造方法

铸造工艺是指将金属熔炼成符合一定要求的液体并浇进铸型里，经冷却凝固、清整处理后得到有预定形状、尺寸和性能的铸件的工艺过程。铸造的实质就是材料的液态成形，由于液态金属易流动，所以绝大多数金属材料都能用铸造的方法制成具有一定形状和尺寸的铸件，并使其形状和尺寸与零件接近，以节省金属，减少加工余量，降低成本。可见，铸造既含有冶金工艺部分，也含有冶金后的液态金属成形工艺部分。铸造在机械制造工业中占有重要地位，铸造业的发展标志着一个国家的生产实力。

应用于铸造的冶金方法包括了大型钢厂中常见的火法冶金和零件制造企业常见的电冶金。以成形工艺分类，铸造主要包含砂型铸造和特种铸造 2 大类。其中，砂型铸造是指利用砂作为铸模材料，又称砂铸、翻砂，包括湿砂型、干砂型和化学硬化砂型 3 类。特种铸造按造型材料可分为以天然矿产砂石为主要造型材料的特种铸造（如熔模铸造、泥型铸造、壳型铸造、负压铸造、实型铸造、陶瓷型铸造等）和以金属为主要铸型材料的特种铸造（如金属型铸造、压力铸造、连续铸造、低压铸造、离心铸造等）两类。

4.3.3 塑性成形方法

由于普通铸造的冷却凝固过程中可能形成粗大晶粒，且易产生气孔、裂纹、缩孔等缺陷，因此，工业生产中经常对铸件进行塑性成形加工，以提升金属材料的力学性能。金属的塑性成形是指材料在外力作用下会产生应力和应变（即形变），当施加的力所产生的应力超过材料的弹性极限达到材料的流动极限后再除去所施加的力，除了占比例很小的弹性形变部分消失外，会保留大部分不可逆的永久形变，即塑性成形。塑性成形使物体的形状尺寸发生改变，同时材料的内部组织和性能也发生变化。绝大多数金属材料都具有产生塑性形变而不破坏的性能，利用这种性能对金属材料进行成材和成形加工的方法统称为金属塑性成形。凡受交变载荷作用或受力条件恶劣的构件，一般都要通过塑性成形过程，才能达到使用要求。塑性形变程度的大小对金属组织和性能有较大的影响。形变程度过小，不能起到细化晶粒、提高金属力学性能的目的；形变程度过大，不仅不会使力学性能再提高，还会出现纤维组织，增加金属的各向异性。

金属的塑性形变加工能够改善金属的组织，提高其力学性能，节约金属材料和切削加工工时。除自由锻造外，其他加工方法具有较高的劳动生产率，但存在零件的结构工艺性能要求高、需要重型设备和复杂的模具、不能加工脆性材料等缺点。

4.3.4 热处理方法

热处理是指金属材料在固态下，通过加热、保温和冷却的手段，以获得预期组织和性能的一种热加工工艺。一般包括加热、保温、冷却三个过程，有时只有加热和冷却两个过程。这些过程互相衔接，不可间断。加热是热处理的重要工序之一。金属热处理的加热方法很多，最早是采用木炭和煤作为热源，进而应用液体和气体燃料。电的应用使加热易于控制，且无环境污染。利用这些热源可以直接加热，也可以通过熔融的盐或金属，以至浮动粒子进行间接加热。金属加热时，工件暴露在空气中，常常发生氧化、脱碳（即钢铁零件表面碳含量降低），这对于热处理后零件的表面性能有很不利的影响。因而金属通常应在可控气氛或保护气氛中、熔融盐中和真空中加热，也可用涂料或包装方法进行保护加热。加热温度是热处理工艺的重要工艺参数之一，选择和控制加热温度，是保证热处理质量的主要问题。加热温度随被处理的金属材料和热处理的目的不同而异，但一般都是加热到相变温度以上，以获得高温组织。另外转变需要一定的时间，因此当金属工件表面达到要求的加热温度时，还须在此温度保持一定时间，使内外温度一致，显微组织转变完全，这段时间称为保温时间。采用高能密度加热和表面热处理时，加热速度极快，一般就没有保温时间，而化学热处理的保温时间往往较长。冷却也是热处理工艺过程中不可缺少的步骤，冷却方法因工艺不同而不同，主要是控制冷却速度。一般退火的冷却速度最慢，正火的冷却速度较快，淬火的冷却速度更快。但还因钢种不同而有不同的要求，例如空硬钢就可以用正火一样的冷却速度进行淬硬。

金属热处理是机械制造中的重要工艺之一，与其他加工工艺相比，热处理一般不改变工件的形状和整体的化学成分，而是通过改变工件内部的显微组织，或改变工件表面的化学成分，赋予或改善工件的使用性能。其特点是改善工件的内在质量，而这一般不是肉眼所能看到的。为使金属工件具有所需要的力学性能、物理性能和化学性能，除合理选用材料和各种成形工艺外，热处理工艺往往是必不可少的。钢铁是机械工业中应用最广的材料，钢铁显微组织复杂，可以通过热处理予以控制，所以钢铁的热处理是金属热处理的主要内容。另外，铝、铜、镁、钛等及其合金也都可以通过热处理改变其力学、物理和化学性能，以获得不同的使用性能。

4.4 金属的腐蚀

金属的腐蚀会危及结构安全，在桥梁、核设施、飞机部件、化工设备、交通运输和建筑业等领域是导致灾难性故障的主要因素。本节内容将主要介绍腐蚀的定义和分类以及金属材料的耐蚀性和防腐蚀技术。

4.4.1 腐蚀的概念

材料在复杂环境下长时间使用后，会出现不同程度的破损最终导致无法使用。造成这种情况的原因，除了外力超过自身强度产生的断裂，还有磨损、腐蚀、辐射损伤等。其中又以腐蚀的伤害最大，影响也最严重。腐蚀与防腐是材料领域的重要内容之一。在过去，狭义的腐蚀是指金属与周围环境介质之间发生化学或电化学作用引起的变质或破坏现象。较为常见的是水管生锈、金属在加热过程中的氧化等。但随着非金属材料的飞速发展和大量应用，在环境介质的化学、机械和外力作用下出现的老化、龟裂、腐烂和破坏等非金属材料的腐蚀现象也愈发引起重视。因此腐蚀的定义不再局限于金属材料，它被广泛定义为材料由于环境的作用而引起的破坏和变质。

就金属材料而言，它的原料大多是从矿石或氧化物中冶炼得到的，再度变为化合物回归稳定状态是一种自然的趋势。因此材料在某种适当的环境下，经由化学或电化学等反应方式发生腐蚀。这在热力学范畴内属于一种自发的过程。这种自发的变化过程破坏了材料的性能，使金属材料向着离子化或化合物状态变化，是自由能降低的过程。人类开始使用金属后不久，便提出了防止金属锈蚀的问题。早在公元前3世纪，中国已采用金汞齐鎏金术在金属表面镀金以增加美观并可防腐蚀。在秦始皇陵墓中发掘出来的箭镞有的迄今仍毫无锈蚀。1830—1840年间英国科学家法拉第确立了阳极溶解的金属量与所通过电量的关系，提出了关于铁的钝化膜生长和金属溶解过程的电化学本质的假设。德·拉·李夫在锌溶解于硫酸的研究中，明确地提出了微电池理论。这些研究对电化学腐蚀理论的发展都极为重要。20世纪以来，石油工业、化学工业等的蓬勃发展，促进了不锈耐酸钢、镍基耐蚀合金的研究和应用。英国埃文斯及他的同事揭示了金属腐蚀的电化学基本规律，奠定了金属腐蚀的理论基础。50年代以来，随着金属学、金属物理、物理化学、电化学、力学等基础学科的发展，在核能、航空、航天、能源、石油化工等工业技术迅猛发展的推动下，金属腐蚀学逐渐发展成一门独立的综合性边缘学科。

4.4.2 腐蚀的分类

由于腐蚀现象和机理很复杂，材料、环境因素及受力状态的差异，金属腐蚀的形态和特征千差万别，故而存在很多的分类标准和方法。常见的主要有按腐蚀机理分类、按腐蚀环境分类和按腐蚀形态分类。

4.4.2.1 按腐蚀环境分类

金属腐蚀按腐蚀环境分类可分为干腐蚀、湿腐蚀、无水有机液体腐蚀、气体腐蚀、熔融金属腐蚀以及熔盐和熔渣腐蚀。湿腐蚀是指金属在有水存在下的腐蚀，是电化学腐蚀。干腐蚀则是指在无液态水存在下的干气体中的腐蚀，是化学腐蚀，属于材料与周围环境产生纯化学作用而引起的材料破坏，这种腐蚀过程不产生电流，在金属材料和非金属材料上均可发生，一般指在高温气体中发生的腐蚀，即高温氧化。由于大气中普遍含有水，化工生产中也大量使用水溶液，因此湿腐蚀是最常见的。无水有机液体和气体腐蚀属于化学腐蚀；熔盐和熔渣腐蚀属于电化学腐蚀；熔融金属腐蚀属于物理腐蚀。

4.4.2.2 按腐蚀机理分类

金属材料的腐蚀按其腐蚀过程中的作用机理可分为以下两类。

（1）化学腐蚀

金属材料与干燥气体或非电解质（如酒精、石油等）直接发生化学反应而引起的破坏称为化学腐蚀。腐蚀过程中没有电流产生，是一种氧化还原的纯化学反应，带有价电子的金属原子直接与反应物（如氧）的分子相互作用。化学腐蚀在生产和生活中并不普遍，只能在特殊条件下发生，如金属的氧化和高温腐蚀。在化学腐蚀的过程中，界面反应会在金属表面上形成氧化膜，它把环境和金属阻隔开。金属氧化的速度就受反应物通过膜的扩散速度所控制。扩散速度主要取决于膜的结构。如果膜的完整性、强度和塑性较好，膨胀系数也与金属接近，则有利于保护金属，降低腐蚀速率。

① 金属氧化。金属在干燥或高温气体中可与氧反应造成腐蚀。氧化过程可表示为：

$$2Me+O_2 \Longleftrightarrow 2MeO$$

式中，Me表示金属。

② 高温硫化。含硫介质如硫蒸气、二氧化硫、硫化氢等，在高温下与金属作用生成硫化物的腐蚀过程。特别是在有水蒸气存在的条件下，二氧化硫与水反应生成亚硫酸，硫化氢则成为氢硫酸，高温硫化腐蚀状况会加重。

③ 渗碳。一氧化碳、烃类等含碳物质在高温下与钢接触分解成游离碳，并渗入钢内形成碳化物的过程。

④ 脱碳。钢中渗碳体在高温下与气体介质如水蒸气、氢、氧等，发生化学反应引起渗碳体脱碳的过程。渗碳和脱碳均能使钢表面硬度和疲劳极限下降。

⑤ 氢腐蚀。氢介质与金属中的碳反应使金属脱碳的过程。

（2）电化学腐蚀

金属与电解质溶液作用所发生的腐蚀叫作电化学腐蚀，它是由于金属表面产生原电池作用而引起的。

如果我们把铜和锌两块金属直接接触在一起并浸入电解质溶液中（如硫酸中），将发生类似原电池的变化（如图 4-7 所示）。此时，锌和铜可视为电池的两极，锌为阳极，所失的电子流到与锌相连接的铜（阴极）并在其表面上为溶液中的 H^+ 所接受，于是锌不断地变成 Zn^{2+} 转入溶液中去而遭受腐蚀。这种原电池叫作腐蚀原电池或腐蚀电池。

同一块金属，不与其他金属相接触，单独置于电解质溶液中也会产生腐蚀电池。例如，工业锌中含有少量杂质（如杂质 Fe 以 $FeZn_7$ 的形式存在），杂质的电位较锌的电位高。此时，锌为阳极，杂质为阴极，于是形成腐蚀电池（如图 4-8 所示）。结果锌遭受腐蚀，氢则成为气泡在杂质（阴极）表面上逸出。金属在电解质溶液中于其表面上形成的这种微小的原电池称为腐蚀微电池。引起这类微电池的原因是化学成分、金属组织结构、金属表面膜和金属物理状态的不均匀性等。

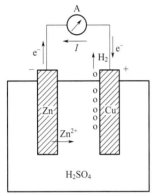

图 4-7 锌-铜原电池示意图

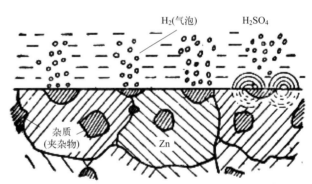

图 4-8 含杂质的工业锌在 H_2SO_4 中溶解

即使同一块金属置于同一电解质溶液中，由于溶液浓度、温度、流速不同也能产生腐蚀电池。电位 E 可由能斯特（Nernst）公式求出：

$$E = E^{\ominus} + \frac{RT}{nF}\ln c \tag{4-9}$$

式中，c 为溶液中该金属离子的浓度；$E^{\ominus}$ 为标准电极电势；R 为摩尔气体常数；T 为温度；F 为法拉第常数；n 为电子迁移数。可以看出，金属的电位与溶液中金属离子浓度有关，如果电解质溶液是含有金属本身离子的溶液，那么溶液愈稀，金属的电位愈低，溶液愈浓，电位也愈高，从而构成腐蚀电池。

氧浓差电池是金属腐蚀中最有意义的腐蚀电池，它是由金属与含氧量不同的溶液相接触而形成的。溶液中氧的浓度愈大，氧电极电位愈高。因此，如果溶液中各部分的含氧量不同，在氧浓度较小的地方，金属的电位较低，成为腐蚀原电池中的阳极，此处金属常遭受腐蚀。

综上所述，电化学腐蚀是腐蚀电池引起的；腐蚀电池的驱动力是存在于阴、阳极间的电位差；腐蚀过程的继续进行，是因为有适当的去极化剂。

电化学腐蚀过程包括三个环节：

① 阳极过程：在阳极上金属溶解，变成金属离子进入溶液

$$Me \longrightarrow Me^{n+} + ne^-$$

② 电子由阳极流到阴极。

③ 阴极过程：去极化剂在阴极上接受从阳极流过来的电子发生阴极反应，如

$$2H^+ + 2e^- \longrightarrow H_2$$

这三个环节是相互联系着的，三者缺一不可。控制上述任何一个环节都可以控制或阻止腐蚀。

电化学腐蚀与化学腐蚀相比，其不同点在于：

① 电子得失情况不同。两种反应得失电子的方式不同，化学腐蚀金属与氧化剂直接得失电子，电化学腐蚀利用原电池原理得失电子。电化学腐蚀反应中，金属失去电子而被氧化，其反应过程称为负极反应过程，介质中的物质从金属表面获得电子而被还原，其反应过程称为正极反应过程。

② 有无电流产生情况不同。两种反应有无电流产生情况不同，化学腐蚀反应中不伴随电流的产生，电化学腐蚀反应中伴随电流的产生。电化学腐蚀过程中，金属和电解质形成两个电极，组成腐蚀原电池，从而有电流通过。

③ 氧化的物质不同。两种腐蚀过程中发生氧化的物质不同，化学腐蚀金属被氧化，例如高温炉气等氧化性气体使钢材表面生成氧化铁及发生表面脱碳的腐蚀；电化学腐蚀活泼金属被氧化，例如电解质溶液跟钢铁里的铁和少量的碳恰好形成无数微小的原电池发生腐蚀。

④ 反应本质不同。两种反应的本质不同，电化学腐蚀是腐蚀过程中发生了电子的传递，而化学腐蚀则是纯粹的化学反应。化学腐蚀发生了由于金属与外部介质接触而产生的氧化还原反应，电化学腐蚀则是电子传递的过程中发生了金属腐蚀。

虽然电化学腐蚀机理与化学腐蚀机理有着本质区别，但是进一步研究表明，有些腐蚀常常由化学腐蚀逐渐过渡为电化学腐蚀。电化学腐蚀是最常见的腐蚀形式。自然条件下（如潮湿大气、海水、土壤、地下水）以及化工、冶金生产中绝大多数介质中金属结构的腐蚀具有电化学腐蚀性质。

4.4.2.3　按腐蚀形态分类

金属材料的腐蚀按腐蚀形态可分为以下两类。

（1）全面腐蚀

腐蚀发生在金属全部表面或大部分表面，称为全面腐蚀。全面腐蚀分布于金属的整个表面，使金属的表面比较均匀地减薄，无明显的腐蚀形态差别。同时允许具有一定程度的不均匀性。腐蚀的电化学反应机制、腐蚀速度与腐蚀深度在金属材料表面的所有部位具有一致性。只有在腐蚀介质能够均匀地抵达金属表面的各部位，而且金属的成分和组织比较均匀时会发生全面腐蚀。全面腐蚀的电化学过程特点是腐蚀电池的阴、阳极面积非常小，甚至在显微镜下也难以区分，而且微阴极和微阳极的位置变幻不定，整个金属表面在溶液中都处于活化状态，金属表面各点随时间（或地点）有能量起伏，能量高时（处）为阳极，能量低时（处）为阴极，因而整个金属表面都遭到腐蚀。尽管全面腐蚀会导致巨大的金属损失，但其危害性很低，可以通过对腐蚀机制、动力学规律和速率的研究来测定和预测腐蚀速率，在工程设计时预留出腐蚀余量，避免材料过早地被腐蚀破坏。

通常用腐蚀速度来评价金属在某一环境和条件下的耐蚀性。腐蚀速度常用单位时间（小

时）内从单位表面积金属上转变为腐蚀产物所引起的金属重量的变化（增加或减少）来表示，也可用单位时间内金属腐蚀深度来表示。

（2）局部腐蚀

局部腐蚀的特点是腐蚀发生在金属的某一特定部位。阳极区和阴极区可以截然分开，其位置可以用肉眼或显微镜观察加以区分。同时次生腐蚀产物又可以在阴、阳极交界的第三地点形成。局部腐蚀虽然导致的金属损失数量小，但很难测定其腐蚀速率，往往引起突然的腐蚀事故。

局部腐蚀分为点蚀、缝隙腐蚀、电偶腐蚀、晶间腐蚀、选择性腐蚀、应力腐蚀、疲劳腐蚀及磨损腐蚀。

4.4.3 金属材料的耐蚀性

金属材料抵抗周围介质腐蚀破坏作用的能力称为耐蚀性。由材料的成分、化学性能、组织形态等决定。

4.4.3.1 纯金属的耐蚀性能

（1）热力学稳定性

一般情况下，各种纯金属的热力学稳定性可根据其标准电极电位值作出近似的判断。标准电极电位较正的金属，其热力学稳定性也较高，较负的则稳定性较低。

根据 pH＝7（中性溶液）和 pH＝0（酸性溶液），氧和氢的平衡电极电位分别为 0.815V、1.23V 及 −0.414V、0.000V，可粗略地把金属分为四类，见表 4-1。

表 4-1 根据金属的电极电位评定其热力学稳定性

金属的标准电位/V	热力学稳定性	可能发生的腐蚀	金属
＜−0.414	不稳定	在含氧的中性水溶液中，能产生氧去极化腐蚀，也能产生析氢腐蚀；在不含氧的中性水溶液中，有的也能产生析氢腐蚀	Li、Rb、K、Cs、Ra、Ba、Sr、Ca、Na、La、Mg、Pu、Th、Np、Be、U、Hf、Al、Ti、Zr、V、Mn、Nb、Cr、Zn、Ca、Fe
−0.414～0	不够稳定	在中性水溶液中，仅在含氧或氧化剂的情况下才产生腐蚀（氧去极化腐蚀）在酸性溶液中，即使不含氧也能产生腐蚀（析氢腐蚀）；当含氧时既能产生析氢腐蚀也能产生氧去极化腐蚀	Cd、In、Co、Tl、Ni、Mo、Sn、Pb
0～+0.815	较稳定（半贵金属）	在不含氧的中性或酸性溶液中不腐蚀；只在含氧的介质中才能产生氧去极化腐蚀	Bi、Sb、As、Cu、Rh、Hg、Ag
＞+0.815	稳定（贵金属）	在含氧的中性水溶液中不腐蚀；只在含有氧化剂或氧的酸性溶液中，或在含有能生成络合物物质的介质中才能发生腐蚀	Pd、Ir、Pt、Au

（2）自钝性

某些金属虽然在热力学上是不稳定的，但是在适宜的条件下，能发生钝化而具有耐蚀性。常见的有：钛、铌、铝、铬、钼、镁、镍、铁等。多数可钝化的金属都是在氧化性介质中易钝化，如在 HNO_3 中及强烈通空气的溶液中；而当介质中含有活性离子（Cl^-、Br^-、F^-）时，以及在还原性介质中时大部分金属的钝态会受到破坏。

（3）生成保护性腐蚀产物膜

除钝化外，有些金属还会在腐蚀过程中生成较致密的保护性能良好的腐蚀产物膜而耐蚀。如铁在磷酸盐中的腐蚀、锌在大气中的腐蚀、铅在硫酸溶液中的腐蚀等。

4.4.3.2　提高金属材料耐蚀性的合金化原理和途径

若使材料耐腐蚀，则其腐蚀速度应降低，从腐蚀电化学角度讲，应降低电池的初始电动势或提高反应阻力。

（1）提高合金热力学稳定性

用热力学稳定性高的元素进行合金化，即向本来不耐蚀的纯金属或合金中加入热力学稳定性高的合金元素（如铜、金、镍等金属）成为固溶体，提高合金的热力学稳定性。

（2）阻滞阴极过程（适用于不产生钝化的活化体系）

主要用于阴极控制的腐蚀过程，具体途径有以下两种：

① 减少合金的阴极活性面积。减少阴极相或夹杂物，就是减少了活性阴极的面积，从而增加阴极极化程度，阻滞阴极过程。也可采用热处理方法，使合金成为单相固溶体，消除活性阴极第二相，提高合金的耐蚀性。相反，退火或时效处理将降低其耐蚀性。

② 加入析氢过电位高的合金元素。适用于由析氢过电位控制的析氢腐蚀过程。提高合金的阴极析氢过电位，降低合金在非氧化性或氧化性不强的酸中的活性溶解速度。

（3）降低合金的阳极活性

① 减少阳极面积。合金的第二相相对基体是阳极相，在腐蚀过程中减少这些微阳极相的数量，可加大阳极极化电流密度，增加阳极极化程度，阻滞阳极过程的进行，提高合金耐蚀性。通过晶界细化或钝化来减少合金表面的阳极面积也是可行的。

② 加入易钝化的金属。工程上广泛使用碳钢及铁基合金。为提高耐蚀性，往往向其中加入易钝化元素铝、镍、铬等提高合金整体钝化性能。如向铁中加入18%左右的铬、8%左右的镍制得不锈钢。

③ 加入阴极性合金元素促进阳极钝化。适用于可能钝化的金属体系（合金与腐蚀环境）。金属或合金中加入阴极性合金元素，由于阴极反应过程加剧，促使腐蚀电流增大，随着电流不断增大，阳极不断极化，电位变正进入钝化区，阳极出现钝化现象，其腐蚀电流急剧下降，达到防腐目的。这种方法极具前途。

（4）增大腐蚀体系电阻

加入一些合金元素促使在合金表面生成致密、高耐蚀的保护膜，从而提高合金的耐蚀性。如在钢中加入铜、磷等合金元素，能使低合金钢在一定条件下在表面生成一种耐大气腐蚀的非晶态保护膜。

4.4.4　金属材料的防腐蚀技术

腐蚀破坏的形式是多种多样的，在不同的条件下引起金属腐蚀的原因也是各不相同的。因此，防腐蚀技术的选择应根据不同的使用条件和范围进行。对于一个具体的腐蚀体系，究竟采用哪种防护措施，是用一种方法还是多种方法，主要应从防护效果、施工难易以及经济效益等各方面综合考虑。

（1）正确选择金属材料

为了保证设备的长期安全运行，必须将合理选材、正确设计、精心施工制造及良好的维护管理等几方面的工作密切结合起来，其中合理选材是首要环节。合理选材主要是根据材料所接触介质的性质和条件、材料的耐蚀性能及价格，选择在介质中比较耐蚀、满足设计和经济性要求的材料。

（2）表面防护技术

表面防护技术是指利用覆盖层，尽量避免金属和腐蚀介质直接接触而使金属得到保护。为了达到防腐蚀的目的，保护性覆盖层应具有以下特性：

① 结构致密，完整无孔，不透过介质；

② 与基体金属结合力强；

③ 具有高的硬度和耐磨性；

④ 在整个被保护表面上均匀分布。

金属表面的保护性覆盖层可分为金属镀层和非金属涂层两类。金属镀层的制造方法包括电镀、热镀、热喷涂、渗镀等。非金属涂层可分为无机涂层（包括搪瓷、橡胶、玻璃涂层和化学转化涂层）和有机涂层（包括塑料、涂料和防锈油等）。

在火电厂，表面保护技术常用于热力设备的外部防护，例如用有机涂层和电镀层防止设备外表面的大气腐蚀、对水冷壁管外壁渗铝防止高温腐蚀等；另外，表面保护技术还常用于一些工作温度较低的热力设备的内部防护，例如炉外水处理设备及管道内壁的衬胶保护等。

（3）缓蚀剂保护

缓蚀剂是具有抑制金属腐蚀功能的一类无机物质和有机物质的总称。在腐蚀环境中以适当浓度和形式投入很少的量就能有效地阻止或减缓金属的腐蚀速率。同时还能保持金属材料原有的物理、力学性能不变。合理使用缓蚀剂是防止金属及其合金在环境介质中发生腐蚀的有效方法。缓蚀剂技术由于具有用量少、见效快、成本较低、使用方便等优点，已成为防腐蚀技术中应用十分广泛的方法之一。尤其在石油产品的生产加工、化学清洗、大气环境、工业用水、机器、仪表制造及石油化工生产过程中，缓蚀技术已成为主要的防腐蚀手段之一。

缓蚀剂的缓蚀效果与它的使用浓度以及介质的 pH 值、温度、流速等密切相关，因此应根据被保护的对象、环境条件严格选择。缓蚀剂可能带来的环境污染问题已引起关注，对缓蚀剂选择的注意力已转移到不含重金属的类型。

（4）电化学保护

电化学保护是利用外部电流使金属的电极电位发生改变，从而防止金属腐蚀的一种方法，包括阴极保护和阳极保护。

阴极保护是在金属表面上通入足够大的外部阴极电流，使金属的电极电位负移、阳极溶解速度减小，从而防止金属腐蚀的一种电化学保护方法。这种保护方法又可分为牺牲阳极保护和外加电流阴极保护两种方法。牺牲阳极保护是在被保护金属上连接一个电位负值更大的金属（称为牺牲阳极），使被保护金属成为其与牺牲阳极所构成的短路原电池的阴极，从而以牺牲阳极的溶解为代价来防止被保护金属的腐蚀。外加电流阴极保护是将被保护金属与直流电源（或恒电位仪）的负极相连，该电源的正极与在同一腐蚀介质中的另一种电子导体材料（辅助阳极）相连，这样被保护金属在其与辅助阳极构成的电解池中作为阴极，发生阴极极化，电极电位被控制在阴极保护的电位范围内，从而以消耗电能为代价来防止被保护金属的腐蚀。凝汽器水侧管板和管端部、地下取水管道外壁等均可采用牺牲阳极保护或外加电流阴极保护。

阳极保护是在金属表面上通入足够大的阳极电流，使金属的电极电位正移达到并保持在钝化区内，从而防止金属腐蚀的一种电化学保护方法。阳极保护通常是将被保护的金属与直流电源（或恒电位仪）的正极相连，这样被保护金属在它与辅助阴极构成的电解池中作为阳极，发生阳极极化，电极电位被控制在钝化区的电位范围内而得到保护。此时，由于金属表面可形成在腐蚀介质中非常稳定的保护膜（金属表面发生钝化），从而使金属的腐蚀速度大为降低。因此，阳极保护只适用于可能发生钝化的金属，如碳钢或不锈钢制浓硫酸贮槽的阳极保护。

4.5 新型合金材料

新型合金材料是指在传统合金材料基础上发展，且具有优异性能和应用前景的一类材料。新型合金材料与传统合金材料并无明显界限，传统合金材料通过采用新技术，提高技术含量和性能成为新型合金材料，而新型合金材料在经过长期生产与应用后也会转变为传统材料。新型合金材料的发展既包括对应用的传统合金材料的新发展（冶金新材料），也包括开发全新的完全不同于传统合金材料特性的新型合金材料。

传统合金材料的拓展指为满足更高的需求，以其自身的体系为基础，以提升性能指标和降低成本为目标，利用成分调整和新的工艺方法开发新材料。从理论上讲，传统合金材料的拓展的理论体系和合金系统虽有重要发展，但未有基本体系和系统性的根本变化。传统合金材料范畴之内通过发展制备技术和合金化的发展，可称之为先进（传统）合金材料，或冶金新材料。以钢铁材料为例，研究者通过成分设计、传统制备工艺优化使钢铁材料的综合力学性能不断提升，仅抗拉强度指标就从最初的几百兆帕提升到目前的 2000MPa 以上。综合力学性能的提升使设计者将材料用量逐渐减少，极大地助推了交通工具轻量化的升级。而轻合金（铝合金、镁合金和钛合金）力学性能指标提升也推动了其在汽车制造、轨道交通、航空航天、国防军工领域的广泛应用。以日本新干线营业车辆最高速度和质量的关系为例，当火车的最高速度为 220km/h 时，车身的质量约在 10t，转向架的质量与车身相当，车轴质量约为 16t；当火车的最高速度提升至目前的 300km/h 时，车轴质量下降 6t，转向架和车身质量下降约 4t。我国高铁最高时速 2023 年已达到 486.1km/h，远超新干线列车，这与我国大力推动新型轻量化合金材料密不可分。

与传统合金材料拓展相对应的是另一类新型合金材料。虽然这类合金材料还在金属的理论体系框架之内，具有金属的最基本特性，但所涉及的基本理论体系有重大的本质性发展，合金系统的某些基本特性及其设计原理也有重大发展，以优良电学、磁学、光学、热学、声学等物理性能为基础，在能量与信息的显示、转换、传输、存储等方面具有独特功能，对科学技术进步和社会发展起着巨大的推动作用。这类合金材料并非一定是新发现的，但在过去尚不可能作为一种工程材料实现工业化应用，只是在当今的科学和技术发展的条件下，才有可能成为工程材料得到应用。

进入 21 世纪以来，新型合金材料发展逐渐展现出"以适应特殊条件下的应用为目标"的"定制化"特征。结构材料领域，针对重大工程装备和机械制造领域的高强韧钢、低温钢、耐磨钢、耐蚀钢、抗氧化钢等高性能钢材先后被研究出来；针对交通工具轻量化制造领域的高强韧轻合金（铝合金、镁合金、钛合金）、耐蚀稀土镁合金、阻燃镁合金、耐热稀土镁合金等轻量化合金先后被研究出来；针对医学工程中介入治疗领域的耐蚀钛合金、可降解合金（镁合金、锌合金）等特种医用金属材料先后被研究出来。功能材料领域，针对先进装备、能源等领域的稀土金属材料、形状记忆合金、金属间化合物材料、储氢合金等金属材料先后被研究出来。

新型合金材料类别众多，无法一一介绍。目前，越来越多针对具体需求的新型合金材料被设计和研发出来。材料科学家和材料工程师的界限也越来越模糊。由于企业能够利用优势整合多种资源，世界范围内，以问题导向为特征的新型合金材料研发制造呈现出由高科技企业来完成的趋势，而越来越多先进材料的制备也开始依靠先进设备完成。以美国汽车制造商特斯拉公司的一体化压铸技术为例，该技术将传统汽车生产所需冲压焊装的 70 余个零件，以及超过 1000 余次的焊接工序，采用 6000t 级压铸机一次压铸得到成品。2020 年，一体铸造技术开始在 Model Y 上应用，可使整车减重约 10%，续航里程提升约 14%。这一技术对材料综合性能和压铸工艺提出了很大的挑战，目前已经成为汽车金属材料行业热门的研究方向。

可以说，每一种先进（传统）合金材料都有自身新发展的具体内容，限于篇幅，本节仅针对与目前国民经济发展相关性较大的代表性新型合金材料进行介绍。

4.5.1　稀土合金

稀土资源包含 15 个镧系元素和钪、钇共 17 个元素。由于稀土元素的 4f 层电子被完全填满的外层（5s 和 5p）电子所屏蔽，导致 4f 层电子运动方式不同，从而使稀土元素具有不同于其他元素的光、电、磁性能，因此，被誉为"工业维生素"和"国防战略物资"，用于生产关键技术的关键零部件。从智能手机到电动汽车再到军用战斗机等各种产品都要用到稀土金属。中国已探明的稀土工业储量为 5200 万吨，约占世界的 50%，是稀土资源最丰富的国家，发展稀土高技术产业是我国的重要国策。目前，国内外对稀土应用领域的研究主要集中在永磁材料、发光材料、催化材料、储氢材料、稀土合金等方面，特别是稀土催化、储氢、高纯材料、稀土合金在新能源汽车、航空、军事等领域有很好的应用。

4.5.1.1　稀土合金材料

稀土合金材料通常是指在黑色或有色金属中添加稀土元素的合金结构材料。此处着重介绍因添加稀土而使材料力学性能显著提升的稀土钢、稀土铝合金和稀土镁合金。

（1）稀土钢

尽管稀土元素在钢中的固溶度较低，但不足 0.2%（质量分数）的稀土便能够有效去除钢中的硫、氧和锑等有害元素，改变夹杂物并调控组织等。一吨钢只需添加百余克的镧铈轻稀土即可显著提升钢的性能。但在生产中存在浇口严重堵塞问题，且夹杂形式存在的稀土化合物使钢的性能剧烈波动，使多年来的稀土钢应用一直处于瓶颈。近十年来，中国科学家的研究表明，稀土钢性能波动的根源在于氧，只有在低氧条件下稀土才能在钢中稳定发挥出深度净化钢液、细化改变夹杂物和强烈微合金化的作用。工程师利用这一机理消除了大尺寸钢锭和铸件的杂质，极大程度地提高了我国大尺寸铸造钢锭和铸件的质量和成品率。

（2）稀土铝合金

稀土在铝合金中具有净化作用、变质作用、微合金化作用，能充分提高合金综合力学性能。随着航空、航天领域的发展，越来越多的具有高减重、低成本、长寿命、高可靠的特性，且能够满足各类型号先进技术指标需求的新型稀土铝合金被研究出来。其中，具有优良焊接性能、成形性能、耐腐蚀性能的稀土铝合金是满足上述需求的关键材料之一。例如新型铝钪合金抗拉强度可达到 800MPa，具有优良的可焊性，目前受到航空、航天工业强国的普遍重视。

（3）稀土镁合金

稀土元素净化和保护镁合金熔体，且对合金能够起到细晶强化、固溶强化、弥散强化、时效沉淀强化的作用。由于稀土元素在镁中的最大固溶度超过 20%（质量分数），因此能够显著提高镁合金的综合力学性能，在航天、军工、电子通信、交通运输等领域有着巨大的应用市场，特别是在全球铁、铝、锌等金属资源紧缺大背景下，镁的资源优势、价格优势、产品优势得到充分发挥，镁合金成为一种迅速崛起的工程材料。可以说，绝大多数高性能镁合金材料都离不开稀土元素。面临国际镁金属材料的高速发展，我国作为镁资源和稀土资源生产及出口大国，对稀土镁合金开展深入研究和应用前期开发工作意义重大。

4.5.1.2 稀土发光材料

在稀土功能材料的发展中，尤其以稀土发光材料格外引人注目。稀土因其特殊的电子层结构，而具有一般元素所无法比拟的光谱性质，稀土发光几乎覆盖了整个固体发光的范畴，只要谈到发光，几乎离不开稀土。稀土元素的原子具有未充满的受到外界屏蔽的 4f5d 电子组态，因此有丰富的电子能级和长寿命激发态，能级跃迁通道多达 20 余万个，可以产生多种多样的辐射吸收和发射，构成广泛的发光和激光材料。近几年来，随着稀土分离、提纯技术的进步，以及相关技术的促进，稀土发光材料的研究和应用得到显著发展。发光是稀土化合物光、电、磁三大功能中最突出的功能，受到人们极大的关注。就世界 24 种稀土应用领域的消费分析结果来看，稀土发光材料的产值和价格均位于前列。中国的稀土应用研究中，发光材料占主要地位。稀土发光材料的应用会给光源带来环保节能、色彩显色性能好及长寿命的作用，有利于推动照明显示领域产品的更新换代。我国稀土发光材料行业紧跟国际稀土发光材料研发和应用的发展潮流，与下游产业之间建立了良好的市场互动机制，成为节能照明和电子信息产业发展过程中不可或缺的基础材料。除上述领域外，稀土发光材料还被广泛应用于促进植物生长、紫外消毒、医疗保健、夜光显示和模拟自然光的全光谱光源等特种光源和器材的生产，应用领域不断得到拓展。而在国防军工领域，稀土发光材料同样起到了无法替代的作用。

4.5.1.3 稀土磁性材料

稀土磁性材料是稀土功能材料应用十分广泛的材料。稀土永磁、稀土磁热效应、稀土磁致伸缩、稀土多铁性与磁电耦合和稀土高频磁性等磁性材料的研究具有丰富的科学内涵和重要的应用价值。在稀土磁性材料中，应用价值较大的是稀土永磁材料。中国发展较快、应用较广的是烧结钕铁硼磁体。近年来，中国对烧结钕铁硼、钐钴磁体的应用范围不断扩大，已掌握各向异性钐铁氮磁粉产业化研究的关键核心技术，在纳米复合稀土永磁材料方面的研究也达到国际先进水平。目前，以烧结钕铁硼磁体为主的稀土永磁材料占中国稀土新材料应用的 60% 以上，被广泛应用于清洁能源汽车、风力发电、节能家电和工业电机、轨道交通、环境保护等民用产品，以及电子对抗与干扰、导航系统、航空航天等国防高科技领域。中国已建立了较完整的稀土永磁材料制备与应用工业体系，成为全球最大的稀土永磁材料生产基地，目前产量超过全球的 85%，产品已进入音圈电机、电子动力转向和核磁共振成像等高端领域，突破了发达国家长期的技术封锁和市场垄断，实现了从稀土资源大国到稀土永磁产品生产大国的跨越。近年来，中国在稀土磁性材料的研究方面取得了重要进步，某些研究成果已在国际上产生重要影响或处于领先水平。

4.5.2 储氢合金

储氢合金的研究起始于 20 世纪 60 年代，首先是美国布鲁克-海文国家研究室的赖利和威斯沃尔发现了镁和镍比为 2:1 形成的 Mg_2Ni 合金；1970 年荷兰菲利浦实验室发现了 $LaNi_5$ 合金，其在常温下具有良好的储氢性能；随后赖利和威斯沃尔又发现了 FeTi 金属间化合物。此后，世界各国从未停止过新型储氢合金的研究与发展。储氢合金通过与氢化合，以金属氢化物形式储存氢，并能在一定条件下将氢释放出来。储氢合金可表述为 A_xB_y 结构，其中，能与氢化合生成氢化物的金属元素通常可分为两类：一类是 A 侧金属，如钛、锆、钙、镁、钒、铌、稀土元素等，这类金属元素容易与氢反应，形成稳定氢化物，并放出大量的热，称为放热型金属；另一类是 B 侧金属，如铁、钴、镍、铬、铜、铝等，这类金属元素与氢的亲和力小，不容易形成氢化物，氢在其间溶解时为吸热反应，因此这类金属称为吸热型金属。目前正在研究与开发应用的储氢合金基本上都是将 A 类金属与 B 类金属组合在一起，制备出在适宜温度下具有可逆吸放氢能力的储氢合金。这些储氢合金主要可分为以下几大类：AB_5 型（稀土系）、AB_2 型（锆系与钛系）、AB 型（铁钛系）、A_2B 型（镁系）储氢合金等。金属氢化物储运氢气具有成本低、体积密度高等优点，而且安全性很高，使用也很方便。利用储氢材料对氢气的选择性吸附可进行氢气的分离与净化。储氢合金不但有储氢的本领，而且还有将储氢过程中的化学能转换成机械能或热能的能量转换功能。储氢合金在吸氢时放热，在放氢时吸热，利用这种放热-吸热循环，可进行热的储存和传输，制造制冷或采暖设备。在新能源替代传统化石能源的大背景下，新型储氢合金开发已成为热门的研究方向之一。而储氢合金也逐渐被应用在通信基站、分布式供能及备用电源、氢能源汽车电池、空调与采暖。氢能是未来能源结构中最具发展潜力的清洁能源之一，氢气的储存是氢能应用的关键环节。金属氢化物储氢具有储氢密度高、能源损耗低、稳定安全、便于储存和运输等显著优势。虽然目前仍存有技术上的难题，但长远来看，该技术的发展潜力巨大。

4.5.3 金属间化合物材料

金属间化合物简称 IMC（intermetallic compound），是指金属与金属或金属与类金属（如氢、硼、氮、硫、磷、碳、硅等）形成的化合物。一般金属材料都是以相图两端的固溶体为基体，而金属间化合物材料则以相图中间部分的有序金属间化合物为基体。金属间化合物可以具有特定的组成成分，也可以在一定范围内变化，从而形成以化合物为基体的固溶体。早在 20 世纪 50 年代，人们发现金属间化合物的强度随着温度升高而提高（这种完全不同于传统金属材料的关系称为反常温度强度特性），并开始探索强度随温度提升而提高的物理本质。但由于金属间化合物存在严重脆性，工作没有取得进展。20 世纪 80 年代，美国科学家们在金属间化合物室温脆性研究上取得了突破性进展。他们往金属间化合物中加入少量硼，可以使它的室温延伸率提高到 50%，与纯铝的延展性相当。这一重要发现及其所蕴含的巨大发展前景，吸引了各国材料科学家展开了对金属间化合物的深入研究，使之开始以一种崭新的面貌在新材料天地登台亮相。作为新型金属材料，金属间化合物材料具有长程有序的晶体结构，原子结合力强，高温下弹性模量高，密度低，抗氧化性好，因而形成一系列新型结构材料，如具有应用前景的钛、镍和铁的铝化物材料。除了作为高温结构材料以外，金属间化合物的其他功能也被相继开发，近些年来，稀土化合物永磁材料、储氢材料、超磁致伸缩材料、功能敏感材料等相继出现。

4.5.4　非晶态金属材料

传统金属或合金都是晶态结构的材料，其原子三维空间内作有序排列，形成周期性的点阵结构。1960 年美国的迪韦教授打破这一常规，发明了用快淬工艺制备非晶态合金的方法。他利用急速冷却的方法使液（或气态）金属来不及结晶便迅速凝固。由于超急冷凝固，合金凝固时原子来不及有序排列结晶，得到的固态合金是长程无序结构，没有晶态合金的晶粒、晶界存在，称之为非晶合金，这被称为是冶金材料学的一项革命。这种非晶合金具有许多独特的性能，如优异的磁性、耐蚀性、耐磨性，高的强度、硬度和韧性，高的电阻率和机电耦合性能，等等。由于它的性能优异、工艺简单，从 20 世纪 80 年代开始成为国内外材料科学界的研究开发重点。在磁性领域，铁、镍、钴基非晶合金具有高磁饱和强度、高磁导率、低矫顽力、低的饱和磁致伸缩，使其能够制成各种复杂结构的微型铁芯，然后制成变压器或电感器，应用于计算机、网络、通信和工业自动化等行业。在生物医用领域，钙基、镁基非晶合金具有生物兼容性、可降解性和不会引起过敏的特性，这在医学上可用于修复移植和制造外科手术器件，如外科手术刀、人造骨头、用于电磁刺激的体内生物传感材料、人造牙齿等。镁基非晶合金因为具有可降解性、较高的强度、接近骨头的弹性模量可能成为新一代人体内支架类材料。非晶金属的耐腐蚀性能可成为固定骨折夹板和钉的首选材料。非晶合金电子皮肤具有很好的导电性，电阻与应变呈完美线性，能够实现应变和电信号的转变，而且非晶合金皮肤的弹性范围大幅度提高，其在仿生领域有应用前景。非晶合金皮肤具有良好的稳定性（电阻和灵敏度系数），还具有抗菌性。

在 3C（计算机、通信和消费电子产品）行业，非晶态金属最显著的优势，就是高强度、高硬度、高耐磨性，而且既轻又薄，恰好满足 3C 产品的核心特质。金属玻璃注塑、压铸的塑形方式，可以满足时尚、美观的外形诉求。液态金属在工艺上接近"净成形"，所需要的后期加工较少，可以有效降低后期加工成本。金属玻璃可通过改变表面结构来改变颜色，后期装饰工艺丰富，颜色更自然，同时耐磨损，不易刮擦掉色。在汽车行业，利用金属玻璃高硬度、高耐磨的特性，可制造汽车发动机中的液压油缸、活塞等耐磨零部件，并大幅提高使用寿命；对于汽车应用，可以满足一些常见的关键属性，包括精密度、耐蚀性、表面光洁度和弹性。精密度也许是这个过程中最想要的一项特征。液态金属有着接近于零的收缩，从模型中注射成形的零部件常常能够超越精准的数控加工（CNC）技术。液态金属在无研磨和抛光的情况下，可以实现接近光学的表面光洁度。铁基非晶合金作为电子变压器、电感器、电抗器的铁芯，具有较高的能量转化效率，在新能源汽车充电桩产业具有广阔的市场前景。在航空航天领域，利用液态金属高比强度、比刚度、高抗磨损的特性，可制造航空航天器的主框架、轴承等结构材料，大比例地减轻重量，相当于提高了航空发动机的推力比；由于非晶合金中的原子没有晶体结构中存在的通道效应，因而能够有效地截留住太阳风高能粒子。在军事方面，钴基非晶目前可以被用来做穿甲弹；铁基非晶合金（又称非晶钢）的高硬度、抗磨损、无磁和腐蚀特性是高性能涂层材料，可在航母等舰艇防腐、隐身、高耐磨表面硬化和轻量化部件、抗腐蚀部件和电子器件保护套等方面应用。非晶电机也可应用于无人机、机器人等产业。在微机电器件领域，非晶合金薄膜和微齿轮具有更独特的性能，在生物医药、纳米压印、微机电系统、光电等领域有所应用。借助离子束沉积的方法制备的非晶合金薄膜具有很好的热稳定性和力学性能、较好的柔性，有望应用于微机电器件领域。

习题

一、填空题

1. 面心立方晶格的原子半径为____，原子数为____，配位数为____，致密度为____。

2. 晶体内部的晶格位向完全一致的晶体称为____，即在一定容积内只含____颗晶粒。它的结构特点是原子按一定几何规律做____，在不同方向上的物理、化学和力学性能____，即为____。

3. 火法冶金是在高温下从冶金原料____或____金属的科学和技术；火法冶金利用____或____产生的热或____所放出的热进行生产制备。

4. 电热冶金是利用____转变为____在电炉内进行____或____的过程，按电能转变为热能的方法即加热的方法不同，分为____、____、____、____和____等。

5. 湿腐蚀是指金属在有____存在下的腐蚀，是____腐蚀。干腐蚀则是指在____存在下的____的腐蚀，是____腐蚀，这种腐蚀过程____电流。

6. 缓蚀剂技术由于具有____、____、____、____等优点，已成为防腐蚀技术中应用十分广泛的方法之一。缓蚀剂的缓蚀效果与它的____以及____、____、____等密切相关，因此应根据被保护的对象、环境条件严格选择。

7. 稀土资源包含 15 个____元素和____、____共 17 个元素。由于稀土元素的____电子被完全填满的外层（5s 和 5p）电子所屏蔽，导致____电子运动方式不同，从而使稀土元素具有不同于其他元素的____、____、____性能，因此，被誉为"工业维生素"和"国防战略物资"，用于生产关键技术的关键零部件。

8. 储氢合金不但有储氢的本领，而且还有将储氢过程中的____转换成____或____的能量转换功能。

二、名词解释

1. 晶格； 2. 相； 3. 线缺陷； 4. 固溶体； 5. 塑性成形； 6. 热处理； 7. 全面腐蚀； 8. 铁素体不锈钢； 9. 稀土镁合金

三、简答题

1. 试从原子结构上说明晶体与非晶体的区别。

2. 试求密排六方晶格的致密度。

3. 实际金属有哪些缺陷？这些缺陷对性能有何影响？

4. 金属的物理性质有哪些？

5. 为什么火法冶金的反应机理难以清晰阐述？

6. 与火法冶金相比，湿法冶金的优缺点各是什么？

7. 金属的腐蚀按照腐蚀形态可分为哪几种？分别有什么特点？

8. 控制金属材料腐蚀的方法有几种？选择腐蚀控制方法时主要考虑哪些因素？

9. 储氢合金中的金属可分为哪两类？

5
无机非金属材料

非金属元素虽然仅占元素总数的 1/5，但在自然界的总量却超过了 3/4。因此，非金属化学的涵盖面很大，应用范围也很广。本章主要介绍无机非金属材料分类与特点、无机非金属材料的结构、无机非金属材料的性能、无机非金属材料的制备以及一些新型无机非金属材料。

5.1 无机非金属材料概述

无机非金属材料包括由各种金属元素与非金属元素形成的无机化合物和非金属单质材料。本节内容主要概述无机非金属材料的分类以及无机非金属材料的特点。

5.1.1 无机非金属材料的分类

无机非金属材料种类丰富，包括除金属材料和有机高分子材料之外的全部材料，通常是一些元素的氧化物、碳化物、氮化物、硼化物、卤化物，以及硅酸盐、磷酸盐、硼酸盐等物质组成的材料。无机非金属材料是国防军工、现代工业、现代交通和基本建设的物质基础，对于保障和加快我国国民经济和国防工业的发展有着十分重要的意义。

无机非金属材料通常可以分为传统无机非金属材料和新型无机非金属材料两大类。传统无机非金属材料是指以二氧化硅及硅酸盐为主要成分制备的材料，也包括一些工艺相近的非硅酸盐材料，如天然石材、陶瓷、水泥、玻璃、碳化硅、耐火材料和碳素材料等，这类材料生产历史悠久并且应用广泛。新型无机非金属材料一般是指在组成上已不局限于硅酸盐，由各种非金属化合物经特殊工艺制成的具有一些特殊性能和用途的材料，如压电、导体、半导体、磁性、光学、生物工程材料和无机复合材料等，它们的出现和应用极大地推动了现代新技术和新产业的发展，也促进了现代国防和生物医学的进步。

由于无机非金属材料名目繁多，用途各异，除了上述分类方法，还可以按其他规律进行分类。比如按照材料中的主要成分，可以分为硅酸盐、铝酸盐、磷酸盐、氧化物、氮化物、碳化物材料等；根据材料的物质状态，可以分为晶体（单晶体、多晶体、微晶体）、非晶体及复合材料等；根据材料的外观形态，可以分为块状、多孔、纤维、晶须、薄膜材料等；根据材料的用途，可以分为日用、建筑、化工、电子、航天、通信、生物、医学材料等。

5.1.2 无机非金属材料的特点

无机非金属材料中的化学键包括离子键（如 MgF_2、Al_2O_3 等）、共价键（如金刚石、

Si_3N_4 等），以及离子键和共价键的混合键。其中离子键具有不饱和性和无方向性，只要求正负离子在空间紧密堆积，因而离子晶体具有较高的密度、较大的强度、较高的熔点、良好的耐腐蚀性和抗氧化性，但脆性很大，并且由于离子晶体中很难产生自由电子，所以离子晶体都是良好的绝缘体。共价键具有严格的方向性和饱和性，使原子晶体中的原子在空间的排列无法达到紧密堆积的要求，因而具有较低的密度，但由于共价键强度较大，所以原子晶体也具有强度高、硬度高、脆性大、熔点高、沸点高等特点，结构也比较稳定。陶瓷等非金属材料中也常出现离子键与共价键混合的情况，此类化合物中离子键的比例取决于组成元素间电负性差异，差异越大，混合键中离子键所占的比例越大。

因此，传统无机非金属材料普遍具有以下特点：

① 结合键主要是离子键、共价键和二者的混合键；

② 硬度高、脆性大、韧性低、抗压而不抗拉；

③ 熔点高，具有优良的耐高温和化学稳定性；

④ 自由电子少，一般导热性和导电性较差；

⑤ 化学稳定性高，耐化学腐蚀性好；

⑥ 耐磨损。

此外，水泥的胶凝性能、玻璃的光学性能、耐火材料的防热隔热性能都是金属材料和高分子材料无法企及的。但它与金属材料相比，缺少延展性，属于脆性材料；它与高分子材料相比，密度较大，制造工艺较复杂。新型的无机非金属材料可以体现出更多的特点和优势，比如高温氧化物的高温抗氧化特性、铁氧体的磁学性质、光导纤维的光传输性质、金刚石的超硬性质、导体材料的导电性质、光电材料的光电效应、热敏材料的热电效应等。

5.2 无机非金属材料的结构

5.1.2 节介绍了无机非金属材料的化学键特点，其具有比金属键和纯共价键更强的离子键和混合键。这种化学键所特有的高键能、高键强度赋予这一大类材料以高熔点、高硬度、耐腐蚀、耐磨损、高强度和良好的抗氧化性等基本属性，以及宽广的导电性、隔热性、透光性及良好的铁电性、铁磁性和压电性。在晶体结构上，无机非金属的晶体结构远比金属复杂，并且没有自由的电子。

5.2.1 离子晶体

当电离能较小的金属原子与电子亲和能较大的非金属原子在相互靠近时，前者会失去价电子形成正离子，后者会获得电子生成具有稳定电子结构的负离子。正负离子之间除了静电相互吸引作用外，还有电子云重叠产生的相互排斥作用，当两种作用达到平衡时，离子之间就形成了稳定的化学键，即离子键。离子键既没有方向性，也没有饱和性。没有方向性指的是正负离子在任意方向上对带相反电荷离子的吸引能力是等同的，没有饱和性指的是一个离子可以同时和几个异号离子相结合。

由正、负离子按一定比例通过离子键结合就形成了离子晶体，它在无机非金属材料中占有重要地位。1928 年 Pauling 根据离子晶体的特点，对其结构与化学组成的关系进行归纳总结，概括出 5 条基本规则，这就是著名的 Pauling 规则。Pauling 规则适用于大多数离子晶体，但不完全适用于过渡元素化合物的离子晶体，更不适用于非离子晶体，这些晶体的结构还需要通过晶体场、配位场等理论加以阐明。

（1）Pauling 第一规则——配位多面体规则

通常情况下，负离子比正离子的半径大，因此 Pauling 第一规则指出，在离子晶体中，在正离子周围形成一个负离子配位多面体，负离子作紧密堆积，正离子填充在负离子形成的多面体空隙中，正负离子之间的距离取决于离子半径之和，正离子的配位数取决于离子半径之比，该规则也称为配位多面体规则。当晶体结构中正负离子之间的平衡距离等于正负离子半径之和时，体系的能量最低，晶体处于最稳定状态。半径越大的正离子周围能容纳更多的负离子，因此正负离子半径比值越大，配位数就越高，表 5-1 列出了配位多面体构型与正负离子半径比 r_+/r_- 之间的关系。

表 5-1　阴离子配位多面体与 r_+/r_- 的关系

配体多面体构型	阴离子配位数	r_+/r_-
三角形	3	0.15～0.22
四面体	4	0.22～0.41
八面体	6	0.41～0.73
立方体	8	>0.73

（2）Pauling 第二规则——电价规则

Pauling 第二规则指出，在稳定的离子晶体结构中，每一个负离子电荷数等于所有相邻正离子分配给该负离子的静电键强度的总和，该规则也称为电价规则，其中静电键强度是指正离子的形式电荷数与其配位数的比值，通常用 S 表示。电价规则对于判断晶体的稳定性和配位多面体的连接方式十分重要。例如，MgO 晶体是 NaCl 型结构，Mg^{2+} 的配位数是 6，它的静电强度 $S=2/6=1/3$，O^{2-} 的配位数也是 6，周围 6 个 Mg^{2+} 的静电键强度总和为 $6\times 1/3=2$，与 O^{2-} 的电价数相等，故晶体结构是稳定的。又如，CaF_2 晶体中，Ca^{2+} 的配位数是 8，它的静电强度 $S=2/8=1/4$，F^- 的配位数是 4，周围 4 个 Ca^{2+} 的静电键强度总和为 $4\times 1/4=1$，与 F^- 的电价数相等，故也是稳定的晶体结构。

（3）Pauling 第三规则——负离子多面体共顶、共棱、共面规则

Pauling 第三规则指出，在一个配位多面体结构中，共用棱，特别是共用面的连接方式会降低结构的稳定性。该效应在高电价、低配位数的正离子形成的配位多面体中更为显著。配位多面体中可能存在的连接方式有共顶、共棱和共面三种（图 5-1），当采取共棱或共面连接时，正离子的距离缩短，正离子之间的排斥力增大，从而使晶体结构整体的稳定性下降，而共顶连接形成的结构较为稳定。例如对于两个四面体而言，采用共棱、共面连接时的中心距离分别为共顶连接的 58% 和 33%；对于两个八面体而言，采用共棱、共面连接时的中心距离分别为共顶连接的 71% 和 58%。

(a) 四面体共顶　(b) 四面体共棱　(c) 四面体共面　(d) 八面体共顶　(e) 八面体共棱　(f) 八面体共面

图 5-1　四面体或八面体相互连接情况

（4）Pauling 第四规则——不同种类正离子配位多面体间连接规则

Pauling 第四规则指出，在含有多种正离子的晶体中，电价高、配位数低的正离子所形成的配位多面体之间，趋向于互不连接。该规则实际上是 Pauling 第三规则的延伸，即高电价、低配位数的正离子形成的配位多面体不直接连接，而是被其他正离子配位多面体隔开，能够增加结构的稳定性。

（5）Pauling 第五规则——节约规则

Pauling 第五规则指出，在同一晶体中，组成不同的结构单元的数目趋向于最少，此规则也称为节约规则。也就是说，一个晶体结构中一切化学性质相似的离子，其周围环境尽可能相同。这主要是由于组成不同的结构单元有各自的周期性和规则性，同时存在时会相互干扰，不利于形成稳定的晶体结构。

5.2.2 原子晶体

为了达到稳定的电子饱和状态，相邻原子之间通过共同使用它们的价电子而形成的化学键叫作共价键。与离子键不同的是，共价键具有方向性和饱和性，并且由于形成共价键的原子并没有获得或失去电子，它们对外不显示电荷。

相邻原子间以共价键相结合形成的具有空间立体网状结构的晶体称为原子晶体。由于共价键具有方向性和饱和性，所以原子晶体中原子的配位数比离子晶体中的少，并且服从 $8-N$ 法则（N 为原子的价电子数），也就是说晶体结构中每个原子可形成 $8-N$ 个键。常见的原子晶体是元素周期表中 IVA 族元素的一些单质和某些化合物，例如金刚石、单质硅、SiO_2、SiC 等。

5.2.3 典型的晶体结构

典型的无机非金属材料的晶体结构有金刚石和石墨的晶体、二元离子晶体和多元离子晶体等，它们具有不同的结构特征。硅酸盐晶体也是其中的一种，由于其结构较为复杂在下一节单独进行讨论。

5.2.3.1 单质碳的晶体结构

（1）金刚石结构

金刚石结构又称为金刚石立方晶体结构，原型是金刚石。金刚石的晶胞如图 5-2 所示，该结构可以看作是在面心立方晶体结构中的原子加上体对角线上 1/4 处互不相邻的 4 个原子形成的，其中每个原子与邻近原子通过 4 个共价键形成正四面体，达到稳定结构。此类结构也可以看成是一种由两套面心立方点阵沿立方晶胞的体对角线偏移 1/4 单位嵌套而成的晶体结构（其中 8 个顶角和 6 个面心的质点属于一套，体内的 4 个质点属于另一套）。除金刚石外，硅、锗、灰锡（α-Sn）等也具有金刚石结构。

（2）石墨结构

石墨具有二维层状结构，属六方晶系。如图 5-3 所示，同层的碳原子以 sp^2 杂化和邻近的三个碳原子形成三个共价单键，并排列成平面六角的网状结构，这些网状结构以范德瓦耳斯力形成层状排列，鉴于它特殊的成键方式，普遍认为石墨是一种混合晶体。同一平面内的碳原子还各剩下一个未成键电子可在层内移动，与金属中的自由电子类似，因此，平行于碳原子层方向具有良好的导电性。与石墨具有相同结构类型的还有人工合成六方氮化硼（h-BN）等。

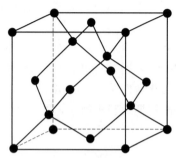
图 5-2 金刚石的晶胞图

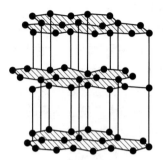
图 5-3 石墨的晶体结构

（3）富勒烯

富勒烯是碳的一类空间有限的笼状结构的总称，包括由 60 个碳原子组成的 C_{60}、70 个碳原子组成的 C_{70} 等。以 C_{60} 为例，它是具有 12 个五元环、20 个六元环和 60 个连接点的球型分子，因此又被称为足球烯。如图 5-4 所示，C_{60} 的分子结构可以看作在正二十面体每条边的约 1/3 处平截 12 个顶角后，在新的顶角位置放 60 个碳原子形成的球型三十二面体，对称性很高。C_{60} 的成键特征比金刚石和石墨复杂，球状表面的弯曲效应和五元环的存在，会对杂化轨道的性质产生影响。C_{60} 中的碳原子以两个单键和一个双键彼此相连，其中所有形成五边形环的键为单键，其余相邻两个六边形环之间的键为双键，因此单键一共有 60 个，双键一共有 30 个。C_{60} 晶体是靠范德瓦耳斯力把 C_{60} 分子结合在一起的，因此 C_{60} 晶体是一种分子晶体。

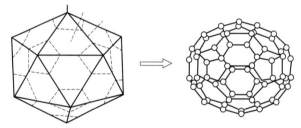
图 5-4 C_{60} 结构（正二十面体截去顶角后在每个顶点位置放入一个碳原子）

5.2.3.2 二元离子晶体结构

大部分的二元化合物晶体结构都是基于负离子的准紧密堆积，而正离子填充四面体或八面体间隙形成的。下文将对其中的 CsCl、NaCl、立方 ZnS、六方 ZnS、萤石和反萤石、TiO_2 型结构进行介绍。

（1）CsCl 型

如图 5-5 所示，CsCl 型结构中正负离子均作简单立方堆积，且彼此成为对方立方体的体心，两种离子配位数均为 8。这种晶体结构也可以看作正负离子各一套简单立方格子沿晶胞的体对角线移动 1/2 长度穿插而成。属于 CsCl 型结构的晶体还有 CsBr、CsI、NH_4Cl 等。

（2）NaCl 型

NaCl 型结构也称为岩盐结构，是较常见的二元离子化合物结构，通常以 NaCl 作为代表。如图 5-6 所示，该结构中的负离子按面心立方进行紧密堆积，而正离子则填充全部八面体空隙，同样形成正离子的面心立方阵列，两种离子配位数均为 6。自然界有几百种化合物都属于 NaCl 型结构，比如 MgO、CaO、SrO 等氧化物；TiN、LaN、ScN 等氮化物；TiC、VC、ScC 等碳化物；KCl、NaBr、NaI 等碱金属卤化物；Na_2S、K_2S、CaS 等碱金属硫化物。

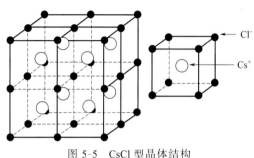

图 5-5 CsCl 型晶体结构   图 5-6 NaCl 型晶体结构

（3）立方 ZnS 型

立方 ZnS 型结构也称为闪锌矿型结构。如图 5-7 所示，该结构中的负离子作面心立方堆积，正离子占据一半的四面体空隙（面心立方晶格中有 8 个四面体空隙，其中 4 个填入正离子），即交错填充于 8 个小立方体体心，正负离子配位数均为 4。整个结构也可以看作正负离子各一套面心立方格子沿体对角线方向位移 1/4 长度穿插而成的，最终每个离子与邻近的四个离子构成正四面体。如果将其中所有的正负离子都换成碳原子，就是金刚石结构。

（4）六方 ZnS 型

六方 ZnS 型结构也称为纤锌矿型结构，属六方晶系。如图 5-8 所示，该结构中的负离子按六方最紧密堆积方式排列，而正离子填入半数的四面体间隙中，正负离子配位数均为 4。整个结构也可以看作是由正负离子各一套六方格子穿插而成的。立方 ZnS 和六方 ZnS 两种结构中的化学键性质相同，都是离子键向共价键过渡，具有一定的方向性，主要区别在于原子堆积方式不同。

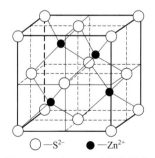

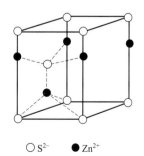

图 5-7 立方 ZnS 型晶体结构   图 5-8 六方 ZnS 型晶体结构

以上讨论的都是 MX 型二元化合物的晶体结构，CsCl、NaCl 和 ZnS 中正负离子的半径比是逐渐下降的。CsCl 和 NaCl 是典型的离子晶体，其中离子的配位关系是符合 Pauling 规则的，但是在两种 ZnS 晶体结构中的化学键已不完全是离子键。因此晶体结构的类型不仅与离子半径比值有关，还与晶体中连接离子或原子的化学键类型有关。

（5）萤石和反萤石型

萤石型结构的代表化合物是 CaF_2，所以也称为 CaF_2 型结构，属于面心立方点阵。如图 5-9 所示，该结构中的负离子作简单立方堆积，正离子数量是负离子的一半，所以填充可利用的负离子六面体中心位置的一半；也可以看作正离子形成面心立方结构，负离子填充在正离子形成的四面体空隙中。每个晶胞中含有 4 个正离子和 8 个负离子，每个正离子与 8 个负离子配位，每个负离子与 4 个正离子配位。具有萤石型结构的氧化物有 ThO_2、CeO_2、UO_2 等。

如果负离子位于面心立方结构的结点位置，而正离子占据所有的四面体间隙，这样的结构中正、负离子的配置与正常的萤石型结构正好相反，因此称为反萤石型结构，具有这种结构的氧化物有 Li_2O、Na_2O、K_2O 等。

（6）TiO_2 型

TiO_2 型结构也称为金红石型结构。如图 5-10 所示，该结构中的负离子作变形的六方堆积，正离子填在它的准八面体空隙中。晶胞上下底面的面对角线方向各有 2 个负离子，在晶胞半高的另一个面对角线方向也有 2 个负离子，而正离子处于晶胞顶点及体心位置。正离子的配位数是 6，负离子的配位数是 3，晶胞中正负离子比为 1∶2。一些过渡金属氧化物 TiO_2、VO_2、MnO_2 等都是金红石结构。

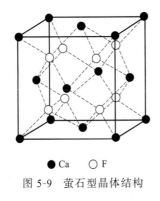

● Ca ○ F

图 5-9　萤石型晶体结构

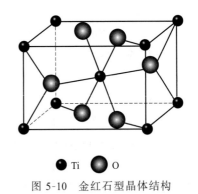

● Ti　 O

图 5-10　金红石型晶体结构

5.2.3.3　多元离子晶体结构

在多元离子晶体结构中，负离子通过紧密堆积形成多面体，而多面体的空隙由超过一种的正离子进行填充。下文将介绍较为常见的两种多元离子晶体结构：钙钛矿型结构和尖晶石型结构。

（1）钙钛矿型

钙钛矿型结构的化学通式为 ABX_3，其中 A 和 B 是金属离子，X 通常为 O，由此组成一种复合氧化物结构。以 $CaTiO_3$ 为例，其结构如图 5-11 所示，Ca^{2+} 与 O^{2-} 一起构成面心立方结构，Ca^{2+} 周围有 12 个 O^{2-}，每个 O^{2-} 被 4 个 Ca^{2+} 包围，而半径较小的 Ti^{4+} 填充于由 O^{2-} 形成的八面体空隙中，被 6 个 O^{2-} 包围。除了 $CaTiO_3$ 之外，这类晶体还包括 $BaTiO_3$、$NaWO_3$、$CaSnO_3$ 等。

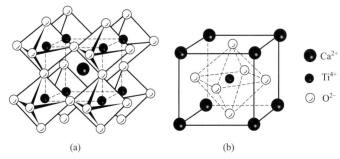

图 5-11 钙钛矿型晶体结构

（2）尖晶石型

尖晶石型结构的化学通式为 AB_2X_4，通常 A 和 B 分别是二价和三价金属离子，X 通常为 O，典型代表是 $MgAl_2O_4$，也属于复合氧化物。如图 5-12 所示，这类结构的晶胞可分成 8 个小立方体，这些小立方体按质点排列的不同可分为图中的 X 和 Y 两种，两种方块交错排列，相同类型的方块共棱而不共面。由于 O^{2-} 作面心立方最紧密堆积，晶胞中有 64 个四面体空隙和 32 个八面体空隙，X 小方块中正离子 A 占据四面体空隙的 1/8，即 8 个 A 位；Y 小方块中正离子 B 占据八面体空隙的 1/2，即 16 个 B 位。还有一种反尖晶石型结构，与尖晶石型结构相比，是正离子 A 与半数的正离子 B 位置互换，即结构中所有的正离子 A 和一半的正离子 B 占据八面体空隙，另一半正离子 B 占据四面体空隙。磁铁矿即属于反尖晶石结构，它是二价铁与三价铁的复合氧化物。

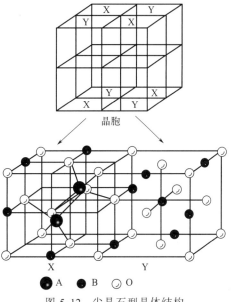

图 5-12 尖晶石型晶体结构

5.2.4 硅酸盐结构

硅和氧是地壳中最丰富的两种元素，硅酸盐是构成地壳的主要物质，同时也是生产水泥、陶瓷、玻璃、耐火材料的主要原料。硅酸盐中的 Si—O 键有共价键成分，并非纯离子键，所以硅酸盐结构不同于一般的离子晶体。

硅酸盐的基本结构单元是［SiO_4］四面体，硅原子位于氧原子形成的四面体间隙中。这些四面体可以孤立存在，也可以通过氧原子共顶连接，而每个氧原子最多只能被两个四面体共用。这个共用的氧原子与两个硅原子键合，最外层电子数为 8，称为桥氧。其余的氧原子称为非桥氧，只与一个硅原子结合。桥氧的数量可以反映氧和硅原子的比例，例如桥氧数量为 4 时 O/Si 的值为 2，也就是 SiO_2。［SiO_4］四面体连接方式的改变会形成不同的硅酸盐结构，表 5-2 列出了不同桥氧数量和 O/Si 值对应的硅酸盐晶体结构类型，下文将简单介绍其中的岛状和链状结构。

表 5-2 硅酸盐晶体结构类型

结构类型	桥氧	O/Si	形状	负离子单元	实例
岛状	0	4	四面体	$[SiO_4]^{4-}$	镁橄榄石 Mg_2SiO_4，Li_4SiO_4
成对	1	3.5	双四面体	$[Si_2O_7]^{6-}$	硅钙石 $Ca_3[Si_2O_7]$
环状	2	3	三元环	$[Si_3O_9]^{6-}$	蓝锥矿 $BaTi[Si_3O_9]$
			四元环	$[Si_4O_{12}]^{8-}$	斧石 $Ca_2Al_2(Fe,Mn)BO_3[Si_4O_{12}](OH)$
			六元环	$[Si_6O_{18}]^{12-}$	绿宝石 $Be_3Al_2[Si_6O_{18}]$
链状	2	3	单链	$[Si_2O_6]^{4-}$	透辉石 $CaMg[Si_2O_6]$
	2和3	2.75	双链	$[Si_4O_{11}]^{6-}$	透闪石 $Ca_2Mg_5[Si_4O_{11}]_2(OH)_2$
层状	3	2.5	平板层	$[Si_4O_{10}]^{4-}$	叶蜡石 $Al_2[Si_4O_{10}](OH)_2$
架状	4	2	网络	$[SiO_2]$	石英 SiO_2
				$[Al_xSi_{4-x}O_8]^{x-}$	钠长石 $NaAlSi_3O_8$

（1）岛状结构

岛状硅酸盐中，$[SiO_4]$ 四面体以孤岛状存在，各顶点之间并不互相连接，即桥氧数量为零，结构中 O/Si 值为 4。每个 O^{2-} 一侧与 1 个 Si^{4+} 连接，另一侧与其他金属离子相配位使电价平衡。岛状硅酸盐晶体的代表性矿物是镁橄榄石 Mg_2SiO_4，它的结构如图 5-13 所示。其中 O^{2-} 近似于六方最紧密堆积排列，Si^{4+} 填于 1/8 的四面体空隙中，Mg^{2+} 填于 1/2 的八面体空隙中。每个 $[SiO_4]$ 四面体被 $[MgO_6]$ 八面体所隔开，呈孤岛状分布。

（2）链状结构

$[SiO_4]$ 四面体通过共用的氧离子相连接，可以形成向一维方向无限延伸的链，依照硅氧四面体所含桥氧数目的不同，分为单链和双链两类。如图 5-14 所示，如果每个 $[SiO_4]$ 四面体通过共用两个顶点向一维方向无限延伸，则形成以 $[Si_2O_6]$ 为结构单元的单链；两条相同的单链通过尚未共用的氧组成带状，形成以 $[Si_4O_{11}]$ 为结构单元的双链，此时桥氧的数目为 2 和 3 相互交错。

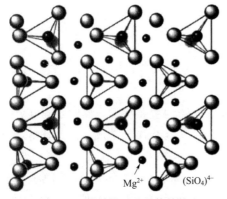

图 5-13 镁橄榄石的晶体结构

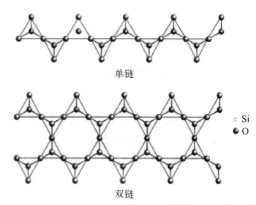

单链

双链

○ Si
● O

图 5-14 链状硅酸盐结构

5.2.5 非晶态结构和熔体

相对于晶体结构而言，非晶态结构中的质点排列具有不规则性。事实上大部分非晶态结构中的原子（或分子）在空间排列时只是不呈现周期性或平移对称性，即其长程有序性受到破坏；然而在小于几个原子间距的范围内，原子间仍然保持着形貌、键型和组分的规则有序特征，即仍存在短程有序性。玻璃是典型的非晶态材料，玻璃态可以看成是保持类玻璃特性的固体状态，指组成原子不存在结构上的长程有序或平移对称性的一种无定形固体状态，这种非晶态结构特征决定了玻璃具有与晶体材料不同的物理、化学性能。

熔体是指加热到较高温度才能液化的物质的液体，是介于气体和晶体间的一种物质状态。当液体温度接近汽化点时与气体接近，在稍高于熔点时与晶体接近。熔体是由晶体在高温分化的聚合体构成的，其结构特点是内部存在着近程有序区域。熔体内部聚合体的种类、大小和数量随熔体的组成和温度而变化。

5.3 无机非金属材料的性能

不同材料由于组成和结构不同，往往在性能上具有很大的差异。下文中将以水泥、陶瓷、玻璃为例介绍无机非金属材料的性能。

5.3.1 水泥的性能

凡能在物理、化学作用下，从浆体变成坚固的石状体，并能胶结其他物料，具有一定机械强度的物质，统称为胶凝材料。其中只能在空气中硬化而不能在水中硬化的材料称为非水硬性胶凝材料，如石灰、石膏等；既能在空气中硬化又能在水中硬化的材料称为水硬性胶凝材料，水泥就是一种多矿物、多组分、结构复杂的水硬性胶凝材料。水泥按其主要水硬性物质可以分为硅酸盐水泥（主要水硬性物质是硅酸钙）、铝酸盐水泥（主要水硬性物质是铝酸钙）、硫铝酸盐水泥（主要水硬性物质是硫铝酸钙）等，它们的性能各异，如铝酸盐水泥凝结速度快、硫铝酸盐水泥硬化后会体积膨胀等。建筑工程中使用最多的水泥是硅酸盐水泥，因此我们接下来以硅酸盐水泥为例来介绍水泥的性能。

（1）水化和硬化

硅酸盐水泥中的熟料成分主要有硅酸三钙（$3CaO \cdot SiO_2$）、硅酸二钙（$2CaO \cdot SiO_2$）、铝酸三钙（$3CaO \cdot Al_2O_3$）、铁铝酸四钙（$4CaO \cdot Al_2O_3 \cdot Fe_2O_3$），加水后的凝结、硬化是一个很复杂的物理化学反应过程，首先水泥微粒表面成分发生水化、水解反应：

$$3CaO \cdot SiO_2 + nH_2O \longrightarrow 2CaO \cdot SiO_2 \cdot (n-1)H_2O + Ca(OH)_2$$
$$2CaO \cdot SiO_2 + mH_2O \longrightarrow 2CaO \cdot SiO_2 \cdot mH_2O$$
$$3CaO \cdot Al_2O_3 + 6H_2O \longrightarrow 3CaO \cdot Al_2O_3 \cdot 6H_2O$$
$$4CaO \cdot Al_2O_3 \cdot Fe_2O_3 + 7H_2O \longrightarrow 3CaO \cdot Al_2O_3 \cdot 6H_2O + CaO \cdot Fe_2O_3 \cdot H_2O$$

硅酸盐水泥与水反应主要形成四个化合物：氢氧化钙、含水硅酸钙、含水铝酸钙及含水铁酸钙，它们共同决定水泥硬化过程特性变化。水泥凝结硬化过程大致分为三个阶段：溶解水化期、胶化期和结晶期。水泥水化初期是水泥微粒表面形成水化膜，水化产物层不断增厚，其中包含较多胶体尺寸的晶体结构。随着水化反应的不断进行，各种水化产物逐渐填满原来由水所占据的空间，固体粒子逐渐接近，水泥水化硬化。硬化水泥浆体是由无数钙矾石的针状晶体和多种形貌的水化硅酸钙，再夹杂着六方板状的氢氧化钙和单硫型水化硫铝酸钙等晶体交织在一起而形成的，它们密集连生、交叉结合，又受到颗粒间的范德瓦耳斯力或化学键的影响，硬化水泥浆就成为由无数晶体编织而成的"毛毡"，具有强度。水泥硬化后初期，生成的游离氢氧化钙微溶于水，通过吸收空气中二氧化碳，反应生成难溶性碳酸钙坚硬外壳，可阻止内部氢氧化钙继续溶解。

（2）体积安定性

水泥的体积安定性是指水泥在凝结硬化过程中，体积变化的均匀性。如水泥在凝结硬化后产生了剧烈的不均匀的体积变化，则会使水泥制品发生翘曲、开裂甚至溃裂，造成严重的质量事故，这种现象称为体积安定性不良。熟料中所含的游离氧化钙、游离氧化镁或石膏掺入量过多都会造成体积安定性不良。我国标准中明确规定，安定性不良的水泥应作为废品处理，严禁出厂。

（3）凝结时间

水泥从加水开始到失去流动性，即从流体状态发展到较致密的固体状态，这个过程所需要的时间称为凝结时间。水泥的凝结时间又分为初凝时间和终凝时间，从水泥开始加水到开始失去可塑性的时间称为初凝时间，从加水开始到水泥浆完全失去可塑性并开始产生强度的时间称为终凝时间。水泥的凝结时间对水泥的使用意义重大，水泥的初凝时间不宜过短，以便施工时有足够的时间完成混凝土和砂浆的搅拌、运输和砌筑等操作；终凝时间也不宜太长，否则会妨碍工程进度，降低工程施工的工作效率。为此，国家标准规定，硅酸盐水泥的初凝时间不得短于45min，终凝时间不得长于390min。

（4）需水量

水泥的需水量是指水泥为获得一定稠度时所需的水量，为了使水泥凝结时间和体积安定性的测定具有准确的可比性，规定水泥净浆处于一种特定的可塑状态，称为标准稠度。而标准稠度用水量是指将水泥调制成标准稠度的净浆所需的水量，以占水泥质量的比例表示。国家标准规定用标准稠度测定仪测定水泥净浆标准稠度的需水量，硅酸盐水泥的标准稠度需水量一般为25%～28%。

（5）强度

水泥强度是硬化的水泥石能够承受外力破坏的能力，它既是评定水泥质量的主要参数，又是选用水泥、配制混凝土的重要依据。根据受力的形式不同，水泥强度通常分抗压、抗拉、抗折三种形式。强度的测定方法有硬练法和软练法，前者是干硬性成形，后者是塑性成形，我国标准规定采用软练法测定水泥强度。影响水泥强度的因素很多，如熟料的矿物组成、煅烧程度、冷却速度、水泥细度、需水量、环境温度、湿度、外加剂以及贮存时间和条件等。

（6）水化热

水泥在水化过程中所放出的热量，称为水泥的水化热。当建筑物结构断面较小时，水泥水化时所放出的热量通常会迅速散失到周围的空间，不会使混凝土温度显著升高。然而在断面大的结构物中，大量的水化热可能积蓄在混凝土的内部，致使其内部的温度升高，从而对混凝土的结构造成严重损害，对混凝土的寿命也会产生较大影响。因此降低混凝土内部的发热量，是保证大体积混凝土质量的重要因素。

（7）耐久性

水泥混凝土的耐久性是指混凝土在长期外界因素作用下，抵抗外部和内部不利影响的能力。硅酸盐水泥硬化后，在通常的使用条件下一般可以有较好的耐久性。影响耐久性的因素虽然很多，但抗渗性、抗冻性以及对环境介质的抗蚀性是衡量硅酸盐水泥耐久性的三个主要方面。水泥中主要是氢氧化钙和铝酸三钙导致水泥的腐蚀性，氢氧化钙在动态淡水中会发生溶出性腐蚀，在酸中也会发生腐蚀。矿渣硅酸盐水泥，是在硅酸盐水泥中加入矿渣取代部分水泥熟料，从而减少易腐蚀的成分（氢氧化钙和铝酸三钙）含量。另外，矿渣粉末中含有活性成分，在碱性环境中会产生二次反应，这个过程中也降低了氢氧化钙的含量，提高了水泥的抗腐蚀性能。

5.3.2　陶瓷的性能

从广义上讲，陶瓷是指除有机和金属材料之外的所有其他材料，即全部无机非金属材料；从狭义上讲，陶瓷是用天然或合成化合物经过成形和高温烧结制成的一类无机非金属材料，此处所述的陶瓷是指后者。

（1）硬度

陶瓷及矿物材料常用划痕硬度反映材料抵抗破坏的能力，这种硬度称为莫氏硬度，它是一种相对硬度，选用10种自然矿物作标准（滑石的莫氏硬度为1，金刚石为10），硬度顺序不表示某矿物硬度值的绝对大小，只表示硬度顺序高的矿物可以刻画顺序低的矿物，其他矿物的硬度是与标准矿物互相刻画相比较来确定的。陶瓷材料的硬度取决于其组成和结构，离子半径较小，离子电价越高，配位数越大，结合能就越大，抵抗外力摩擦、刻画和压入的能力也就越强，所以硬度就较大。陶瓷材料的纤维组织、裂纹、杂质等都对硬度有影响。当温度升高时，硬度将下降。

（2）脆性断裂与强度

脆性是无机非金属材料的共同弱点，陶瓷的脆性直观表现为在外加负荷下发生无先兆的、暴发的断裂，间接表现是抗机械冲击性和温度急变性差。一般认为脆性断裂就是材料在受力后，将在低于其本身结合强度的情况下作应力再分配，当外加应力的速率超过应力再分配的速率时，就发生断裂。材料呈现出的脆性并不是绝对的，而是和材料的组分、结构、受力条件和环境等因素有关。

陶瓷材料的强度是其抵抗外加负荷的能力，具有十分重要的实际意义，是设计和使用陶瓷材料的一项重要指标。陶瓷的抗压强度较高，但抗拉强度较低，这一方面取决于受力状态、温度条件和环境介质，更主要的是取决于它的组织结构和微观缺陷等因素。

（3）其他性能

① 热学性能

耐热性：氧化铝、氧化锆、碳化硅等熔点高、耐腐蚀，可制作陶瓷发动机部件或其他耐高温陶瓷材料。

隔热性：大多数陶瓷具有优良的隔热性，可作绝热材料和高温炉壁等。

导热性：氧化铝和碳化硅陶瓷导热性好，可作超大规模集成电路基板等。

② 光学性能

透光性：氧化铝、氧化镁、氧化钇、氧化铟等陶瓷可制作电光源发光管、透明电极等。

偏光透光性：锆钛酸铅镧陶瓷（PLZT）具有偏光透光性，可制作光开关、护目镜等。

③ 电学和磁学性能

绝缘性：许多陶瓷具有优良的绝缘性，可用来制作电气元件。

导电性：氧化锆和碳化硅陶瓷等可用以制作磁流体发电电极、电阻发热体等。

离子导电性：β-氧化铝陶瓷和氧化锆陶瓷可用作固体电解质和敏感元件。

压电性：锆钛酸铅陶瓷（PZT）等可用作点火元件、压电换能器和滤波器等。

介电性：钛酸钡陶瓷可作电容器。

磁性：$(Ba,Sr)O_6Fe_2O_3$ 和 $(Fe,Zn,Mn,Co)_2O_3$ 等铁氧体陶瓷为常用的永磁材料和软磁材料。

④ 生物和化学性能

生物体相容性：氧化铝陶瓷和磷灰石陶瓷可用于制造人造骨骼、关节和牙齿等。

耐化学腐蚀性：氧化铝、氧化锆、碳化硅、氮化硅、氮化硼等陶瓷具有优良的耐酸碱等化学物质侵蚀性能，可制作耐腐蚀的化学反应器。

5.3.3 玻璃的性能

玻璃一般是由多种无机矿物（如石英砂、石灰石、长石、纯碱等）为主要原料在高温下形成的熔融物冷却、硬化而得到的非晶态固体。玻璃的主要成分是二氧化硅，加入其他氧化物可以降低其熔点。有趣的是，自然界的二氧化硅是以非玻璃质的晶体状态存在的，这种天然的二氧化硅晶体在砂石和石英砂中广泛存在。可是，当以石英砂为主要原料，加热熔化制成的玻璃从液态冷却时，却会变得越来越黏稠，转变为一种软而具有可塑性的固体，最后变成又硬又脆的非晶体。由于玻璃的结构与晶体有本质的区别，故玻璃具有许多不同于晶体的特性，主要表现在：

① 各向同性。均质玻璃体各个方向的性质，如折射率、硬度、弹性模量、热膨胀系数等都是相同的，玻璃的各向同性是其内部质点无序排列而呈现统计均质结构的外在表现。

② 介稳性。由于玻璃在冷却过程中黏度急剧增大，质点来不及作形成晶体的有规则排列，系统的内能尚未处于最低值，从而处于介稳状态。

③ 无固定熔点。玻璃在固态和熔融态间的转化是渐变的、可逆的，没有固定的熔点。

④ 性质变化的连续性和可逆性。玻璃体由熔融态冷却变成固体或加热时相反的转变过程中，物理、化学性质随温度和组成的变化是连续的。

广义的玻璃包括无机玻璃、有机玻璃、金属玻璃等；狭义的玻璃仅指无机玻璃，最常见的是硅酸盐玻璃，即基本成分为 SiO_2 的玻璃，此处只讨论硅酸盐玻璃的性能。

（1）密度

玻璃密度取决于构成玻璃的原子的质量以及玻璃结构网络的紧密程度和网络空隙的填充情况。生产上常通过测定玻璃的密度来监控玻璃成分的变化。玻璃的密度除了与其组成有关之外，还会受到温度的影响。当温度低于玻璃的转变温度 T_g 时，温度升高玻璃的密度略有下降；温度高于 T_g 时，玻璃的密度显著下降。另外，从高温急冷所得的玻璃因继承了玻璃熔体高温下的松散、开放结构，其密度较慢冷或退火玻璃小。冷却速率越大，玻璃密度越小。

（2）热学性质

玻璃主要的热学性质包括热膨胀系数和热稳定性。

玻璃的热稳定性是指玻璃受急剧的温度变化而不被破坏的能力，通常会受到玻璃制品的厚度、比热、热导率、密度、强度、弹性模量、热膨胀系数等因素影响。

玻璃热膨胀系数是指单位温度变化导致的玻璃长度或体积值的变化，有线膨胀系数 α 和

体膨胀系数 β 之分，$\beta \approx 3\alpha$。玻璃的热膨胀系数与玻璃的退火、玻璃封接、玻璃的热稳定性密切相关。当温度低于 T_g 时，热膨胀随温度升高呈线性增长，当温度高于 T_g 时，热膨胀急剧增大。通常玻璃的热膨胀系数就是由温度低于 T_g 时的热膨胀量来确定的，线性阶段的斜率就是热膨胀系数。

（3）力学性能

玻璃的机械强度是指玻璃在受力过程中，从开始加载到断裂为止，所能承受的最大应力值。按照受力情况的不同，分为抗压强度、抗张强度、抗折强度、抗冲击强度等。玻璃的抗压强度一般要比抗张或抗折强度大一个数量级。影响玻璃强度的因素包括内因和外因两个方面，内因主要包括玻璃的组成、玻璃的宏观与微观缺陷，外因主要包括玻璃的使用环境（如温度、湿度）、加载方式和试样的尺寸。

按莫氏硬度表来算，一般玻璃的硬度在 5～7 之间，玻璃的硬度主要取决于其内部化学键的强度和离子的配位数。

玻璃的脆性是指当负荷超过玻璃的极限强度时，不产生明显的塑性变形而立即破裂的性质，常用抗冲击强度或抗压强度与抗冲击强度之比来表示。玻璃的脆性与玻璃的成分、宏观均匀性、热历史、试样的形状与厚度等有关。

（4）其他性能

玻璃是一种高度透明的物质，如普通平板玻璃，能透过可见光线的 80%～90%。玻璃的光学性质包括玻璃对光的反射、吸收和透过。

常温下玻璃是电的不良导体，而温度升高时，玻璃的导电性迅速提高。

玻璃的化学性质比较稳定，玻璃的耐酸腐蚀性较高，而耐碱腐蚀性较差。酸（HF 除外）本身不与玻璃直接反应，它对玻璃的侵蚀首先开始于酸溶液中水对玻璃的侵蚀；而碱中的 OH^- 可以破坏玻璃的网络骨架，所以碱对硅酸盐玻璃的侵蚀较为严重。

5.4　无机非金属材料的制备

无机非金属材料在受力的时候只有很少的形变或没有形变发生。这种特性限定了不能采用常用的冶金或加工工艺过程来进行材料制备。由于无机非金属材料种类繁多，导致其生产工艺五花八门，同一生产过程中的作用机理也往往不同。为了便于研究无机非金属材料的制备方法，可以将其复杂的工艺过程分解为粉体制备、热处理、成形这几个基本工序的组合。如将粉体的制备过程以 P（Powder）来表示、热处理过程用 H（Heating）来表示、成形用 F（Forming）来表示，则生产工艺过程可以有 H-P-F（如水泥的制备）、P-H-F（如玻璃的制备）、P-F-H（如陶瓷的制备）等组合。下面将对这三个基本工序进行介绍。

5.4.1　无机非金属材料粉体的制备方法

粉体泛指所有不规则粉状物，是小于一定粒径的颗粒集合，因而不能忽视分子间的作用力。粒径是粉体最重要的物理性能，对粉体的比表面积、可压缩性、流动性和工艺性能有重要影响。粉体的制备方法一般可分为粉碎法（机械法）和合成法两种。

5.4.1.1　粉碎法

固体物料的粉碎实际上是在粉碎力的作用下，固体料块或颗粒发生变形，进而破裂的过程。物料的基本粉碎方式有压碎、剪碎、冲击粉碎和磨碎。工业上采用的粉碎设备，虽然技术设备不同，但粉碎机制大同小异，一般的粉碎作用都是这几种力的组合。物料颗粒在机械力作用下被粉碎时，还会导致物质结构及表面物理化学性质的变化。机械粉碎主要有球磨、振动磨、辊碾磨、高速旋转磨、气流粉碎等粉碎技术。机械粉碎法适合于粉碎大多数的陶瓷粉体，如石英、长石及氧化物、碳化物、氮化物等原料。

5.4.1.2 合成法

（1）固相法

固相法是通过一般的固相操作而完成粉体合成的一大类工艺方法。所谓固相操作主要指：初始原料中至少有一种是固态；产物颗粒是在固相表面生成而不是在气相或液相中成核长大的。下面将介绍两种主要的反应方法。

① 化合反应法：将两种或两种以上的固体粉末混合后置于一定热力学条件和气氛下进行化合反应形成化合物粉末的方法。如钛酸钡是经等摩尔的 $BaCO_3$ 和 TiO_2 混合粉末在一定条件下反应制得的，反应为：

$$BaCO_3 + TiO_2 \longrightarrow BaTiO_3 + CO_2$$

② 热分解法：利用固体原料的热分解而生成新固相的方法。常用作热分解原料的有碳酸盐、草酸盐、硫酸盐和氢氧化物，原料可以是天然矿物，但更多的是人工合成的化学试剂。如用硫酸铝铵分解制备 $\alpha\text{-}Al_2O_3$ 粉体，其分解过程为：

$$Al_2(NH_4)_2(SO_4)_4 \cdot 24H_2O \longrightarrow Al_2(SO_4)_3 \cdot (NH_4)_2SO_4 \cdot H_2O + 23H_2O$$

$$Al_2(SO_4)_3 \cdot (NH_4)_2SO_4 \cdot H_2O \longrightarrow Al_2(SO_4)_3 + 2NH_3 + SO_3 + 2H_2O$$

$$Al_2(SO_4)_3 \longrightarrow \gamma\text{-}Al_2O_3 + 3SO_3$$

$$\gamma\text{-}Al_2O_3 \longrightarrow \alpha\text{-}Al_2O_3$$

（2）液相法

液相法是指通过在液相中的化学反应，从液相中析出固相颗粒的一大类工艺方法。主要包括沉淀法、水热法、溶胶-凝胶法、水解法、电解法、氧化法、还原法、喷雾法、冻结干燥法等。下面将对前两种方法进行简单介绍。

① 沉淀法：在原料溶液中添加适当的沉淀剂，使得原料中的阳离子形成各种形式的沉淀，然后再经过滤、洗涤、干燥，有时还需加热分解等工艺过程制得纳米粉体的方法，可分为共沉淀法、化合物沉淀法和均匀沉淀法等。

a. 共沉淀法：所谓共沉淀，即溶液中所含的离子完全沉淀。从制备微粉的角度，希望溶液中的金属离子能同时沉淀，以获得组成均匀的沉淀物颗粒。但由于溶液中的沉淀生成条件因不同金属而异，让组成材料的多种离子同时沉淀十分困难。

b. 化合物沉淀法：溶液中的金属离子是以具有与配比组成相等的化学计量化合物的形式沉淀的方法。它可弥补共沉淀法的缺点，当沉淀颗粒的金属元素之比等于产物化合物的金属元素之比时，沉淀物可以达到在原子尺度上的组成均匀性。不过要得到最终产物，还需进行热处理，而且其组成均匀性可能由于加热过程中出现热稳定性不同的中间产物而受到影响。

c. 均匀沉淀法：为了避免直接添加沉淀剂而产生的体系局部浓度不均匀现象，均匀沉淀法是在溶液中加入某种物质，这种物质不会立刻与阳离子发生反应生成沉淀，而是在溶液中发生化学反应缓慢地生成沉淀剂。只要控制好沉淀剂的生成速度，就可避免浓度不均匀现象，使体系的过饱和度维持在适当的范围内，从而控制粒子的生长速度，制得粒度均匀的纳米粒子。

② 水热法：水热法一般指在高温高压水溶剂条件下的化学生成方法。其实质是利用高温高压的水溶液使那些在常温常压条件下不溶或难溶的物质溶解，或反应生成该物质的溶解产物，进而成核、生长，最终形成具有一定粒度和结晶形态的晶粒。水热法原理上是利用了许多化合物在高温和高压的水溶液中表现出与在常温下不同的性质（如溶解度增大，离子活度增强，化合物晶体结构易转型及氢氧化物易脱水等）。

（3）气相法

气相法是直接利用气体或者通过各种手段将物质变成气体，使之在气体状态下发生物理变化或化学反应，最后在冷却过程中凝聚长大形成粉体的方法。由气相制备粉体主要有两种方法：一种是系统中不发生化学反应的蒸发-凝聚法，另一种是气相化学反应法。

① 蒸发-凝聚法：是将原料加热至高温（用电弧或等离子流等加热），使之汽化成原子或分子，接着在较大温度梯度下急冷，凝聚成超微颗粒的方法。采用这种方法能制得颗粒直径在 $5 \sim 100nm$ 范围的超细粉体。该方法适于制备单一氧化物、复合氧化物、碳化物或氮化物的超细粉体。

② 气相化学反应法：是以挥发性金属卤化物、氢化物或有机金属化合物等蒸气为原料，进行气相热分解和其他化学反应来合成超细粉体的方法。它特别适合高熔点无机化合物超细粉的合成。

5.4.2　无机非金属材料的热处理过程

无机非金属材料工业所用原料具有稳定性和耐高温性，要使它们相互反应生成新的高度稳定的物质或使其形成熔融体，必须要在较高的温度下进行（一般都在 1000℃ 以上），因此大部分无机非金属材料的生产都有热处理过程。

尽管不同产品的加热方式和目的有所不同，如石灰石（$CaCO_3$）的煅烧是为了使其分解，得到活性的 CaO；水泥的煅烧是使石灰石和黏土等发生一系列物理、化学变化后，形成硅酸钙类水泥矿物；玻璃工业中的加热熔制是为了获得无气泡和结石的均一熔体；陶瓷的烧结是让黏土分解、长石熔化，然后和其他组分生成新矿物和液相，最后形成坚硬的烧结体。但是加热过程中所遵循的基本原理是相同的，如：热的传递，气体的流动，物质的传递，熔体、气体对炉体的侵蚀，等等。

其中，普通硅酸盐水泥制备时，以石灰石、黏土作为原料，在热处理的不同工艺阶段会发生以下化学反应，得到熟料，在熟料中加入少量石膏，用以调节水泥的凝结速度，即得到水泥制品：

$$CaCO_3 \xrightarrow{750 \sim 1000℃} CaO + CO_2 \uparrow$$

$$2CaO + SiO_2 \xrightarrow{1000 \sim 1300℃} 2CaO \cdot SiO_2（硅酸二钙）$$

$$3CaO + Al_2O_3 \xrightarrow{1000 \sim 1300℃} 3CaO \cdot Al_2O_3（铝酸三钙）$$

$$4CaO + Al_2O_3 + Fe_2O_3 \xrightarrow{1000 \sim 1300℃} 4CaO \cdot Al_2O_3 \cdot Fe_2O_3（铁铝酸四钙）$$

$$CaO \cdot SiO_2 + 2CaO \xrightarrow{1300 \sim 1400℃} 3CaO \cdot SiO_2（硅酸三钙）$$

玻璃的熔制也是一个非常复杂的过程，它包含一系列的物理、化学过程，根据原料在过程中的不同变化可以将玻璃的熔制过程分为硅酸盐形成、玻璃形成、玻璃液澄清、玻璃液均化和玻璃液冷却等五个阶段。硅酸盐的生成一般在熔制过程的初期加热阶段（800～900℃）进行。配合料入窑后，在高温下迅速发生一系列的变化过程，包括脱水、盐类分解、气体逸出、多晶转变、复盐生成、硅酸盐生成等，最终得到由硅酸盐和剩余二氧化硅组成的不透明烧结物。脱色处理是玻璃生产中重要的一环，脱色主要是指减弱铁化合物对玻璃着色的影响，以提高玻璃的透明度。在玻璃中，Fe^{2+} 使玻璃着成蓝绿色，Fe^{3+} 使玻璃着成黄绿色。实际上，玻璃着色强度与 Fe^{2+}/Fe^{3+} 值有关。根据脱色机理，铁化合物的脱色可分为化学脱色和物理脱色两类。

陶瓷粉体经多种方法压制成形，粉体粒子间形成一定堆积，但往往含有较多水分（或溶剂）、空气于粒子间隙中，经过高温烧结，排出气体杂质，促进粒子间融合或晶体转化、晶体生长、高致密化，最终获得陶瓷产品。

5.4.3 无机非金属材料的成形

成形是将配合料制成的浆体、可塑泥团、半干粉料或熔融体，经适当的手段和设备变成一定形状制品的过程。无机非金属材料的成形基本上由两个步骤组成：第一步是使可流动变形的物料成为所需要的形状，第二步是通过不同的机制使其定形。第一步主要是研究在外力作用下物料流动与变形的规律，这也是流变学研究的内容；第二步中不同材料的定形机制各不相同，大致有以下几种体系：

① 各种无机胶凝材料浆体（如水泥、石灰、石膏等浆体）是通过胶凝材料和水作用，形成新的水化产物而使浆体固化的。此类材料定形时间较长，其强度随时间的延长而不断增加。

② 陶瓷泥料的可塑成形主要是靠黏土的可塑性，即当外力作用时泥料变形，外力除去后泥料能抵御自重下的变形而定形。它们在随后的干燥中，随着水分的不断除去，黏土颗粒的进一步靠近，强度会进一步提高。

③ 陶瓷泥浆在石膏模中的定形是由于石膏模将泥浆的水分吸去，使体系由黏塑性体变成具有高屈服值的可塑体而初步定形，随后通过干燥进一步定形。

④ 压制的坯料是靠强大的压力使含有一定黏性颗粒的物料在模具内非常紧密地靠拢，它们之间产生范德瓦耳斯力和氢键，使制品具有一定的强度，成形和定形同时完成。陶瓷成形只提供一个半成品强度，其最终强度还要通过烧成达到。

⑤ 熔融体（如玻璃、铸石等）的定形，则完全依靠成形后期玻璃的黏度随着温度的降低而迅速增长，以致达到完全"冻凝"的程度而定形。

5.5 新型无机非金属材料

与传统无机非金属材料相比，新型无机非金属材料具有以下特点：①其组成、纯度、粒度得到精选，组成已超出了传统陶瓷硅酸盐成分范围，是纯的氧化物、氮化物、硼化物等盐类或单质；②应用领域已经从结构材料扩展到电、光、热、磁等功能材料方面；③成形工艺方面应用了等压成形、热压成形等；④制品的形态多样，有晶须、薄膜、纤维等。

5.5.1　结构材料

结构材料，是指利用其强度、硬度、韧性等力学性能制成的各种材料。结构陶瓷是指作为工程结构材料使用的陶瓷，因其具有耐高温、高硬度、耐磨损、耐腐蚀、低膨胀系数、高导热性和质轻等优点，被广泛应用于能源、空间技术、石油化工等领域。如果能在1500℃以上的温度下工作一段较短的时间（如几十分钟），可用作航天器的外壳保护层、火箭尾喷管喉衬、导弹头端保护层等；如果能在1200℃高温下工作较长时间，就可以用这种材料制成耐热、耐磨的部件，如热机中的燃烧室、活塞顶部、涡轮转子、刀具和轴套等。但是结构陶瓷也有其缺陷，比如不易回收、加工困难、价格高、性能分散、温室脆性高等。在研制阶段，可通过提高结构陶瓷的韧性，拓宽陶瓷的用途。常用的高温结构陶瓷包括：硅化物、氮化物、硼化物、碳化物、高熔点氧化物等。

5.5.2　功能材料

功能材料是指通过光、电、磁、热、化学、生物化学等作用后，具有特定功能的新材料。功能材料涉及面很广，大致有电磁功能、光功能、分离功能、生物医学功能、形状记忆功能材料等。无机非金属功能材料对经济建设和科学技术发展具有重要影响，应用较广的有功能玻璃和功能陶瓷。

功能玻璃除了具有普通玻璃的一般性质以外，还具有许多独特的性质，如磁光玻璃的磁-光转换性能、声光玻璃的声光性、导电玻璃的导电性、记忆玻璃的记忆特性等。光功能玻璃在所有功能玻璃中占的比例最大，其中包括光导玻璃纤维、激光玻璃、光致变色玻璃、光的选择透过和反射玻璃和非线性光学玻璃等。激光玻璃广泛用于工业、自然科学、医学、军事等方面，在工业领域用于激光打孔、焊接、切割、测距等，自然科学领域用于拉曼光谱、布里渊散射的研究等，医学领域用于治疗皮肤病、切除肿瘤等，军事领域用于制导、导航等。

功能陶瓷是指具有电、光、磁及部分化学功能的多晶无机固体材料。其功能的实现主要取决于它所具有的各种性能，如电绝缘性、半导体性、导电性、压电性、铁电性、磁性、生物适应性、化学吸附性等。常见的功能陶瓷包括铁电陶瓷、敏感陶瓷、磁性陶瓷、纳米陶瓷、生物陶瓷等。其中敏感陶瓷是某些传感器的关键材料之一，用于制作敏感元件；纳米陶瓷的特殊结构可使材料的强度、韧性和超塑性大为提高，并对材料的电学、热学、磁学、光学等性能产生重要影响；生物陶瓷具有对机体组织进行修复、替代与再生的特殊功能，已成为当今生物医学工程中的重要组成部分。

5.5.3　复合材料

复合材料是一种多相复合体系，它可以通过不同物质的组成、不同相的结构、不同含量及不同方式的复合而制备出来，以满足各种用途的需要。目前复合材料的复合技术已能使聚合物材料、金属材料、陶瓷材料、玻璃、碳质材料等之间进行复合，相互改性，使材料的生产和应用得到综合发展。其中碳-碳复合材料是碳纤维及其织物增强的碳基体复合材料，具有热膨胀系数低、导热性能好、耐热冲击等优势，已发展成为核能和航空航天飞行器中不可缺少的关键材料；金属陶瓷作为金属与陶瓷的结合体，兼有金属的韧性、抗弯性，以及陶瓷的耐高温、高强度和抗氧化性能等，它的具体应用领域已经衍生到切割金属工具、航空航天工业以及管道行业、石油化工行业等等；纤维混凝土是纤维和水泥基料（水泥石、砂浆或混凝土）组成的复合材料，由于纤维的抗拉强度大、延伸率大，使混凝土的抗拉、抗弯、抗冲击强度及延伸率和韧性得以提高。

习题

一、填空题

1. 无机非金属材料通常可以分为_____和_____两大类。

2. 根据 Pauling 第三规则，配位多面体中可能存在的连接方式有____、____、____三种，其中采用____连接形成的结构较为稳定。

3. CsCl 型晶体结构中，负离子的堆积形式为____，正负离子配位数分别为____和____；闪锌矿型结构中负离子的堆积形式为____，正负离子配位数分别为____和____。

4. 硅酸盐的基本结构单元是____，岛状硅酸盐结构中，桥氧数量为____，O/Si 值为____。

5. 玻璃的热膨胀系数是极重要的基本性质，通常分为_____和_____。

6. 无机非金属材料生产过程中，可以将其复杂的工艺过程分解为____、____、____这几个基本工序的组合。

二、名词解释

1. 静电键强度；　2. 水泥；　3. 陶瓷；　4. 玻璃；　5. 玻璃态；　6. 熔体；　7. 结构陶瓷；　8. 功能陶瓷

三、简答题

1. 传统无机非金属材料与其他材料相比在结构性能上有哪些特点？

2. 计算正四面体和正八面体的正、负离子半径比。

3. 就负离子堆积方式与正离子所占间隙的种类与分数比较 NaCl 型与立方 ZnS 型结构的异同。

4. 简述硅酸盐结构分类的原则和各类结构中硅氧四面体的形状、各类结构中 O/Si 的值。

5. 什么是玻璃态物质的四个通性？请解释。

6. 衡量硅酸盐水泥耐久性的三个主要方面是什么？如何提高水泥的抗腐蚀性能？

6 高分子材料

高分子材料的相关内容是材料化学的重要组成部分。高分子材料按其组成可分为无机高分子材料和有机高分子材料两大类，由于有机高分子材料应用较多，故本章所述的高分子材料均指有机高分子材料。本章主要讲述高分子材料的概念、分类、结构特征、性能、合成方法等的基本知识与原理，并对部分新型功能高分子材料进行了介绍。

6.1 高分子材料概述

高分子材料也称为聚合物材料，其原料丰富、制造方便、易加工成型、性能变化大，在日常生活、工农业生产和尖端科学等领域都具有重要的应用价值。本节主要概述高分子材料的概念、分类、命名以及发展。

6.1.1 高分子材料的概念

高分子化合物一般指分子量大于 10^4，链的长度在 $10^3 \sim 10^5 \text{Å}$ 甚至更长的分子，简称高分子，又称大分子化合物、高聚物或聚合物。而高分子材料一般是指那些天然或人工合成的在一定条件下可以满足某些使用要求的高分子物质。有机高分子材料包括：天然高分子如棉、麻、丝、毛等；由天然高分子原料经化学加工而成的改性高分子材料如黏胶纤维、醋酸纤维、改性淀粉等；由小分子化合物通过聚合反应合成的合成高分子材料如聚氯乙烯树脂、顺丁橡胶、丙烯酸涂料等。

高分子材料学是研究高分子化合物的合成、改性及其聚集态的结构、性能，聚合物的成型加工等内容的一门综合性学科。它由高分子化学、高分子物理学、高分子工程学三个分支学科领域所组成，其主要研究目标是为人类获取高分子新材料提供理论依据和制备工艺，三个分支领域相互交融、相互促进。

高分子材料可通过小分子的聚合反应而制得，因此常将生成高分子化合物的低分子原料称为单体。例如生成聚四氟乙烯 $\pm CF_2-CF_2\mp$ 的单体是四氟乙烯 $CF_2 = CF_2$；合成尼龙 66 的单体是己二酸 $HOOC-(CH_2)_4-COOH$ 和己二胺 $H_2N-(CH_2)_6-NH_2$。

单体或单体混合物变成聚合物的过程称为聚合。例如常温常压下为气体的氯乙烯单体经聚合反应形成固体高聚物聚氯乙烯（PVC）。其反应式如下：

$$n CH_2 = CHCl \longrightarrow \sim\sim\sim CH_2-CHCl-CH_2-CHCl-CH_2-CHCl \sim\sim\sim$$

这种很长的链状结构通常称为分子链，存在于聚合物分子中重复连接的原子团称为结构单元。如聚氯乙烯重复结构单元为 $-CH_2-CHCl-$，尼龙 66 的重复结构单元为

$\text{——NH(CH}_2\text{)}_6\text{NHCO(CH}_2\text{)}_4\text{CO——}$，结构单元在高分子链中又称为链节。在高聚物结构中，形成高聚物的结构单元数目叫聚合度，如聚四氟乙烯$\text{——CF}_2\text{—CF}_2\text{——}_n$的聚合度为$n$。对同一高聚物而言，各个高分子链的聚合度是不同的，即高分子链的长短不一致，分子量也不同，因此高分子的聚合度和分子量通常取其平均值。一般常用数均分子量来表示高分子分子量的大小。数均分子量$\overline{M}_n$的定义为：

$$\overline{M}_n = (n_1 M_1 + n_2 M_2 + n_3 M_3 \cdots)/(n_1 + n_2 + n_3 + \cdots) = \sum n_i M_i / \sum n_i$$

式中，M_i为分子量；n_i为分子量为M_i的物质的量。$\overline{M}_n$可通过测高分子稀溶液的黏度或依数性（渗透压、沸点升高等）来确定。由平均分子量及结构单元的分子量可以求出平均聚合度。如 PVC 的$\overline{M}_n = 50000$，而氯乙烯的$M_0 = 62.5$，$n = \overline{M}_n / M_0 = 800$。

6.1.2 高分子材料的分类

高分子材料种类繁多，因此对其进行科学分类就显得格外重要。在高分子材料科学的快速发展过程中，已形成一些不同的分类方法，各有其特点。下面简单介绍四种分类方法。

6.1.2.1 根据来源分类

根据高分子化合物的来源可以分为天然高分子材料、半天然高分子材料和合成高分子材料三大类。天然橡胶、纤维素、淀粉和蛋白质等为天然高分子材料；醋酸纤维和改性淀粉等为半天然高分子材料；聚乙烯、顺丁橡胶和聚酯纤维等为合成高分子材料。

6.1.2.2 根据用途分类

根据高分子材料的用途可以分为塑料、橡胶、纤维、涂料、黏合剂与密封材料等六大类。塑料类包括：聚乙烯、聚丙烯、聚氯乙烯、聚苯乙烯、聚四氟乙烯和聚碳酸酯等。橡胶类包括：天然橡胶、顺丁橡胶、丁苯橡胶和氯丁橡胶等。纤维类包括：纤维素、蚕丝、聚酰胺纤维、聚酯纤维和聚丙烯腈纤维等。涂料类包括：天然树脂漆、酚醛树脂漆、醇酸树脂漆、氨基树脂漆、丙烯酸树脂漆和环氧树脂漆等。黏合剂类包括：氯丁橡胶黏合剂、聚乙烯醇缩醛胶和面粉糨糊等。高分子密封材料类包括：丁基橡胶密封胶、丙烯酸酯密封胶、聚氨酯密封胶和有机硅密封胶等。

6.1.2.3 根据热性质分类

根据高分子材料的热性质可以分为热塑性高分子材料和热固性高分子材料两大类。热塑性高分子材料包括：聚乙烯、聚丙烯、聚氯乙烯、聚苯乙烯、聚四氯乙烯、聚碳酸酯、聚酰胺和聚酯等。热固性高分子材料包括：氨基树脂、酚醛树脂、环氧树脂和硫化天然橡胶等。

6.1.2.4 按主链结构分类

按组成高分子材料的化合物的主链结构又可将其分为碳链高分子材料、杂链高分子材料和元素高分子材料三大类。聚乙烯、聚氯乙烯、聚苯乙烯、聚四氟乙烯、顺丁橡胶、丁苯橡胶、氯丁橡胶、聚丙烯腈纤维等为碳链高分子材料；氨基树脂、酚醛树脂、环氧树脂、聚酰胺和聚酯等为杂链高分子材料；有机硅树脂、聚膦腈等为元素高分子材料。

6.1.3 高分子材料的命名

高分子材料约达几百万种，命名比较复杂，归纳起来一般有以下几种情况。

6.1.3.1 聚字加单体名称命名

在构成高分子材料的单体名称前，冠以"聚"组成，大多数烯烃类单体高分子材料均采用此方法命名，如聚乙烯、聚丙烯等。

6.1.3.2 以特征化学单元名称命名

以其品种共有的特征化学单元名称命名，如聚酰胺、聚酯、聚氨酯等杂链高分子材料分别含有特征化学单元酰胺基、酯基、氨基。这类材料中的某一具体品种还可用更具体的名称以示区别，如聚酰胺中有尼龙-6、尼龙-66等；聚酯中有聚对苯二甲酸乙二醇酯、聚对苯二甲酸丁二醇酯等。

6.1.3.3 以原料名称命名

以生产该聚合物的原料名称命名，如以苯酚和甲醛为原料生产的树脂称酚醛树脂，以尿素和甲醛为原料生产的树脂称脲醛树脂。共聚物的名称多从其共聚单体的名称中各取一字，再加上共聚物属性类别组成，如 ABS 树脂，A、B、S 分别取自其共聚单体丙烯腈、丁二烯、苯乙烯的英文字头；丁苯橡胶的丁、苯取自其共聚单体丁二烯、苯乙烯的字头；乙丙橡胶的乙、丙取自其共聚单体乙烯、丙烯的字头等。

6.1.3.4 用商品、专利商标或习惯命名

有时还以商品、专利商标或习惯命名。由商品名称可以了解到基材品质、配方、添加剂、工艺及材料性能等信息；习惯名称是沿用已久的习惯叫法，如聚酯纤维习惯称涤纶，聚丙烯腈纤维习惯称腈纶等。高分子材料的标准英文名称缩写因简洁方便在国内外被广泛采用，表 6-1 列举了常见的高分子材料英文名称缩写。

表 6-1 常见高分子材料英文名称缩写

高分子材料	缩写	高分子材料	缩写	高分子材料	缩写
聚乙烯	PE	聚对苯二甲酸乙二醇酯	PETP	ABS 树脂	ABS
聚丙烯	PP	聚对苯二甲酸丁二醇酯	PBTP	天然橡胶	NR
聚丁二烯	PB	聚甲基丙烯酸甲酯	PMMA	顺丁橡胶	BR
聚苯乙烯	PS	聚丙烯酸甲酯	PMA	丁苯橡胶	SBR
聚氯乙烯	PVC	聚酰胺	PA	氯丁橡胶	CR
聚异丁烯	PIB	聚甲醛	POM	丁基橡胶	IIR
聚氨酯	PU	聚丙烯腈	PAN	乙丙橡胶	EPR
聚碳酸酯	PC	环氧树脂	EP	乙酸纤维素	CA

6.1.4 高分子材料的发展

高分子材料是材料领域的后起之秀，是在长期的生产实践和科学实验的基础上逐渐发展起来的。几千年前，人们就使用棉、麻、丝、毛等天然高分子作织物材料，使用竹木作建筑材料。公元前 4000 年以前古埃及人就曾使用由天然黏合剂黏合的亚麻线来缝合伤口，以使伤口能及时愈合。在公元前 3500 年前，印第安人使用木片修补受伤的颅骨。1851 年，天然橡胶的硫化方法开始出现，改变了天然高分子的化学组成，此外人们还学会了皮革鞣制、天然纤维制成人造丝等加工方法，但由于受科学技术发展的局限，直到 19 世纪中叶，人们仍未能探究到高分子材料的本质。

高分子材料科学的发展萌芽于 19 世纪末 20 世纪初，当时明确了天然橡胶由异戊二烯、纤维素和淀粉由葡萄糖残体、蛋白质由氨基酸组成，使高分子的长链结构获得了公认，孕育了高分子的概念。1872 年，德国化学家 A. Bayer 首先发现苯酚与甲醛在酸性条件下加热时能迅速结成红褐色硬块或黏稠物，但因它们无法用经典方法纯化而停止实验。20 世纪以后，苯酚已经能从煤焦油中大量获得，甲醛也作为防腐剂大量生产，因此二者的反应产物更加引人关注。1907 年，L. H. Baekeland 和他的助手不仅制出了绝缘漆，而且还制成了真正的合成可塑性材料——酚醛树脂，它就是人们熟知的"电木""胶木"。酚醛树脂一经问世，厂商很快发现，它不但可以制造多种电绝缘品，而且还能制作日用品，于是一时间把 Baekeland 的发明誉为 20 世纪的"炼金术"。

1920 年，德国人 H. Staudinger 首次提出以共价键联结为核心的高分子概念，加上他对高分子其他方面的贡献，获得了 1953 年度的诺贝尔化学奖，他被公认为高分子科学的始祖。

20 世纪 30—40 年代是高分子材料科学的创立时期。新的聚合物单体不断出现，具有工业化价值的高效催化聚合方法不断产生，加工方法及结构性能不断改善。美国化学家 W. H. Carothers 于 1934 年合成了优良纺织纤维的聚酰胺-66，尼龙（nylon）是它在 1939 年投产时公司使用的商品名。这一成功不仅是合成纤维的第一次重大突破，也是高分子材料科学的重要进展。

1938 年，德国研制出聚酰胺-6，即聚己内酰胺；1941 年，英国制作出聚对苯二甲酸乙二醇酯纤维，商品名 Dacron、"的确良"或涤纶；1939 年，德国人又研制出聚丙烯腈纤维，但到 1949 年才在美国投产，商品名 Orlon，我国称腈纶。此后又出现多种新型合成纤维，满足了多种需要，但从应用范围和技术成熟等方面看，仍以上述几种为主，其产量约占总量的 90%。

20 世纪 50 年代是高分子材料工业的确立时期，在这一时期高分子材料得到了迅速的发展。石油化工的发展为高分子材料提供了丰富的原料，使得从煤焦油获得单体改为从石油获得，年产量数十万吨级的烯烃（乙烯、丙烯）生产技术日趋成熟。之后在齐格勒-纳塔催化剂的作用下，生产出了三种新型的定向聚合橡胶，其中顺丁橡胶由于性能优异，到 20 世纪 80 年代产量已上升到仅次于丁苯橡胶的第二位。

自 20 世纪 30 年代出现高分子合成技术到 60 年代实现大规模生产，高分子材料工业虽然只有几十年的发展历史，但发展速度远远超过其他传统材料。迅猛发展的原因：一方面是由于它们的优异性能使其在许多领域中找到了应用；另一方面也是因为生产和应用所需的投资比其他材料低，尤其比金属材料低许多，经济效益显著。到了 80 年代，工业发达国家钢铁产量已衰退而塑料工业仍在高速发展，过去的 40 年，美国的塑料产能猛增了 100 倍，如果将产量折算成体积，塑料的产量已超过钢铁。20 世纪末，高分子材料的总产量已达 20 亿吨左右。在当前的工业、农业、交通、运输、通信乃至人类的生活中，高分子材料与金属、陶瓷一起并列为三类最重要的材料。

我国对于高分子材料科学的研究自 20 世纪 50 年代开始，主要是根据国内资源情况、配合工业建设进行合成仿制，建立测试表征手段，在此过程中培养了大批生产和研究的技术骨干，为深入研究奠定了基础。60 年代为满足新技术需要，研制了大量特种塑料，如氟、硅高分子；耐热高分子及一般工程塑料，如浇铸尼龙、聚碳酸酯、聚甲醛、聚芳酰胺；大品种如顺丁橡胶。其中最突出的成就是 1965 年用人工合成的方法制成结晶牛胰岛素，这是世界上出现的第一个人工合成的蛋白质，对于揭开生命的奥秘有着重大的意义。高分子化学和高分子物理也获得较快发展，研究了产品结构和性能的关系。近年来进行了通用高分子的合成和合成机理、功能高分子合成和应用的研究，利用先进技术和测试手段进行结构、性能、加工关系的探索，形成了具有中国特色的新品种和新理论，如稀土催化的顺丁橡胶和高分子反应统计理论等，并加强了国际交流和合作。20 世纪 80 年代以来，几十项高分子科技成果获得了国家级自然科学奖、发明奖、科技进步奖，其中个别项目已赶上或超过国际先进水平。

随着生产和科学技术的发展，对材料提出各种新的要求。今后高分子材料发展的主要趋势是高性能化、高功能化、复合化、精细化和智能化。

6.2　高分子材料的结构

高分子材料中的高分子链通常是由 $10^3 \sim 10^5$ 个结构单元组成，所谓高聚物的结构，是指不同尺寸的结构单元在空间的相对排列。高分子链结构和许多高分子链聚在一起的聚集态结构形成了高分子材料的特殊结构，因而高分子材料除具有低分子化合物所具有的结构特征（如同分异构体、几何结构、旋光异构）外，还具有许多特殊的结构特点。

高分子的链结构是指单个高分子链的结构和形态，分为近程结构和远程结构。近程结构指单个高分子内一个或几个结构单元的化学结构和立体化学结构，也称一级结构。近程结构包括构型与构象。构型是指链中原子的种类和排列、取代基和端基的种类、单体单元的排列顺序、支链的类型和长度等。构象是指某一原子的取代基在空间的排列。远程结构指单个高分子的大小和在空间所存在的各种形状，包括分子的尺寸、形态、链的柔顺性以及分子在环境中的构象，也称二级结构。聚集态结构是指高分子材料整体的内部结构，包括晶态结构、非晶态结构、取向态结构、液晶态结构等有关高分子材料中高分子链间堆积结构，即三级结构。以三级堆积结构为单位在不同高分子间或者高分子与添加剂间进一步排列或堆砌形成的高级结构，即四级结构，如织态结构和高分子在生物体中的结构。

高聚物各级结构综合决定了其各种物理状态及物性，一级结构主要是由单体经聚合反应而制取高分子的化学过程所决定的，要改变一种高分子的一级结构，必须通过化学反应即价键的变化才能实现。二、三级结构主要受外界物理因素的影响，例如因温度、压力及成型加工过程的条件不同而改变。高分子的链结构是反映高分子各种特性的最主要的结构层次；聚集态结构则是决定聚合物制品使用性能的主要因素。

6.3　高分子材料的性能

对高分子材料而言，其主链原子以共价键键合，即使含有反应性基团，其长分子链对这些反应基团具有保护作用，所以作为材料使用时其化学稳定性较好。本节内容主要介绍高分子材料的力学性能、电学性能、光学性能、热学性能以及化学稳定性。

6.3.1　高分子化合物与小分子化合物的区别

高分子材料能够成为现代人类生活和生产中不可或缺的材料，是因为其核心组分高分子化合物在结构和性质上与小分子化合物有着本质的区别，主要表现在以下几个方面。

6.3.1.1　分子量大小

小分子化合物的分子量一般都不过千，而高分子化合物的分子量一般却要达到一万以上，甚至达到百万乃至千万。两类化合物在分子量上明显不同，造就了它们由分子量上的巨大量变发展到它们在性质和性能上的质变。比如，小分子化合物一般没有机械强度，因此，就不能够作为有机械强度要求的材料使用。而高分子化合物却有很好的机械强度，因此，广泛地用于工程材料等有机械强度要求的领域。

6.3.1.2　分子量和分子链尺寸的性质

小分子化合物的结构确定了，其分子量和分子大小就确定了，因此，小分子化合物具有单一的分子量和分子尺寸。而高分子化合物则不然，除有限的天然高分子化合物外，绝大多数高分子化合物都不具有单一的分子量和分子尺寸，致使其分子量和分子链尺寸具有多分散性，因此，使得其熔点为一定的温度范围。而小分子化合物却有明确的熔点和沸点。

6.3.1.3　分子间作用力

高分子化合物具有巨大的分子量，致使高分子化合物间存在强大的分子间作用力，因此，在破坏高分子材料时，一般首先破坏的是高分子链上的化学键而不是高分子链间的作用力。也是由于高分子化合物分子间存在这种强大的作用力，因此，高分子化合物不像小分子化合物那样存在气态，只有固态和液态。

6.3.1.4　结构

高分子化合物为线形结构，有的还存在交联结构，这些结构是小分子化合物所不具备的。线形结构的高分子化合物具有巨大的构象结构，使得很多高分子化合物具有独特的高弹性。具有交联结构的高分子化合物不溶不熔，即它既不溶于任何溶剂也不能够在高温下熔融。

高分子化合物的上述不同于小分子化合物的结构和性质，决定了高分子材料具有许多优良的性能。

6.3.2 高分子材料的性能

高分子材料与小分子化合物相比，在性能上具有一系列不同的特征。

6.3.2.1 力学性能

高聚物的力学性能指的是在外力作用下，高聚物应力与应变之间所呈现的关系，它包括弹性、塑性、强度、蠕变、松弛和硬度等。当高聚物用作结构材料时，这些性能显得尤其重要。高聚物力学性能的两大特点是具有高弹性和黏弹性。与金属材料相比，高分子材料的力学性能具有如下特点。

（1）低强度

高聚物的抗拉强度平均为 $100MN/m^2$，是理论强度的 1/200，这是由于高聚物中分子链排列不规则，内部含有大量杂质、空穴和微裂纹。在外力作用下，空穴聚合成微裂纹，而微裂纹不断扩展形成宏观裂纹（又称银纹），导致最后断裂。所以高分子材料的抗拉强度比金属材料低得多。通常热塑性材料 $\sigma_b = 50 \sim 100MN/m^2$；热固性材料 $\sigma_b = 30 \sim 60MN/m^2$；玻璃纤维增强尼龙的增强材料 σ_b 也只有 $200MN/m^2$；橡胶的强度更低，一般为 $22 \sim 32MN/m^2$。由于高聚物密度小，故其比强度较高，这点在生产应用中有着重要意义。

（2）高弹性和低弹性模量

这是高聚物材料特有的性能。橡胶为典型的高弹性材料，弹性形变率为 $100\% \sim 1000\%$，弹性模量为 $10 \sim 100MN/m^2$，约为金属弹性模量的千分之一；而塑料因其使用状态为玻璃态，故无高弹性，但其弹性模量也远比金属低，约为金属弹性模量的十分之一。

（3）黏弹性

高聚物在外力作用下同时发生高弹性形变和黏性流动，其形变与时间有关，这一性质称为黏弹性。高聚物的黏弹性表现为蠕变、应力松弛、内耗三种现象。

蠕变是在应力保持恒定的情况下，应变随时间的延长而增加的现象。它是在恒定应力作用下卷曲分子链通过构象改变逐渐被拉直，分子链位移导致的不可逆塑性形变，如图 6-1 所示。蠕变实际上反映了材料在一定外力作用下的尺寸稳定性，对于尺寸精度要求高的聚合物零件，就需要选择蠕变抗力高的材料。蠕变现象与温度高低以及外力大小有关。温度过低，外力太小，蠕变小而慢，短时间内不易察觉；温度过高，外力过大，形变很快，蠕变现象也不明显。只有在 $T_g < T < T_g + 30℃$ 范围内，蠕变现象才较为明显。

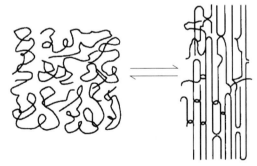

图 6-1　蠕变前后分子链的变化

应力松弛是在应变保持恒定的情况下，应力随时间延长而逐渐衰减的现象。它是在恒定应变作用下舒展的分子链通过热运动发生构象改变而收缩到稳定的卷曲态而使应力松弛的，如图 6-2 所示。应力松弛的原因在于，当拉至一定长度时，试样处于受力状态，由于分子链间没有交联，链段通过分段位移直至整个分子链质心发生移动，分子链相互滑脱，产生不可逆的弹性形变，消除弹性形变所产生的内应力。应力松弛也依赖于温度。利用应力松弛的温度依赖性可研究聚合物的转变。

内耗是在交变应力下出现的黏弹性现象。在交变应力（拉伸-回缩）作用下，当处于高弹态的高分子形变速度跟不上应力变化速度时，就会出现滞后现象，这种应力和应变间的滞后就是黏弹性。图 6-3 显示出橡胶在一次拉-压应力循环过程中应力与应变的关系曲线。当拉伸时，应力与应变沿 AB 线变化；当回缩时，则沿 BEA 线变化，因而造成橡胶在一次循环过程中能量收支不抵。拉伸时外力对它做的功，其值等于 AB 曲线下方面积，回缩时橡胶对外做功，其值等于 BEA 下方面积，二者之差称为"滞后圈"，它代表在一次循环中橡胶净得的能量，这一能量消耗于内摩擦并转化为热能的现象称为内耗。内耗大小与温度和外力作用频率有关。温度较高、外力作用频率低时，链段运动完全跟得上外力的变化，内耗很小；反之，完全跟不上，内耗也小。温度介于两者之间，链段运动既不能完全跟得上，又不是完全跟不上外力的变化时，内耗最大。

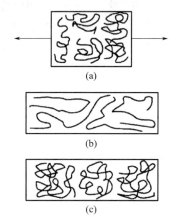

图 6-2　应力松弛过程中分子链构象变化

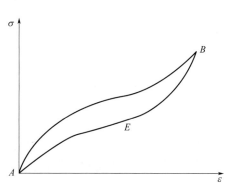

图 6-3　橡胶在一次应力循环过程中应力
与应变的关系曲线

（4）高耐磨性

高聚物的硬度比金属低，但耐磨性却优于金属，尤其是塑料更为突出。塑料的摩擦系数小，有些塑料本身就具有自润滑性能。而橡胶则相反，其摩擦系数大，适合制造要求较大摩擦系数的耐磨零件。

6.3.2.2　电学性能

在外加电场中只有束缚电荷作有限位移的材料称为电介质。一般地，高聚物都是电介质。大多数非极性高聚物的介电常数 ε 为 2 左右；极性高聚物由于偶极极化，ε 为 $2 \sim 10$。高聚物还具有低介电损耗，非极性高聚物的介电损耗正切 $\tan \delta$ 可小于 1×10^{-4}；极性高聚物的 $\tan \delta$ 为 $5 \times 10^{-3} \sim 1 \times 10^{-1}$。因此，高聚物是具有优良介电性能的绝缘材料。

高聚物绝缘体的分子是通过原子共价键结合而成，没有自由电子和自由离子，而分子间作用力小，分子间的距离较大，电子云重叠很差，即使分子内有在外电场下可移动的载流子（电子），也很难从一个分子迁移到另一个分子，即电子是定域化的，故导电能力极低，介电常数小，介电耗损低，耐电弧性好。

20 世纪 50 年代末期，人们为了扩展高聚物的应用，用改变化学结构的方法来改变其电性能，如引入共轭双键或形成电荷转移配合物等使价电子非定域化，从而制成高聚物半导体、高聚物导体和高聚物超导体。

驻极体在产生极化的外部作用除去后，仍能长时间保持极化状态。有机和无机的电介质都可以做成驻极体，但剩余极化的大小各不相同。用高聚物制得的驻极体称为高聚物驻极体（polymer electret），如聚甲基丙烯酸甲酯、聚碳酸酯、聚丙烯、聚四氟乙烯、四氟乙烯-全氟丙烯共聚物等。其中，以聚丙烯和四氟乙烯-全氟丙烯共聚物的实用价值较大。高聚物驻极体可作为静电场的源，在电容式声电换能器中可用以代替电容的一个极板，从而省去了直流偏压。高聚物驻极体还可用于静电计、静电电压计中以产生电场，也可作为计量仪的敏感元件以及用于气体过滤等。高聚物驻极体纤维有长程的静电吸引作用，用于过滤气体时，不用像一般纤维堆积得那么密实，这样能减少对气流的阻力，这种性能不仅有利于用作高效及高流动空气过滤器，而且适用于做保护个人健康的面罩。驻极体滤膜还可用于生物离子和自由基或细菌的电荷捕捉器。高聚物驻极体与生物组织有优良的相容性，可放入人体内促使新骨生长。

自 20 世纪 20 年代起，一些高聚物如硬橡胶、橡皮、赛璐珞（硝酸纤维素塑料）等的压电性得到了研究；60 年代以来，许多诸如聚氯乙烯、聚甲基丙烯酸甲酯、尼龙-11 等合成高聚物的压电性也得到研究；自从 1969 年发现经拉伸和极化后的聚偏氟乙烯薄膜有强压电性后，这一领域引起广泛关注。此后，对偏氟乙烯-四氟乙烯共聚物以及偏氟乙烯-三氟乙烯共聚物也都进行了研究。压电高聚物具有许多无机压电材料所不具备的特点，例如压电陶瓷硬而脆，比较重，难以加工成大面积或形状复杂的薄膜，价格也较贵；而压电高聚物则力学性能好，易于加工，价格便宜。其缺点是压电常数比无机压电材料小，熔融温度和软化点也较低。迄今研究得较多的压电高聚物是聚偏氟乙烯，由它的薄膜做成的电声换能器已商品化；它可作触诊传感器，还可应用于炮弹引信、地应力测试，也可用于测量缓变压力，如测量印刷钞票的印刷版与滚筒之间接触处的压力。聚偏氟乙烯压电薄膜的一个重要应用是制作超声换能元件，能在较宽的频率范围内工作，且不会失真，可用来分析脉冲的形状；用它做成的微型探针，可以准确地校正医疗超声器械的声场。但关于高聚物压电效应的基本机理，就整体而言尚不够清楚。

所谓高聚物热电性是指温度变化时，高聚物薄膜的极化发生变化的性质。高聚物热电性和压电性密切相关，但机理尚不够清楚。高聚物热电薄膜的热电系数比无机热电材料要小，由于它的力学性能好，加工方便，热导率又很小，在热电方面的应用颇引人注目。聚偏氟乙烯薄膜可做成热电检测器，特别适用于宽频谱响应和大面积场合，可用于夜间监测、防盗、防灾、监视人流和对人员计数，还可用于红外摄像管的靶材，也可用于静电复印，代替目前复印机中的硒鼓。

高聚物由于接触和摩擦会引起静电（static charge）现象，且由于其是电绝缘体，表面电阻率和体积电阻率很高，所带静电荷不易泄漏，因此静电现象特别显著，所带静电可高达数万伏特，电荷衰减很慢，可达数年之久。但静电现象的机理尚不完善，它与材料的化学结构、物理状态、接触与摩擦方式、温度、湿度等实验条件有关。一般如果两种高聚物摩擦而带电时，介电常数较高的带正电；在相同条件下，摩擦产生的电荷量与介电常数的差值有关，差值越大，摩擦产生的电荷量越多。通常情况下，静电对高聚物的加工和使用不利，影响人身或设备安全，甚至会引起火灾或爆炸等事故。实践中主要的解决方法是提高高聚物表面传导以使电荷尽快泄漏，目前工业上广泛采用抗静电剂，就是提高高聚物表面电导。例如，用烷基二苯醚磺酸钾作涤纶片基的抗静电涂层时，可使其表面电阻率降低 7～8 个数量级。但近年来也成功地利用高聚物的静电现象实现了静电复印、静电记录、静电照相等新技术以及制成压电体、驻极体等新材料。

6.3.2.3　光学性能

高聚物重要而实用的光学性能有吸收、透明度、折射、双折射、反射、内反射、散射等。它们是入射光的电磁场与高聚物相互作用的结果。高聚物光学材料具有透明、不易破碎、加工成型简便和廉价等优点，可制作镜片、导光管和导光纤维等；可利用光学性能的测定研究高聚物的结构，如聚合物种类、分子取向、结晶等；用有双折射现象的高聚物作光弹性材料；可进行应力分析；可利用界面散射现象制备彩色高聚物薄膜等。

当光线垂直地射向非晶态高聚物时，除了一小部分在高聚物-空气的界面反射外，大部分进入高聚物，高聚物内部疵痕、裂纹、杂质或少量结晶的存在会使光线产生不同程度的反射或散射，产生光雾，减少光的透过量，使透明度降低。

非晶态高聚物的分子链是无规线团，其所含各键的排列在各方向上的统计数量都一样，所以折射是各向同性的。但非晶高聚物经取向制成的取向高聚物，其分子内键的排列在各个方向上统计数量就不同，光线经过它时会变成传播方向和振动相位不同的两束折射光，即产生双折射现象。例如，用环氧树脂的透明浇铸块做结构件的力学模型，当在模型上加预定的负荷后，环氧树脂的分子链在应力作用下发生取向，即从各向同性变成各向异性而产生双折射现象；在光弹性仪上用偏振光照射，利用双折射现象和光的干涉原理对结构材料进行应力分析，即可以得到的光弹性照片为依据做出结构设计。

利用光在高聚物中能发生全内反射的原理可制成导光管，在医疗上可用来观察内脏。用聚甲基丙烯酸甲酯作内芯，外层包一层含氟高聚物即可制成一种传输普通光线的导光管。如用高纯的钠玻璃为内芯、氟橡胶为外层，则可制成能通过紫外线的导光管。

在多相高聚物中，要使两种不同成分的聚合物成为透明度高的物质，则这两种成分的折射率要相同或差异很小。缩小结构的体积尺寸，对增加高聚物的透明度更为重要。例如，聚乙烯是结晶体，当其超分子结构的尺寸大于入射光的波长时，光大部分被散射掉；而聚乙烯薄膜是在一定条件下经拉伸和取向而制成的，其超分子结构尺寸小，光的散射就小，因而是一种较透明的薄膜。

6.3.2.4　热学性能

高聚物最基本的热学性能是热膨胀、比热容、热导率，其数值随状态（如玻璃态、结晶态等）和温度而变，并与制品的加工和应用有密切关系。高聚物热学性能受温度的影响比金属、无机材料大。其特点如下：

（1）低耐热性

耐热性是指材料在高温下长期使用时保持性能不变的能力。高分子链受热时易发生链段运动或整个分子链移动，导致材料软化或熔化，使性能变坏，故耐热性差。对于不同的高分子材料，其耐热性评定的判据不同，例如，对于塑料是指在高温下能保持高硬度和较高强度的能力；对于橡胶是指在高温下保持高强度的能力，通常情况是黏流温度（T_f）越高，使用温度越高，耐热性越好。

（2）低导热性

固体的导热性与其内部的自由电子、原子和分子的热运动有关。高分子材料内部无自由电子，且分子链相互缠绕在一起，受热时不易运动，故导热性差，约为金属材料导热性的百分之一到千分之一。作为绝热材料时，要求高聚物的热导率小；高聚物在用升温方法加工成型时，要求在适当时间内能把物料内部加热到加工温度和冷却到环境温度，也与热导率大小有关。热导率越小的高聚物，其绝热隔音性能好。高聚物发泡材料可作为优良的绝热隔音材料，在相同孔隙率下，闭孔的发泡材料比开孔的绝热隔音效果更好。常用的制品有脲醛树脂、酚醛树脂、聚苯乙烯、橡胶和聚氨酯类发泡材料，后二者为弹性体，兼有良好的消振作用。

（3）高膨胀性

高分子材料的线膨胀系数大，为金属材料的 3～10 倍。这是由于受热时，分子间缠绕程度降低，分子间结合力减小，分子链柔性增大，故加热时高分子材料产生明显的体积和尺寸的变化。高聚物热膨胀系数较大的，其制品尺寸稳定性较差，因此在制造高分子复合材料时，两种材料之间的热膨胀性能不应相差太大。

6.3.2.5　化学稳定性

高分子材料在酸、碱等溶液中有优异的耐腐蚀性能，这是因高分子材料中无自由电子，因此不会使高分子受电化学腐蚀而遭受破坏；又因为高分子材料分子链是纠缠在一起的，许多分子链基团被包在里面，即使接触到能与分子中某一基团起反应的试剂，也只有露在外面的基团才比较容易与试剂起反应，所以高分子材料的化学稳定性很高。但要注意，有些高分子材料与某些特定溶剂相遇时，会发生溶解或在分子间隙中吸收某些溶剂分子而产生"溶胀"，使尺寸增大，性能恶化，因此高分子材料在使用过程中必须要注意所接触的介质或溶剂。

6.4　高分子合成

高分子的合成是指通过化学反应将单体分子连接成长链分子的过程，其合成方法包括聚合反应、缩聚反应和交联反应等。此外，通过高分子化学反应对天然高分子化合物和合成高分子化合物进行化学改性也可制得新的高分子化合物。本节主要介绍聚合反应和高分子化学反应两大类合成方法。

6.4.1　聚合反应

非天然高分子化合物（也称高聚物、聚合物）都是通过聚合反应制备的。所谓聚合（polymerization）是指由低分子单体通过化学反应生成高分子化合物的过程。根据聚合反应机理和动力学，可以将聚合反应分为连锁聚合（chain polymerization）和逐步聚合（step growth polymerization）两大类。

烯类单体的加聚反应大部分属于连锁聚合，连锁聚合反应需要活性中心，活性中心可以是自由基、阳离子或阴离子，因此可以根据活性中心的不同将连锁聚合反应分为自由基聚合、阳离子聚合和阴离子聚合。连锁聚合的特征是整个聚合过程由链引发、链增长、链终止等几步基元反应组成。各步的反应速率和活化能差别很大。链引发是处于稳定态的分子吸收了外界的能量，如加热、光照或加引发剂，使它分解成自由原子或自由基等活性传递物。链引发产生活性传递物与另一稳定分子作用使链增长，并生成新的活性传递物，如链条一样不断发展。自由原子或自由基等活性传递物被破坏就使链终止。所变化的是聚合物量（转化率）随时间而增加，而单体则随时间而减少。对于有些阴离子聚合，则是快引发、慢增长、无终止，即所谓活性聚合，有分子量随转化率成线性增加的情况。

逐步聚合反应的特征是在低分子单体转变成高分子的过程中，反应是逐步进行的。反应早期，大部分单体很快聚合成二聚体、三聚体、四聚体等低聚物，短期内转化率很高。随后低聚物间继续反应，随反应时间的延长，分子量再继续增大，直至转化率很高（＞98%）时分子量才达到较高的数值。在逐步聚合全过程中，体系由单体和分子量递增的一系列中间产物所组成，中间产物的任何两分子间都能反应。绝大多数缩聚反应都属于逐步聚合反应，例如羧基与氨基脱水合成聚酰胺的反应、羧基与羟基脱水生成聚酯的反应等。

6.4.2 高分子化学反应

除了由小分子单体通过聚合反应合成高分子化合物外，通过对天然高分子化合物和合成高分子化合物进行化学改性也可以制得新的高分子化合物，这是一类至少有一个反应物是高分子化合物的化学反应，称为高分子化学反应。高分子化学反应是一类重要的制备新的高分子化合物的方法。通过高分子化学反应可以对高分子化合物进行化学改性，赋予其更优异和更特殊的性能，开辟新用途。例如，交联聚苯乙烯类离子交换树脂的制备；合成某些不能直接通过单体聚合得到的聚合物，如聚乙烯醇的合成；此外，还可以回收利用废旧聚合物等。

根据高分子化学反应前后产物与作为反应物的高分子化合物的聚合度的变化，可以将其分为大三类：等聚合度反应（聚合度的相似转变）、聚合度变大的反应和聚合度变小的反应。下面逐一介绍。

6.4.2.1 等聚合度反应

等聚合度反应是指反应后产物与作为反应物的高分子化合物的聚合度无变化的高分子化学反应。反应只在侧链官能团上进行（如官能团的引入、转换及反应），因此，也称为高分子官能团反应。很多改性的高分子化合物都是通过等聚合度反应制得的。

例如，硝化纤维——纤维素硝酸酯的合成：

$$\text{+}C_6H_7O_2(OH)_3\text{+}_n + HNO_3 \xrightarrow{H_2SO_4} \text{+}C_6H_7O_2(OH)_2(ONO_2)\text{+}_n + $$
$$\text{+}C_6H_7O_2(OH)_2(ONO_2)_2\text{+}_n + \text{+}C_6H_7O_2(ONO_2)_3\text{+}_n$$

含氮量约13%的硝化纤维可用作无烟炸药；含氮量10%～12%的硝化纤维可作为涂料和赛璐珞塑料的原料。

再如，聚乙酸乙烯酯醇解制备聚乙烯醇反应：

$$n CH_2=CH \atop OCOCH_3 \xrightarrow{BPO} \text{+}CH_2-CH\text{+}_n \atop OCOCH_3 \xrightarrow[NaOH]{MeOH} \text{+}CH_2-CH\text{+}_n \atop OH$$

其中，BPO指过氧化二苯甲酰。

聚乙烯醇在热水中生成黏稠的溶液；适度缩甲醛化的产物用作无毒水性涂料（107胶

水）；聚乙烯醇经纺丝，再进行高度的缩甲醛化，即制成一种重要的合成纤维——维尼纶。

阴、阳离子交换树脂多采用以苯乙烯和二乙烯基苯共聚物作骨架，通过高分子链上的苯环取代反应制成。具体涉及的高分子化学反应如下：

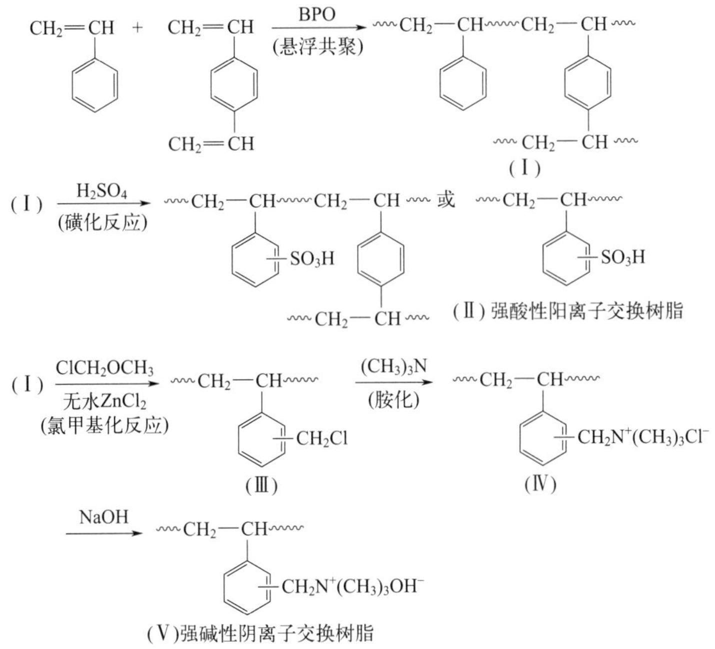

6.4.2.2 聚合度变大的反应

聚合度变大的反应是指反应后产物高分子化合物的聚合度变大的反应，包括交联、接枝、嵌段共聚合等反应。

（1）交联反应

线型高分子链间以共价键连接成网状或体型高分子的化学反应称为交联。交联反应可用化学方法，也可用物理方法。例如，橡胶的硫化反应：

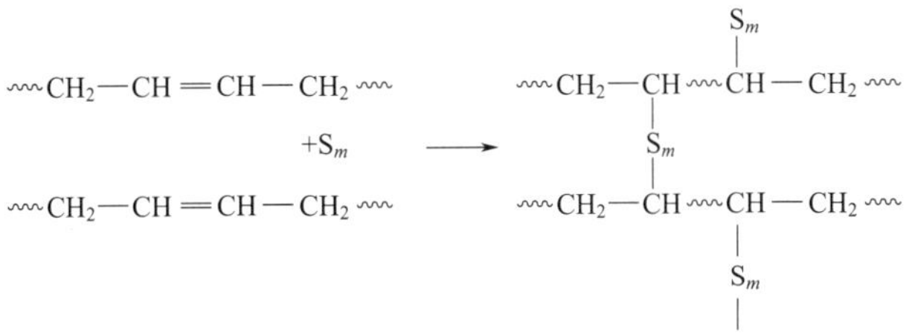

（2）接枝

在高分子主链上引入一定数量的与主链结构相同或不同的支链的过程称为接枝。接枝是高分子改性的重要手段，可改善聚合物的染色性、相容性及界面性能等。接枝共聚物的制备方法有聚合法和偶联法。偶联法如下所示：

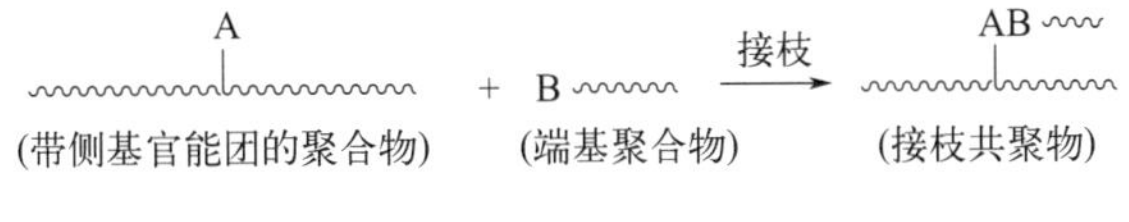

（3）嵌段共聚合

合成嵌段共聚物常用的方法是依次加入不同单体的活性聚合。如制备 AB 型嵌段共聚物：以烷基锂为引发剂，先引发单体 A 聚合，再加入单体 B 聚合，最后加入终止剂。具体过程如下：

$$RLi \xrightarrow{A} RA_m^- Li^+ \xrightarrow{B} RA_m B_n^- Li^+ \xrightarrow{H_2O} RA_m B_n H + LiOH$$

6.4.2.3　聚合度变小的反应——聚合物的降解反应

聚合度变小的反应是指反应后高分子化合物的聚合度降低，如高分子的降解反应等。反应的特征为断链，使聚合度降低，力学性能降低。

聚合物的降解反应是高分子链在机械力、热、光、氧、高能辐射、超声波或化学反应作用下，分裂成分子量较小的聚合物的反应过程。

聚合物的降解类型包括：热降解、氧化降解、辐射降解、机械降解和化学降解等。以生成单体的解聚型的解聚反应为例，这是一类有规律的主链断裂方式，受热时高分子化合物从末端开始断裂而生成末端自由基，然后逐一脱除单体，此反应是聚合反应的逆反应。如聚甲基丙烯酸甲酯、聚 α-甲基苯乙烯和聚四氟乙烯等在热降解反应中几乎完全转化为单体。以下是聚甲基丙烯酸甲酯的降解实例：

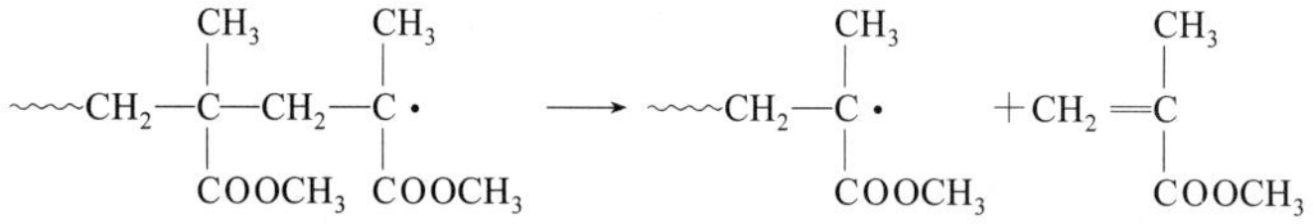

高分子化合物的降解反应说明：在使用高分子材料时，要注意使用温度范围，防止高分子材料老化，否则高分子化合物将彻底破坏；但是，从另外一个视角来看，利用高分子化合物的降解反应可以回收利用废旧高分子材料，得到高回收率的单体，做到变废为宝，达到环境友好的目的。

6.5　功能高分子材料

功能高分子材料是指具有某些特定功能的高分子材料，下面将对其进行简单概述，并分别介绍物理功能高分子材料、化学功能高分子材料、可降解高分子材料以及智能型高分子材料。

6.5.1　功能高分子材料概述

从 20 世纪 70 年代以来高分子材料朝着高性能化、功能化、复合化的方向发展，一系列具有高度选择性和催化性、相转移性、光敏性、光致变色性、光导性、导电性、磁性、生物活性高分子和液晶高分子等各种功能高分子材料纷纷问世。这些功能高分子材料除了具有一定的力学性能外，还具有其他的物理性能和化学性能。功能高分子材料是材料科学和高分子科学中的主要研究领域，目前，已有大量功能高分子材料在化工、制药、医学、环保、光电信息等领域获得了广泛应用。

所谓功能高分子是指对物质、能量和信息具有传输、转换和储存功能的特殊高分子。一般是带有特殊功能基团的高分子，又称为精细高分子。按照功能高分子的功能或用途所属的学科领域，可以将其分为物理功能高分子材料、化学功能高分子材料和生物功能高分子材料三大类。

物理功能高分子是指那些对光、电、磁、热、声、力等物理作用敏感并能够对其进行传导、转换或储存的高分子材料。它包括光活性高分子、导电高分子、发光高分子、液晶高分子等。

化学功能高分子是指具有某种特殊化学功能和用途的高分子材料，它是一类十分经典、用途广泛的功能高分子材料。离子交换树脂、吸附树脂、高分子分离膜、反应性高分子（或高分子试剂）和高分子催化剂是其重要种类。

生物功能高分子是指具有特殊生物功能的高分子，包括高分子药物、医用高分子材料等。

本节将对物理功能高分子材料、化学功能高分子材料和生物功能高分子材料分别作简单介绍。

6.5.2　物理功能高分子材料

现以导电高分子、发光高分子、液晶高分子为例介绍物理功能高分子材料。

6.5.2.1　导电高分子

物质按导电能力的差异可分为绝缘体、半导体、导体和超导体四种类型。常见的合成有机高分子都是不导电的绝缘体。但自从 1977 年美国的化学家 A. G. MacDiarmid、物理学家 A. J. Heeger 和日本的 H. Shirakawa 等发现聚乙炔经碘掺杂后具有明显的导电性以后，有机高分子被认为是绝缘体的传统观念被打破了。这一研究成果为有机高分子材料的应用开辟了一个全新的领域，同时也昭示着新一代功能材料"导电高分子"的诞生。以上三位科学家也因此获得了 2000 年诺贝尔化学奖。目前导电高分子已成为一门新型的多学科交叉的研究领域。

导电高分子材料按照材料的结构与组成可分为两大类，一类是复合型导电高分子材料，另一类是结构型（或本征型）导电高分子材料。

（1）复合型导电高分子材料

复合型导电高分子材料是指以通常的高分子材料为基体，将各种导电性物质（如各类金属粉末、金属化玻璃纤维、碳纤维等）以不同的方式和加工工艺（如分散聚合、层积复合、表面复合等）填充到聚合物基体中而构成的复合材料。用量最大、最为普及的是炭黑填充型和金属填充型。几乎所有的聚合物都可制成复合型导电高分子材料，如导电塑料、导电橡胶、导电涂料和导电黏结剂等。

（2）结构型导电高分子材料

结构型导电高分子是指高分子材料本身或经过掺杂后具有导电功能的高分子。这种高分子材料本身具有"固有"的导电性，由其结构提供导电载流子（电子、离子或空穴），一旦经掺杂后，电导率可大幅度提高，甚至可达到金属的导电水平。

根据导电载流子的不同，结构型导电高分子材料又被分为离子型和电子型两类。离子型导电高分子通常又称为高分子固体电解质，它们导电时的载流子主要是离子。电子型导电高分子指的是以共轭高分子为基体的导电高分子材料，导电时的载流子是电子（或空穴），这类材料是目前世界上导电高分子中研究开发的重点。

导电高分子是具有共轭长链结构的一类聚合物。研究较多的这类聚合物包括聚乙炔、聚苯胺、聚吡咯、聚噻吩、聚 3,4-二氧乙基噻吩和聚对苯乙烯等（图 6-4）。

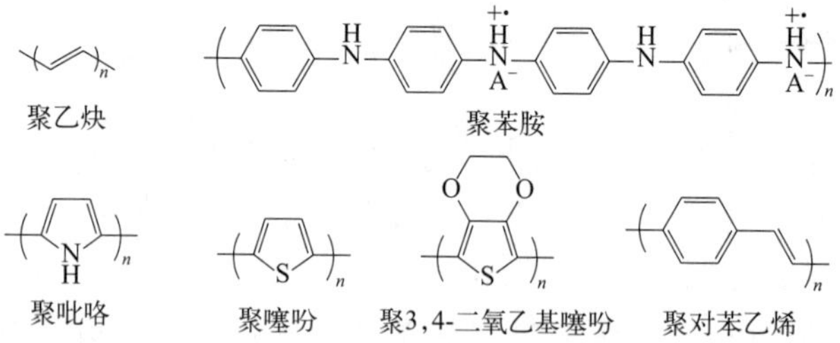

图 6-4　几种典型的导电高分子

聚乙炔是研究得最早、最系统，也是迄今为止实测电导率最高的导电高分子。20 世纪 80 年代，人们对聚乙炔作了各种应用研究，特别是用其作电极材料制成"塑料电池"。但由于聚乙炔的不稳定性，使它很难成为任何实用的材料。但它作为导电高分子的模型，具有重大的理论价值，由聚乙炔研究得出的许多结论和规律，对其他电子聚合物具有普遍意义。

环境稳定性较好的聚吡咯、聚噻吩、聚苯胺尽管发现较晚，发展却十分迅速，目前已上升为导电高分子的三大品种。尤其是聚苯胺，由于其合成原料易得、合成方法简单、成本远比聚噻吩和聚吡咯低，同时具有多样化结构、高电导率、环境稳定性好、可逆的酸碱掺杂/脱掺杂的化学性质等优点，而在能源、光电子器件、信息、传感器、分子导线、分子器件以及电磁屏蔽、防腐材料、隐身技术和显示设备等方面具有潜在的应用前景，因而引起广泛的关注。

6.5.2.2　发光高分子

高分子荧光（磷光）材料是指在光照射下，吸收的光能以荧光形式，或者磷光形式发出的高分子材料，前者是高分子荧光材料，后者是高分子磷光材料，可用于显示器件、荧光探针等的制备。荧光材料应该在入射光波长范围内有较大的摩尔吸收系数，同时吸收的光能要小于分子内断裂最弱的化学键所需要的能量，这样才能将吸收光能的大部分以辐射的方式给出，而不引起光化学反应。第二步是能量的耗散，分子吸收的能量可以通过多种途径耗散，荧光过程仅是其中之一。高分子发光材料可通过将小分子发光化合物引入高分子的骨架（如聚芴）或侧基中来制备或通过本身不发光的小分子化合物高分子化后共轭长度增大而发光，如聚对苯乙烯（PPV）。

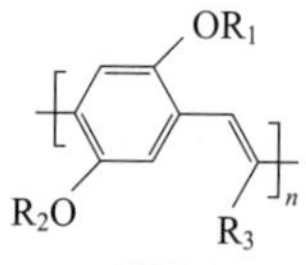

PPV

如今高分子发光材料最重要的应用是聚合物电致发光显示（polymer light emitting diode，PLED），而 PPV 是第一个实现电致发光的聚合物，其合成方法和途径较多，可通过改变取代基 R_1、R_2、R_3 的结构改善其溶解性、提高荧光效率并调制其发光颜色，设计的余地较其他材料体系大，是目前研究最多的一类发光材料。

6.5.2.3 液晶高分子

众所周知，液晶是一种取向有序的流体，并能反映各种外界刺激——光、声、机械压力、温度、电磁场以及化学环境的变化。

发现和研究得最早的液晶高分子是溶致性液晶，而目前多数液晶高分子属于热致性液晶。

聚对苯二甲酰对苯二胺（PPTA）是以 *N*-甲基吡咯烷酮为溶剂，$CaCl_2$ 为助溶剂，由对苯二胺和对苯二甲酰氯进行低温溶液缩聚而成（见下式）。它是典型的溶致性液晶高分子，可用来制备高强高模的 Kevlar，已广泛用作航空和宇航材料。

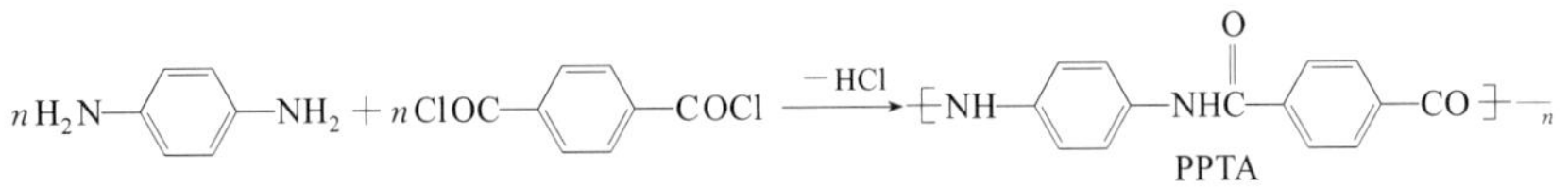

PPTA

热致性主链型液晶高分子的主要代表是芳族聚酯。芳族聚酯由于聚酯（如对羟基苯甲酸的缩聚物或对苯二甲酸与对苯二酚的缩聚物，见下式）的分子结构具有规整性和链刚性，它们具有高结晶度和高熔点，不能在热分解温度以下生成液晶相。

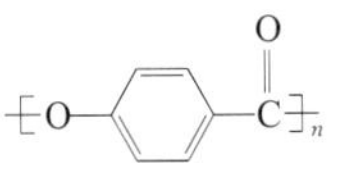

对羟基苯甲酸的缩合物 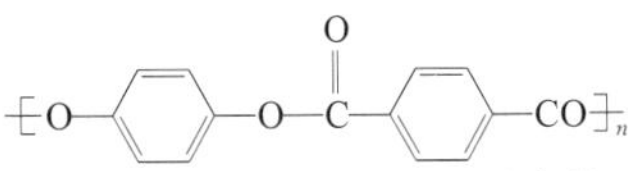　　　对苯二甲酸与对苯二酚的缩合物

在上述两类聚酯的基础上，采用引入取代基、异种刚性成分、刚性或柔性扭曲成分、柔性间隔基等方法通过共缩聚改性来降低分子链的有序性，从而降低结晶度和熔点。用于改性的二羟基单体主要有乙二醇、4,4'-联苯二酚、间苯二酚、2-取代对苯二酚、6-萘二酚等，羟基酸主要有 6-羟基-2-萘酸，二羧基单体有间苯二甲酸等。

对羟基苯甲酸与聚对苯二甲酸乙二醇酯共缩聚物（见下式）是最早研究成功的热致性主链高分子，它的商品名称为 Ekonol。另外，还有一些聚芳酯也实现了商品化生产。

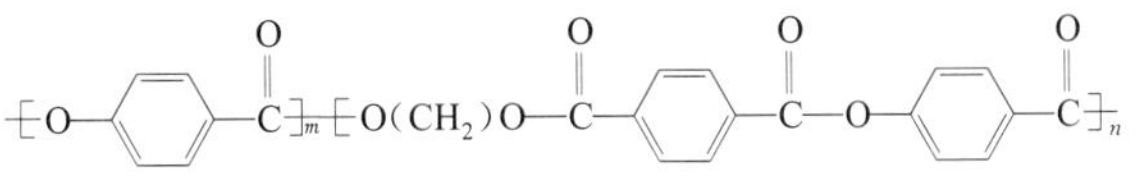

以聚芳酯为代表的热致性液晶高分子不仅可以制造纤维和薄膜，而且作为新一代工程塑料弥补了溶致性液晶高分子材料的不足。

除了以上介绍的主链型溶致性和热致性液晶外，还有许多侧链型液晶，它们具有特殊的光电性能，可用作电信材料。

6.5.2.4 磁性高分子

高分子磁性材料主要用在密封条、密封垫圈和电机电子仪器仪表等元器件中，是一类重要的磁性材料。

（1）复合型高分子磁体

以高聚物为基体材料，均匀地混入铁氧体或其他类型的磁粉制成的复合型高分子磁性材料，也称黏结磁体。按基体不同可分为塑料型、橡胶型两种；按混入的磁粉类型可分为铁氧体、稀土类等。目前应用的高分子磁性材料都是复合型高分子磁体。

（2）结构型高分子磁体

目前已发现多种具有磁性的高分子材料，主要是二炔烃类衍生物的聚合物、含氨基的取代苯衍生物、多环芳烃类树脂等。但是已发现的结构型高分子磁性材料的磁性弱，实验的重复性差，距实际的应用还有相当长的距离。

6.5.3 化学功能高分子材料

化学功能高分子材料是经典且用途广的功能高分子材料，以高分子链为骨架并连接具有化学活性的基团构成。这里以离子交换树脂、高吸水性树脂、反应性高分子（或高分子化学试剂）和高分子催化剂为例简单介绍。

6.5.3.1 离子交换树脂

离子交换树脂是一种在聚合物骨架上含有离子交换基团的功能高分子材料。在作为吸附剂使用时，骨架上所带离子基团可以与不同反离子通过静电引力发生作用，从而吸附环境中的各种反离子。当环境中存在其他与离子交换基团作用更强的离子时，由于竞争性吸附，原来与之配对的反离子将被新离子取代。我们将反离子与离子交换基团结合的过程称为吸附过程，原被吸附的离子被其他离子取代的过程称为脱附过程，也称为离子交换过程。吸附与脱附反应的实质是环境中存在的反离子与固化在高分子骨架上的离子相互作用，特别是与原配对离子之间相互竞争吸附的结果。因此这一类树脂通常称为离子交换树脂。

离子交换树脂的结构主要包括两部分，一部分为高分子骨架，高分子骨架的作用是搭载离子交换基团和为离子交换过程提供必要的空间和动力学条件。结构的另外一部分为离子交换基团，即离子型化学结构，通常为在介质中具有一定解离常数的酸性或碱性基团。离子交换基团的性质决定了离子交换能力和吸附选择性。根据聚合物骨架上所带离子交换基团的性质不同，可以将其分成强酸型、弱酸型、强碱型、弱碱型、酸碱两性和氧化还原型六种。

（1）阳离子型树脂的结构特征和性质

在强酸型阳离子交换树脂中有代表性的聚合物骨架是聚苯乙烯型树脂，因为处在聚合物骨架侧链位置的苯环上很容易通过高分子化学反应引入各种酸性基团。同非离子型吸附树脂一样，为了增强树脂的机械强度和抗溶剂能力，在聚合反应中需要加入适量交联剂进行交联。二乙烯基苯是较常用的交联剂，通过与苯乙烯的共聚反应获得适度交联的网状结构。一般是通过磺化反应在苯环上引入磺酸基。强酸型阳离子树脂根据交联程度不同可以有不同型号，其典型化学结构如下：

$$-CH-CH_2 + CH-CH_2 +_n \quad -SO_4H$$
$$+CH_2-CH+_m$$

苯环上的磺酸基是离子交换的主要基团，出厂时的商品树脂反离子通常为氢质子，有时氢质子可以被其他阳离子替换，这些阳离子包括钠和钾等碱金属离子，以其他不同价态的金属离子为反离子的商品树脂比较少见。

（2）阴离子型吸附树脂的结构特征和性质

聚苯乙烯强碱型阴离子交换树脂是使用十分普遍的阴离子交换树脂，其离子交换基团多为脂肪型季铵盐，通过碳链连接到聚合物骨架的苯环上，聚苯乙烯强碱型阴离子树脂的典型结构如下：

强碱Ⅰ型阴离子树脂　　　　　　　　　　强碱Ⅱ型阴离子树脂

聚苯乙烯强碱型阴离子交换树脂外观为淡黄至金黄色球状颗粒，适用的酸度范围较宽，可以在 pH 为 1～14 的范围内使用。因此，不仅可以交换吸附一般无机酸根阴离子，也可以交换吸附硅酸、醋酸等有机弱酸根阴离子。Ⅰ型和Ⅱ型离子交换树脂的差别在于Ⅱ型树脂在分子结构中引入了羟基，其碱性较Ⅰ型稍弱，但是抗污染性和再生效率较高。

（3）离子交换树脂的应用

离子交换树脂在工业上应用十分广泛。表 6-2 给出了离子交换树脂的主要用途。

表 6-2　离子交换树脂的主要用途

行业	用途
水处理	水的软化；脱碱、脱盐；高纯水制备；等等
冶金工业	超铀元素、稀土金属、重金属、轻金属、贵金属和过渡金属的分离、提纯和回收
原子能工业	核燃料的分离、精制、回收；反应堆用水净化；放射性废水处理；等等
海洋资源利用	从海生物中提取碘、溴、镁等重要化工原料；海水制淡水
化学工业	多种无机、有机化合物的分离、提纯、浓缩和回收；各类反应的催化剂；高分子试剂、吸附剂、干燥剂；等等
食品工业	糖类生产的脱色；酒的脱色、去浑、去杂质；乳品组成的调节；等等
医药卫生	药剂的脱盐、吸附分离、提纯、脱色、中和；中草药有效成分的提取；等等
环境保护	电镀废水、造纸废水、矿冶废水、生活污水、影片洗印废水、工业废气等的治理

下面以水处理为例说明离子交换树脂的应用。如用一种新的丙烯酸系阴离子水处理用树脂，工作交换量可达 $800～1100mol/m^3$；一次离子交换净化水的电阻率可达 $2×10^7 \Omega \cdot cm$，相当于自来水经 28 次重复蒸馏的结果，净水效率很高。目前用离子交换树脂处理水的技术已广泛应用于原子能工业、锅炉、医疗，甚至航天等各领域。

离子交换树脂还衍生发展了一些很重要的功能高分子材料，如离子交换纤维、吸附树脂、高分子试剂、固定化酶等。离子交换纤维是在离子交换树脂基础上发展起来的一类新型材料，其基本特点与离子交换树脂相同，但外观为纤维状，可以不同的织物形式出现。吸附树脂也是在离子交换树脂基础上发展起来的一类新型树脂，是一类多孔性、高度交联的高分子共聚物，又称为高分子吸附剂。这类高分子材料具有较大的比表面积和适当孔径，可以从气相或溶液中吸附某些物质。

6.5.3.2　高吸水性树脂

高吸水性树脂是一种含有羧基、羟基等强亲水性基团并具有一定交联度的水溶胀型高分子聚合物，不溶于水，也难溶于有机溶剂，具有吸收自身几百倍甚至上千倍水的能力，且吸水速率快，保水性能好，在石油、化工、轻工、建筑、医药和农业等领域有广泛的用途。

根据原料来源、亲水基团引入方法、交联方法、产品形状等的不同，高吸水性树脂可有多种分类方法，其中以原料来源分类的方法较为常用。按此方法分类，高吸水性树脂主要可分为淀粉类、纤维素类和合成聚合物类。

（1）淀粉类

淀粉类高吸水性树脂主要有两种形式：一种是淀粉与丙烯腈进行接枝反应后，用碱性化合物水解引入亲水性基团的产物，由美国农业部北方研究中心开发成功；另一种是淀粉与亲水性单体（如丙烯酸、丙烯酰胺等）接枝聚合，然后用交联剂交联的产物，是由日本三洋化成公司研发成功。淀粉改性的高吸水性树脂的优点是原料来源丰富、产品吸水倍率较高；缺点是吸水后凝胶强度低、长期保水性差等。

（2）纤维素类

纤维素类高吸水性树脂也有两种类型：一种是纤维素与一氯醋酸反应引入羧甲基后用交联剂交联而成的产物；另一种是由纤维素与亲水性单体接枝的共聚产物。纤维素类高吸水性树脂的吸水倍率较低，同时亦存在易受细菌的分解失去吸水、保水能力的缺点。

（3）合成聚合物类

合成聚合物类高吸水性树脂目前主要有四种类型。

① 聚丙烯酸盐类。这是目前生产较多的一类合成聚合物类高吸水性树脂，由丙烯酸或其盐类与具有二官能团的单体共聚而成。其吸水倍率较高，一般均在千倍以上。

② 聚丙烯腈水解物。将聚丙烯腈用碱性化合物水解，再经交联剂交联，即得高吸水性树脂。由于氰基的水解不易彻底，产品中亲水基团含量较低，故这类产品的吸水倍率不太高，一般在 500～1000 倍。

③ 醋酸乙烯酯共聚物。将醋酸乙烯酯与丙烯酸甲酯进行共聚，然后将产物用碱水解后可得到乙烯醇与丙烯酸盐的共聚物，不加交联剂即可成为不溶于水的高吸水性树脂。这类树脂在吸水后有较高的机械强度，适用范围较广。

④ 改性聚乙烯醇类。由聚乙烯醇与环状酸酐反应而成，不需外加交联剂即可成为不溶于水的产物。这类树脂由日本可乐丽公司首先开发成功，吸水倍率为150～400倍，虽吸水能力较低，但初期吸水速度较快，耐热性和保水性都较好，故是一类适用面较广的高吸水性树脂。

6.5.3.3 高分子化学试剂

常见的高分子化学试剂根据所具有的化学活性分为：高分子氧化还原试剂、高分子磷试剂、高分子卤代试剂、高分子烷基化试剂、高分子酰基化试剂等。除此之外，用于多肽和多糖等合成的固相合成试剂也是重要的一类高分子试剂。高分子试剂参与的化学反应路线如图 6-5 所示。

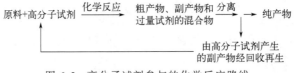

图 6-5 高分子试剂参与的化学反应路线

高分子化学试剂涉及的应用范围非常广泛，而且目前仍以非常快的速度发展，其原因是高分子化学试剂的应用已经超过了化学合成的范畴。表 6-3 给出几个代表性例子，下面以高分子过氧酸的合成与应用为例，简单介绍高分子化学试剂。

表 6-3 高分子化学试剂

高分子化学试剂	母体	功能基团	反应
氧化剂	聚苯乙烯	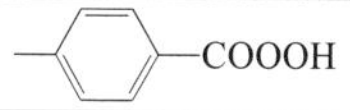 —⟨苯环⟩—COOOH	烯烃环氧化
还原剂	聚苯乙烯	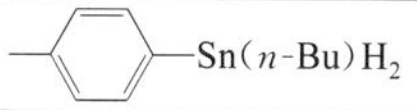 —⟨苯环⟩—Sn(n-Bu)H$_2$	将醛、酮等羰基还原成醇
氧化还原树脂	乙烯基聚合物	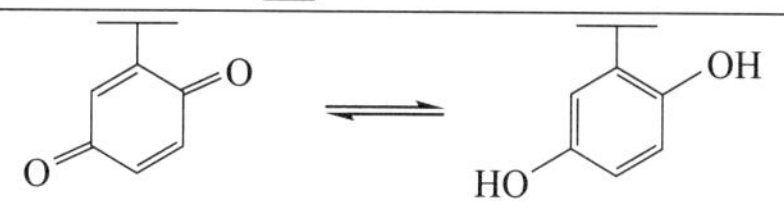 (醌/酚结构)	兼具氧化还原的特点
卤化剂	聚苯乙烯	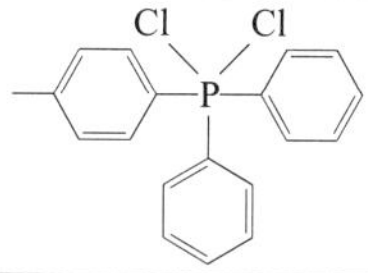 (PCl$_2$三苯基膦结构)	将羟基或羧基转变为氯代或酰氯
酰基化剂	聚苯乙烯	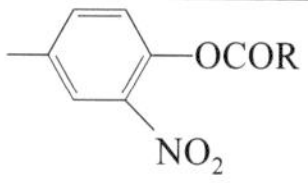 —⟨苯环⟩—OCOR, NO$_2$	使胺类转化为酰胺,当 R 为氨基酸衍生物时,用于多肽合成
烷基化剂	聚苯乙烯	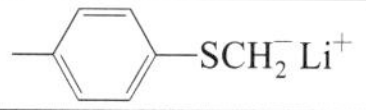 —⟨苯环⟩—SCH$_2^-$ Li$^+$	与碘代烷反应增长碳链

常见的高分子过氧酸是以聚苯乙烯为骨架的聚苯乙烯过氧酸,其制备过程是以交联聚苯乙烯树脂为原料,与乙酰氯发生芳香亲电取代反应生成聚乙酰苯乙烯;然后在酸性条件下用无机氧化剂(高锰酸钾或铬酸)反应将乙酰基氧化,得到苯环带有羧基的聚苯乙烯;最后在甲基磺酸的参与下,将苯环带羧基的聚苯乙烯与 70% 双氧水反应生成过氧键,得到聚苯乙烯型高分子氧化试剂。反应过程如下所示:

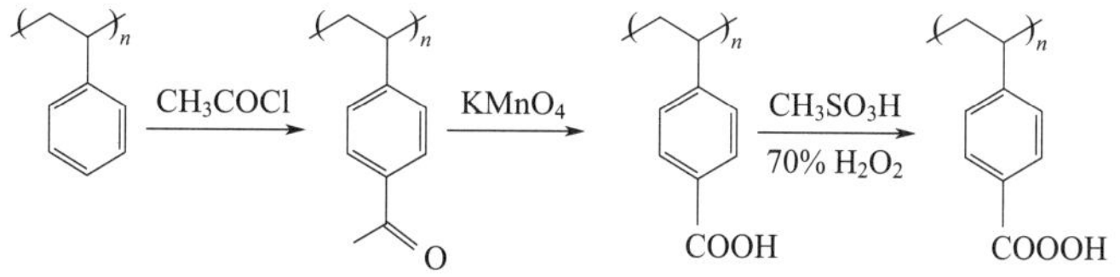

在适当溶剂中,烯烃可用高分子过氧化物氧化成环氧化物质,流程示意如下:

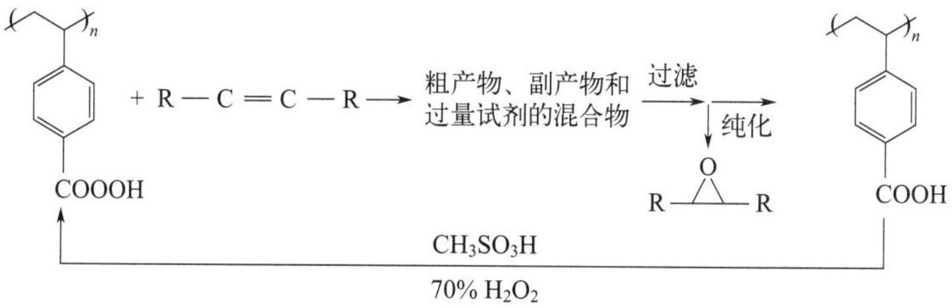

高分子过氧酸被还原成高分子酸,经过滤将高分子酸与粗产物分离,除去粗产物中的溶剂并精制后可得环氧化物纯品,高分子酸再与过氧化氢反应可重新得到高分子过氧酸,循环使用。

6.5.3.4 高分子催化剂

高分子催化剂由高分子母体和催化剂基团组成,催化剂基团参与反应,反应结束后自身不发生变化,因高分子母体不溶于反应溶剂中,属液固相催化反应,产物容易分离,催化剂可循环使用,流程示意图如下:

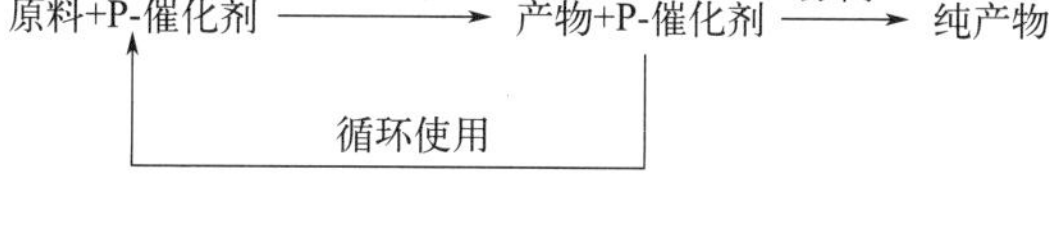

高分子催化剂包括酸碱催化用的离子交换树脂、聚合物氢化和脱羧基催化剂、聚合物相转移催化剂、聚合物过渡金属络合物催化剂等，表 6-4 列出几种高分子催化剂。由于使用目的和制备方法方面的原因，使用高分子材料生产的固化酶，原则上也属于高分子催化剂。一些酸性或碱性的离子交换树脂也可作为酸性或碱性的催化剂。

表 6-4　高分子催化剂

聚合物载体	催化剂基团	反应
聚苯乙烯	——⟨⟩——SO_3H	酸催化反应
聚苯乙烯	——⟨⟩——$CH_2N^+(CH_3)_3(OH^-)$	碱催化反应
聚苯乙烯	——⟨⟩——$SO_3H \cdot AlCl_3$	正己烷的裂解和异构化反应

6.5.4　可降解高分子材料

高分子材料具有很多其他材料不具备的优异性能，21 世纪更是高分子材料高速发展和充分利用的新世纪。但是大多数高分子材料在自然环境中不能很快降解，日益增多的废弃高分子材料已成为城市垃圾的重要来源，产生的白色污染严重影响人类生存环境，成为了全球性的问题。因此研究和开发可降解高分子材料是非常有意义的。

可降解高分子材料是指特定环境条件下，在一些环境因素如光、氧、风、水、微生物、昆虫以及机械力等的作用下，使其化学结构在较短时间内发生明显变化，从而引起物性下降，最终成为可被环境所消纳的高分子材料。按照降解机理，可降解高分子材料大致分为光降解高分子材料、生物降解高分子材料、光降解和生物双降解高分子材料、氧化降解高分子材料、复合降解高分子材料等（见表 6-5）。目前的重点研究方向是具有光生物双降解特性的高分子材料和具有完全生物降解特性的高分子材料，这也是今后产业发展的方向。

表 6-5　可降解高分子材料分类

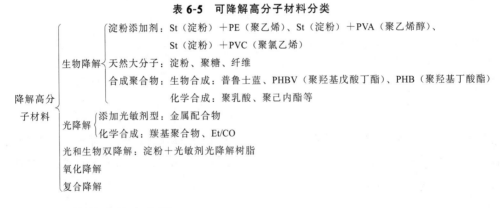

6.5.4.1　生物降解高分子

就天然高分子而言，我们对生物降解高分子是非常熟悉的，我们知道生命体不仅能合成多种高分子（例如：蛋白质、多糖等），而且也能分解它们。但是随着人工合成高分子的出现，问题随之而来。由于这些高分子既不能被微生物所降解，自身分解又极慢，对生态环境危害大。于是，人工合成可降解高分子应运而生。

生物降解高分子材料是指在自然界微生物或人体及动物体内的组织细胞、酶和体液的作用下，可使其化学结构发生变化，致使分子量下降及性能发生变化的高分子材料。

高分子材料在一定环境中降解一般要经历以下几个阶段（见图 6-6）。

图 6-6   高分子材料降解过程

添加型淀粉塑料和橡胶，其生产方法是将淀粉以非偶联方式与塑料（PE、PP、PS 和 PVC 等）共混，淀粉含量一般为 7%～15%，例如美国 Agrifech 公司、加拿大 St. Lawarnce 公司的产品均属此类。美国的 Goodyear 公司曾宣布试销含有部分淀粉填料的轮胎，该填料可以降低轮胎的滚动阻力和重量，还有利于环境保护。但是添加型淀粉塑料和橡胶的主要成分仍是石油基类聚合物（PE、PP、PS、PVC 等），很快降解的部分主要是淀粉，剩余的树脂降解仍需几百年。严格地讲，添加淀粉的可降解塑料不具备降解机理和功能，所以该类产品已不再受欢迎。

热塑性淀粉材料是近期正在开发的完全生物可降解材料，意大利的 Ferruzzi 研制出一种淀粉含量为 70% 的可降解材料，所使用的树脂是无毒的，分子量在 5000～50000，它与淀粉直接交联或产生间接物理作用，从而形成一连续相。该材料有良好的成型性、二次加工性、力学性能和优良的生物降解性能，缺点是有亲水性，不宜用于食品包装而且价格较高。德国的 Battele 研究所开发出了淀粉含量为 90% 的可降解塑料，可作为包装材料使用，以取代聚氯乙烯为目标。美国的 Warner lamber 公司开发了一种被称为"Novon"的热塑性淀粉材料，"Novon"是以变性淀粉为主，且配有少量其他生物降解性添加剂的天然聚合物材料，淀粉含量高达 90%～100%，材料的性能类似于聚苯乙烯，可完全生物降解，且降解可控，产品广泛用于医用器材、包装材料。

淀粉和其他可降解材料的复合材料：淀粉可以与果胶、纤维素、半乳糖、甲壳素等天然大分子复合成可完全生物降解的材料，用于制备包装材料或食品容器。Mayer 等人将淀粉与醋酸纤维素熔融加工成共混物，其力学性能与 PS 相似。土壤环境降解实验表明，共混体系中淀粉易受微生物进攻，因此首先被降解掉。

化学合成型生物降解高分子：该类生物降解高分子材料多是在分子结构中引入酯基结构的聚酯。工业化的有聚乳酸（PLA）和聚己内酯（PCL）。PLA 在医学领域内被认为是十分重要的可完全生物降解的高分子。由于制备工艺、成本的限制，该类材料的研究起步较晚，但越来越受到重视。由于可完全降解，所以应用前景较好，但是降解机理仍不完全清楚。

微生物合成的完全生物降解高分子：微生物合成高分子材料是由生物通过各种碳源发酵制得的一类高分子材料，主要包括微生物聚酯、聚乳酸及微生物多糖，此种产品的特点是能完全生物降解。研究发现，有许多可用于合成微生物聚酯的细菌，一般发酵底物是 C_1～C_5 的化合物。聚 β-羟基丁酸酯（PHB）是细菌与藻类的贮存产物，20 世纪 70 年代由英国 ICI 公司开发成功并进行生产，可以完全生物降解，但力学和热学性能不佳。为了改善力学和热学性能，Zeneca 公司开发了 β-羟基丁酸与 β-羟基戊酸（HV）的共聚物，得到了性能良好、可完全生物降解的高分子材料。0.025mm 厚的 PHB 或 PHB-HV 膜在海水中 6 周已穿孔，堆肥 7 周可降解 70%～80%。PHB-HV 可以制成瓶、膜和纤维，应用广泛。聚乳酸是世界上近年来开发研究十分活跃的降解高分子材料之一，它在土壤中掩埋 3～6 个月破碎，在微生物分解酶作用下，6～12 个月变成乳酸，最终变成 CO_2 和 H_2O。Cargill-陶氏聚合物公司在美国内布拉斯加州建成的 1.4×10^5 t/a 生物法聚乳酸装置，是迄今为止世界上最大的聚乳酸生产装置。

转基因生物生产生物降解高分子：美国的研究人员利用转基因方式，把从豌豆植物中提取的 DNA 片段外源基因转入拟南芥菜细胞，使其叶绿体能产生 P(3HB) 颗粒，这种方法大大提高了产生 P(3HB) 的能力。韩国的研究人员将一种从细菌中提取的合成高分子基团，转入大肠杆菌中获得了"工程大肠杆菌"。这种转基因生物生产生物降解高分子的方法已成为生物降解高分子的一个新的研究开发课题，代表了可生物降解材料未来的发展方向。

6.5.4.2 光降解高分子

在制备塑料时，通过向塑料基体中加入光敏剂，使其在光照条件下可诱发光降解反应，此类塑料称为光降解塑料。光敏剂有很多种，包括过渡金属的各种化合物，如：卤化物、乙酰基丙酮盐、二硫代氨基甲酸盐、脂肪酸盐、羟基化合物、多核芳香族化合物、酯以及其他一些聚合物。引发剂可以在产品挤出或挤出吹膜前混合于高聚物中，也可以以印墨形式涂于薄膜表面。这种以简单方式制得的降解膜具有不同的使用期限，颇具应用价值。

不同寿命的降解高分子材料还可以通过改变 Ni、Co 等稳定二硫代氨基甲酸盐和 Fe、Cu 等二硫代氨基甲酸盐的比例得到。此外联二茂铁也可以引发光降解反应。薄膜的降解速度与光敏剂含量有关，在自然条件下测试出光敏剂含量与薄膜降解速度的曲线，就可以根据该材料的使用期限选择适当的用量。

除了以上光降解高分子，还有一类重要的合成光降解高分子，即通过共聚反应将羰基型感光基团引入高分子链而赋予其光降解特性。光降解活性的控制则是通过改变羰基基团含量来实现。已经工业化的此类合成光降解高分子有乙烯-乙烯酮共聚物和乙烯羰基共聚物。

6.5.4.3 光和生物双降解高分子

光和生物双降解高分子材料，顾名思义，具有光、生物双降解功能，它将光敏剂体系的光降解机理与淀粉的生物降解机理结合起来，一方面可以加速降解，另一方面可以利用光敏剂体系可调的特性达到人为控制降解的目的。

1988 年，L. Griffin 提出了结合几种可能的降解效应的新配方，即在 LDPE（低密度聚乙烯）与玉米淀粉的混合料中，引入由不饱和烃类聚合物、过渡金属盐和热稳定剂组成的促氧化剂母料，研究者设想淀粉首先被生物降解，与此同时 LDPE 母体被挖空，增大了表面积/体积比，在日光、热、氧等引发化学不稳定的促氧化剂的自氧化作用下产生侵袭 PE 分子结构的游离基及 LDPE 母体的分子量下降，LDPE 的后期生物降解即可能发生。这一设想在 20 世纪 90 年代初曾作为主攻方向之一。

光降解和生物降解的结合不仅提高了材料降解的可控性，而且还克服了单纯光降解材料在阳光不足或非光照条件下难降解，以及单纯淀粉塑料在非微生物环境条件下难降解的问题。

生物降解高分子材料的一大应用领域是在农业上。在适当的条件下，可生物降解高分子材料降解成为混合肥料，或与有机废弃物混合堆肥。特别是用甲壳素/壳聚糖制备的生物降解高分子材料或含有甲壳素/壳聚糖的生物降解高分子材料，其降解产物不但有利于植物生长，还可改良土壤。

中国是农业大国，每年农用薄膜、地膜、农副产品保鲜膜、育秧钵及化肥包装袋等的用量很大。作为世界上地膜使用量最多、覆盖面积最大的国家，我国每年要用掉大约 145 万吨地膜，占全球总量的 75%，农作物覆盖面积近 3 亿亩（1 亩＝666.67 平方米）。如此大的用量造成了大量不可降解的废弃物，既污染了环境又浪费了高分子材料。如果用可生物降解高分子材料代替，农用地膜可在田里自行降解，变成动植物可吸收的营养物质，这样不但减轻对环境的污染，有益于植物的生长，还可达到循环利用的目的。

生活（帽子、内衣）、卫生（桌布、地毯、垫布）、杂品（壁纸、包装袋、茶叶袋、餐巾纸）、医疗用材（医疗用无纺布、纱布、包扎带、医用胶布基材等）中大多数是一次性用品，使用后可掩埋或焚烧，也可与其他有机废弃物一起堆肥，回归自然。此外，一些具有生物体适应性的生物可降解高分子材料，可应用于与生物体相接触的地方，今后还将开发出更为广泛的用途。

可降解高分子当前存在的问题主要是价格昂贵，难以推广利用。淀粉填充型塑料降而不解，生物降解塑料使用后的处理需要建设堆肥设施。另外，降解塑料自身技术如更合理的工艺配方、准确的降解时控性、用后快速降解性、彻底降解性以及边角料的回收利用技术等还有待进一步提高和完善。

6.5.5 智能型高分子材料

材料的智能性是指材料的作用和功能可随外界条件的变化而自动调节、修饰和修复。智能高分子材料的品种多、范围广，智能凝胶、智能膜、智能纤维和智能黏合剂等均属于智能高分子材料的范畴。由于高分子材料与具有传感、处理和执行功能的生物体有着极其相似的化学结构，较适合制造智能材料并组成系统，模拟生物体功能，因此其研究和开发尤其受到关注。智能高分子材料的主要分类及应用如表 6-6 所示。

表 6-6 智能高分子材料的分类与应用

类别	性质	应用
形状记忆功能高分子材料	对应力、形状、体积、色泽等有记忆效应	医用材料、包装材料、织物材料
智能纤维织物	热适应性、可逆收缩性	服装保温、医用绷带
智能高分子凝胶	体积相转变	组织培养、环境工程、化学机械体系、调光材料、智能药物释放
智能高分子复合材料	集成传感器、信息处理器和功能驱动器	建筑材料、复合功能器、压电材料
智能高分子膜	选择性渗透、选择性吸附和分离等	传感材料、仿生材料、人工肺

6.5.5.1 形状记忆高分子材料

形状记忆高分子在一定条件下被赋予一定的形状（起始态），当外部条件发生变化时，它可相应地改变形状，并将其形变固定（变形态）。如果外部环境发生变化，形状记忆高分子材料能够对环境刺激产生响应，其中环境刺激因素包括温度、pH、离子、电场、溶剂等。当这些因素以特定的方式和规律再一次发生变化，它便可逆地对这些刺激响应并恢复至起始态。至此，完成记忆起始态-固定变形态-恢复起始态的循环。智能高分子材料的响应特性是由其特殊的内部结构决定的。在其内部存在着互相结合成网状的架桥，架桥的存在使高分子链间不发生滑动。对外界条件变化产生响应时，高分子链运动变形，从而使之保持一定状态。外界条件还原之后，残留的翘棱被释放出来，恢复到原来架桥出现时的状态。

6.5.5.2 智能和自修复涂层

高分子材料的可重构性使其在智能涂层领域有着重要的价值。这种涂层结构可以在外部刺激的影响下产生相分离，并且自组装成为新的功能性构型，从而实现智能响应。例如，丙烯酸酯共聚乳液和含氟丙烯酸酯单体制备的胶体粒子可形成分层膜结构，其中氟化组分趋向存在于膜/空气或膜/基体界面上。因此，膜/空气界面上的静态和动态摩擦系数便可得到控制，从而得到一个超疏水的表面。具有自我修复能力的涂层也属于智能材料的范畴。一个由聚电解质和缓蚀剂自组装而成的多层系统可以对被腐蚀的金属基体进行修复，并在腐蚀过程中释放防腐剂。这种自我修复行为可以理解为在暴露于腐蚀性环境（即高离子强度）中聚电解质材料的断裂和重构。

6.5.5.3　可调控的催化作用

采用智能高分子材料对官能团或纳米粒子表面进行选择性遮蔽为化学和生物化学催化领域开辟了一个新的研究方向。例如，Ballauff 等描述了一种可调节的催化剂，它是由一个温敏聚合物外壳包覆的纳米银离子连接到一个更大的胶体粒子上实现的。温敏聚合物外壳的变温膨胀和收缩被用来控制银纳米粒子的暴露，从而调节了复合粒子的催化活性。

6.5.5.4　药物释放

最近，能对外界条件进行响应的纳米粒子和纳米胶囊由于在医药领域具有重要的应用价值而引起了广泛关注。这种纳米胶囊可以存储和保护各种药物，并在进入生物体后进行释放。为了实现药物的定向释放，纳米胶囊需要能够对一些特定的环境进行响应，如 pH、谷胱甘肽浓度或者是细胞中一些特定的酶。

习题

一、填空题

1. 聚合反应是指由____合成____的化学反应。按照单体与聚合物在元素组成和结构上的变化，分为____和____；按照聚合机理的不同分为____、____和____。

2. 生物降解的聚合物主链或侧链上含有____的可水解键，降解就是通过这些____键的断裂发生的。

3. 聚乙烯醇是一种水溶性聚合物，其制备是由____醇解而成。

4. ____是以高分子量的线型聚有机硅氧烷为基础，制成具有一定强度和伸长率的橡胶态弹性体。

5. 在合成聚合物中____、____和____称为三大合成材料。

二、名词解释

1. 高分子化合物，高分子材料；　2. 结构单元，重复单元，聚合度；　3. 分子量，分子量分布

三、简答题

1. 简述高分子材料的分类。

2. 简述高聚物的结构层次。

3. 试述高分子材料的结构特点，其与小分子化合物在结构和性质上有什么区别？

4. 何为功能高分子？试举例说明有什么功能特点。

5. 导电高分子一般具有何种结构？它有什么优点？

6. 简述阳离子型吸附树脂的结构特征和性质。

7. 写出下列聚合物的主要特征和用途。

（1）聚乙炔；（2）聚对苯乙烯；（3）聚乳酸；（4）Kevlar 纤维

7
新型功能材料

　　尽管本书在4～6章中介绍了各相应领域的新材料进展，但考虑到电子与微电子材料、光子材料、生物医用材料、复合纳米材料日益突出的重要作用，故在本章对四种新型功能材料进行介绍，以扩充读者对新型功能材料的了解。

7.1　电子与微电子材料

　　电子材料是指与电子工业有关的、在电子学与微电子学中使用的功能性材料，它是电子工业和电子科学技术发展的物质基础，也是当前材料科学的一个重要方面，具有品种多、用途广、涉及面宽的基本特点，是制作电子元器件和集成电路的基础，是获得高性能、高可靠先进电子元器件和系统的保证，同时还广泛应用于印制电路板和微线板、封装用材料、元器件和整机、电信电缆和光纤、各种显示器及显示板以及各种控制和显示仪表等。

　　电子材料的知识是科技领域中技术密集型的学科，它涉及电子技术、物理化学、固体物理学和工艺基础等多学科知识。从具体功能性质进行分类，传统电子材料包括导电材料、介电材料、电绝缘材料、电磁材料、半导体材料、压电与铁电材料等几大基础材料类别。而从化学属性进行分类，电子材料又包括金属电子材料、电子陶瓷材料、有机高分子材料、无机非金属材料等，它们在电子材料和电子器件领域表现为不同的电性能及综合性能特征。

7.1.1　导电材料

　　传统导电材料的定义是电子可在其中以较小的阻碍进行定向运动的材料，现代关于导电材料的理解已超出电子运动范畴，定义为外电场作用下，载流子可在其中以较小阻碍发生定向运动的材料。其中的较小阻碍即指电阻率较小，通常以符号 ρ 表示，导电性大小还可用电导率表示，常用符号为希腊字母 σ，电导率与电阻率互为倒数，$\sigma = 1/\rho$，电导率常用单位为 S/cm。

　　载流子是一种电流载体，是指可以自由移动的带有电荷的物质微粒，如电子、离子和空穴。在半导体物理学中，电子流失导致共价键上留下的空位（空穴）被视为载流子。在电解质溶液中，载流子是已溶解的阳离子和阴离子。类似地，游离液体中的阳离子和阴离子在液体和熔融态固体电解质中也是载流子。在等离子体中，如电弧中，电离气体和汽化的电极材料中的电子和阳离子是载流子。在真空中，如真空电弧或真空管中，自由电子是载流子。在金属中，金属晶格中形成费米气体的电子是载流子。依据载流子的形式不同，可将导体分成电子导体、离子导体和包含空穴导电机理的半导体等类别。从化学属性区分，又可将导体分为金属导电材料、无机非金属导电材料、聚合物导电材料等。导体材料在电子电器领域主要用作导线、接头、电子元器件、热电偶、熔断、焊接、电池等零部件或连接器件。

（1）金属导电材料

金属导电材料是导电材料中应用十分广泛的一类，主要包括纯金属导体、合金导体等。相对来说，金属的电阻率较小，合金的电阻率较大，导电性略差。另外，非金属和一些金属氧化物的电阻率通常较大，而绝缘体的电阻率极大。锗、硅、硒、氧化铜、硼等的电阻率比绝缘体小而比金属大。在常见金属中，单纯考虑电阻率的话，其电阻率大致排序为：银（Ag）、铜（Cu）、金（Au）、铝（Al）、钠（Na）、钼（Mo）、钨（W）、锌（Zn）、镍（Ni）、铁（Fe）、铂（Pt）、锡（Sn）、铅（Pb）。可见，银、金、铜的电阻率最小，但它们却不一定是最佳的金属导体。作为导电材料使用的金属导体一般还需要具备导电性之外的其他性能，包括：足够的机械强度与抗疲劳性；抗氧化与抗化学腐蚀能力；易加工和易焊接等性能；廉价与低毒性特征等。

金、银等导电纯金属材料的性能虽然也符合导电材料的要求，但其价格较高，只用于特殊场合。铜、铝金属材料符合上述条件，因而得到广泛的应用，更多纯金属材料尽管导电性较好，但在成形性、机械性、抗氧化、耐腐蚀等方面较差而很少用作导电材料。其实金属导体的非电性能往往更为重要。为解决某些导电性良好的纯金属的非电缺陷，将不同性能的金属导体进行复合也是制造电子器件的常用方法，金属导体复合不是合金，没有改变原有纯金属导体基本性质，仅仅是通过某种物理方式进行无缝"搭接"，如铜包铝线、铝包铜线、铜片焊接锌片、铜上镀金、铜上镀银等。

合金尽管在导电性方面较纯金属有所降低，但很多合金在机械性、抗疲劳、耐腐蚀、抗氧等方面表现优异，因而也有不少合金材料在工业上广泛用作导电材料，如铜合金，银铜、镉铜、铬铜、铍铜、锆铜等；铝合金，铝镁硅、铝镁、铝镁铁、铝锆等。此外，某些合金材料由于特有的电性能和相关其他功能性质而被用作特种导电材料，即既有传导电流的作用，又具有其他特殊功能（熔断、加热等）的导电材料，如熔体材料、电刷、电阻、电阻合金、电热合金、电触头材料、双金属片材料、热电偶材料、弹性合金等；广泛应用在电工仪表、热工仪表、电器、电子及自动化装置技术领域的，有高电阻合金、电触头材料、电热材料、测温控温热电材料等。

金属导体的导电能力与其结构、性质存在广泛联系。纯金属导体或合金导体，其本质结构还是金属晶体，并且以体心立方、面心立方和六方密堆为其典型晶体构型。经典自由电子理论认为，金属导体的导电行为依赖金属原子外层价电子在电场中的定向迁移，即自由电子的定向运动。然而，金属导电性与其价电子个数、价电子离去难易程度（还原电位）等显性指标并不存在简单因果关系，即经典的金属导电理论无法解释为何金属银的导电性最佳。金属铁具有2~3个价电子，而其导电性远不如只有一个价电子的银。金属导体导电性通常可以用电流密度来评价，电流密度越大，导电性越高。金属导电性高低除了受原子所拥有的自由电子数、价电子离去难易程度等要素影响，更重要的是受自由电子定向迁移速度的影响，即自由电子在迁移过程中所受到牵制的阻碍作用更应受到关注。对经典导电理论的修正补充应当考虑金属晶体构型、金属原子晶体场作用、非价电子对自由电子的作用、金属密度、金属晶畴大小与形态、晶体缺陷、晶界状态等多方面因素。

（2）快离子导体

固态离子晶体存在晶格缺陷，尤其是半径较小的正离子，可以通过晶格空位机理进行迁移形成导电，这种离子晶体称作肖特基导体；离子晶体中也可以通过间隙离子存在的亚间隙迁移方式进行离子运动而导电，这种离子晶体称作弗仑克尔导体。但这两种导体的电导率都很低，一般电导值在 $10^{-18} \sim 10^{-4}$ S/cm 的范围内。它们的电导率和温度的关系服从阿伦尼乌斯公式，活化能一般在 $1 \sim 2$ eV。如 NaCl 在室温时的电导率只有 10^{-15} S/cm，在 200℃ 时也只有 10^{-8} S/cm。如此低的电导率，只能算得上是导电性很差的导体，即绝缘体。

依据其载流子来源不同，离子导体可分为本征离子电导和杂质离子电导。源于晶体点阵的基本离子的运动，称为固有离子电导或本征电导，主要区别于杂质电导，这种离子自身随着热振动离开晶格形成热缺陷（肖特基缺陷、弗仑克尔缺陷）。这种热缺陷无论是离子或者空位都是带电的，因而都可作为离子导电载流子。热缺陷的浓度取决于温度 T 和解离能 E，只有在高温下热缺陷浓度才相对较大，所以固有电导在高温下才显著。而源于固定较弱的杂质离子的运动造成的电导称作杂质电导，杂质离子在晶格中处于较弱结合，较低温度下即有显著电导。常规离子晶体的导电依赖于离子/缺陷扩散，离子/缺陷扩散主要有空位扩散、间隙扩散、亚晶格间隙扩散。

快离子导体中可作为导电迁移载流子的离子，其半径一般较小，电价价态较低，在晶格内的键型主要是离子键。这种离子在离子晶格中所受库仑引力较小，运动阻碍较小，故而迁移速率较大，在化学势梯度或电势梯度的作用下，离子通过间隙或空位发生迁移，利于增加电导率。影响导电离子迁移的因素很多，具体包括以下几点。

① 离子迁移通道的尺寸。一般相互连通的通道其瓶颈的尺寸应大于传导离子和骨架离子半径和的两倍。

② 迁移离子浓度需高，活化能需低。

③ 一般说来，迁移离子在结晶学上不相等的位置在能量上应相近，这样离子从一个位置到另一位置时越过的势垒低，从而降低了活化能。

④ 离子从一个位置迁移到另一位置时，必须通过一个或多个中间状态，即一系列的配位多面体。配位数的大小直接影响离子迁移的难易。一般配位数愈小，离子愈易迁移。

⑤ 不论是骨架离子或迁移离子，都希望能有较大的极化率，因为极化率表征离子的可变形性，极化率高有助于离子迁移。

⑥ 从化合物的稳定性角度出发，希望刚性骨架内具有较强的共价键，而骨架离子与传导离子之间则希望是较弱的离子键，使传导离子易于迁移。

上述各种影响离子迁移的因素并不是绝对的，实际往往决定于综合效果，因此还需实验的验证。

根据载流子的类型，可将快离子导体分为阳离子导体和阴离子导体，其中的导电可移动阳离子包括 H^+、NH_4^+、Li^+、Na^+、K^+、Rb^+、Cu^+、Ag^+、Ga^+、Tl^+ 等，可移动的阴离子包括 O^{2-}、F^-、Cl^- 等。Li^+、Ag^+ 等阳离子因粒子半径小，电荷数低，库仑作用力小，所受束缚较小，这类离子晶体在室温下就呈现出高的离子导电性；而像 F^-、O^{2-} 等阴离子，由于半径大，仅在高温下才能显示出离子导电性。

（3）聚合物导体材料

一般有机聚合物属于电绝缘材料，导电性极差。但某些具有特殊结构和组成的聚合物材料具有显著导电性，导电高分子材料通常是指一类具有导电功能（包括半导电性、金属导电性和超导电性）、电导率在 10^{-6} S/cm 以上的聚合物材料。这类高分子材料具有密度小、易加工、耐腐蚀、可大面积成膜以及电导率可在绝缘体-半导体-金属态（电导率 $10^{-9} \sim 10^5$ S/cm）

的范围里变化等特点。导电高分子可以分为本征导电聚合物材料与导电复合聚合物材料。前者导电性来源于聚合物本身的结构特性，结构上具有大范围可离域电子，也称结构型导电性高分子，通常仍需要适当掺杂改性，才具备显著导电性；后者导电性主要来源于普通聚合物基体中添加的高导电性材料，包括金属微粉等。

结构型导电高分子材料一般是由电子高度离域的共轭聚合物经过适当电子受体或供体掺杂后制得的。1977年，日本白川英树等发现用五氟化砷或碘掺杂的聚乙炔薄膜具有金属导电的性质，电导率达到 $10^5\,S/cm$，这是第一个导电的高分子材料。继导电聚乙炔之后，人们相继开发出了聚对苯硫醚、聚对苯、聚苯胺、聚吡咯、聚噻吩以及 TCNQ 电荷转移络合聚合物等。其中掺杂型聚乙炔具有较高的导电性，电导率达 $5\times(10^3\sim10^4)\,S/cm$（铜的电导率为 $10^5\,S/cm$），这些材料掺杂后电导率可达到半导体甚至金属导体的导电水平，可用作太阳能电池、电磁开关、抗静电油漆、轻质电线、纽扣电池和高级电子器件等。

7.1.2　介电材料

本小节将介绍介电材料的介电性特征，并带读者了解压电材料和热释电材料。

7.1.2.1　材料的介电性特征

介电材料是指电阻率大于 $10^8\,\Omega\cdot m$，且可在外电场下被极化的电功能材料，能承受较强的电场而不被击穿，一般具有较高的介电常数、较低的介质损耗和适当的介电常数温度系数，用于各类电容器（电容器是用以储藏电荷或电能的装置）。

物质对外电场的响应除去电荷的传导外，还有电荷短程运动与位移。这种电荷的短程运动与位移称为极化（亦称电极化），其结果是促使正负电荷中心偏移，从而产生电偶极矩。而以极化方式传递、储存或记录外电场作用和影响的物质就是电介质。显然，电介质中起主要作用的乃是束缚电荷而非自由电荷。极化可以来自极性晶体或分子的自发极化，也可以来自电场的诱导作用。

电极化是介电材料最基本的特性。理论上，除了载流子传导性较好的材料，其余载流子传导性较差的材料都可视为介电材料。传导与极化是物质对电场的两种主要响应方式，它们虽有主次，但往往同时存在。当我们重点关注其传导特性时，将物质分类为绝缘体、半导体与导体；而当我们重点关注其极化特性时，则采用介电性这一概念。电介质与绝缘体是相互密切联系，然而并不能等同的两个概念。绝缘体肯定是电介质，但电介质却不仅仅包括绝缘体。虽然大部分实用电介质材料为绝缘体，但半导体甚至金属都有电介质的特性，只是其对外电场的响应中传导效应远远超过了极化效应而已。

可以说，介电材料的电学性质是通过外界作用（包括电场、应力、温度等）来实现的，相应形成介电材料、压电材料、热释电材料和铁电材料，并且依次后者属于前者的大类，其共性是在外界作用下产生极化。这几类材料的所属关系如图 7-1 所示。

7.1.2.2　压电材料

压电材料是一类特殊的介电材料，该类材料在机械力作用下发生电极化或电极化加剧，表现为材料的相对对应两端表面上产生符号相反的电荷，即形成较弱电压，当外力去掉后，又重新恢复到不带电状态，该性质称为压电效应。这种因材料受力而产生电压的现象也称为正

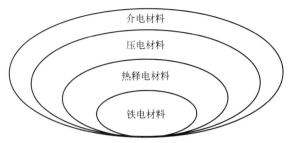

图 7-1 介电材料概念所属关系

压电效应；对材料两端施加电压而导致材料体积膨胀或收缩的现象，则称为逆压电效应。压电性的本质就是材料内在微结构电极化的结果。

最早于 1880 年由法国的 P. Curie 和 J. Curie 兄弟在研究热电性与晶体对称性的关系时发现了正压电效应这一物理现象，他们所报道的这些晶体中就有后来广为研究的罗息盐（酒石酸钾钠——$NaKC_4H_4O_6 \cdot 4H_2O$）。1947 年，美国的罗伯特发现了 $BaTiO_3$ 陶瓷显著的压电特性，将压电陶瓷推向大规模实用；1955 年，美国的 B. 贾菲发现了比 $BaTiO_3$ 的压电性更为优越的锆钛酸铅，即 PZT 压电陶瓷，将压电陶瓷研究应用推向高潮。20 世纪 70 年代关于聚偏二氟乙烯（PVDF）的压电性研究开创了有机压电材料的新时代。

压电材料具有晶体特征，但并非所有晶体材料都具有压电性。介质具有压电性的条件是其结构不具有对称中心，在 32 类点群中有 20 类不具有对称中心，属于这 20 类点群的电介质才可能成为压电材料。不具有对称中心的晶胞在应力作用下出现电极化和表面束缚电荷。压电效应的机理是：具有压电性的晶体对称性较低，当受到外力作用发生形变时，晶胞中正负离子的相对位移使正负电荷中心不再重合，导致晶体发生宏观极化，而晶体表面电荷密度等于极化强度在表面法向上的投影，所以压电材料受压力作用形变时两端面会出现异号电荷。反之，压电材料在电场中发生极化时，会因电荷中心的位移导致材料变形。材料要产生压电效应，其原子、离子或分子晶体必须具有不对称中心，但是由于材料类型不同，产生压电效应的原因也有所差别。

压电材料作为一类重要的功能材料，具有高效率的换能作用，在机械能与电能之间实现高效互换。表征压电材料的主要性能指标包括压电常数（数值越大，则压电效应越显著）、弹性常数（决定着压电器件的固有频率和动态特性）、绝缘性（绝缘电阻将减少电荷泄漏，从而改善压电传感器的低频特性）、居里点等。另外，介电性还具有作用力方向选择性，并非任意方向上的外加力都能产生压电效应，只有沿着晶体或极化晶畴特定方向用力才可产生电压效果。石英可视为晶体缺陷较少的完整晶体材料，作为压电材料，其优点是介电和压电常数的温度稳定性好，适合做工作温度范围很宽的传感器。压电陶瓷虽然也是晶体结构，但存在大量的晶界缺陷，可以看作是无数微小晶粒通过弱结构连接在一起的晶粒堆砌，极化后的压电陶瓷，当受外力变形后，由于电极矩的重新定位而产生电荷，压电陶瓷的压电系数是石英的几十倍甚至几百倍，但稳定性不如石英好，居里点也低。

石英作为一种传统而经典的压电材料，已大规模应用于石英手表制造，在电池电压驱动下，石英片发生非常精准的节拍振动，达到准确计时的目的。通常属于钙钛矿结构的 ABO_3 型陶瓷材料都具有显著压电特性，例如 $PbTiO_3$、$BaTiO_3$、$LaTiO_3$、$KNbO_3$、$NaNbO_3$、$KTaO_3$、$Pb(ZrTi)O_3$ 等材料，其中又以 $Pb(ZrTi)O_3$（PZT）系列为压电材料的主流，广泛应用于各种组件上，例如：传感器（sensor）、驱动器（actuator）、换能器（transducer）、表面声波滤波器（SAW filter）等。P(VDF-TrFE) 共聚物是偏氟乙烯（VDF）和三氟乙烯（TrFE）的共聚物，可以看作是 PVDF 中的 VDF 单体部分被 TrFE 单体取代所形成。其铁电性也是源于 β 相的 PVDF，这种材料更适用于医用超声换能器或压力传感器。压电材料已成为社会生活中不可或缺的光能材料，具体应用列于表 7-1。

表 7-1 压电材料的应用

应用类型		代表性器件压电振荡器
信号发生	电信号	压电振荡器
	声信号	拾音器、蜂鸣器、压电喇叭、扬声器、水声换能器、超声换能器
信号发射与接收		声呐、超声测速器、超声探测器、超声厚度仪、拾音器、传声器
信号处理		滤波器、监视器、放大器、检波器、表面声波、延迟线、混频器
信号存储与显示		铁电存储器、光铁电存储显示器、光折变全息存储器
信号检测与控制	传感器	微音器、应变仪、声呐、压电陀螺、压电速度、加速度计、角速度计、微位移器、压电机械手、助听器、振动器
	探测器	红外探测仪、高温计、计数器、防盗报警器、温敏探测器
	计测与控制	压电加速度表、压电陀螺、微位移器、压力计、流速计、风速计
高压弱电流源		压电打火机、压电引信、压电变压器、压电电源

7.1.2.3 热释电材料

顾名思义，热释电就是因热而产生电。热释电材料属于一类特殊的压电材料，除了具有压力敏感产生电压的特性外，还对环境温度敏感。结构上来说，热释电材料是具有自发极化特性的晶体材料。自发极化是指由于物质本身的结构在某个方向上正负电荷中心不重合而固有的极化。一般情况下，晶体自发极化所产生的表面束缚电荷被吸附在晶体表面上的自由电荷所屏蔽，当温度变化时，自发极化发生改变，从而释放出表面吸附的部分电荷。晶体冷却时电荷极性与加热时相反。热释电材料要求不具有中心对称性的晶体在结构上应具有极轴。所谓极轴是晶体唯一的轴，在该轴两端往往具有不同的性质，且采用对称操作不能与其他晶向重合的方向。与逆压电效应相似的是，当外加电场施加于热释电晶体时，电场的改变会引起晶体温度变化，这种现象称为电卡效应。

热释电效应的原理是：经过预处理的晶体材料是由众多细小但具有一定极化方向的晶畴堆砌而成，整体具有一定净极化。环境温度改变时，晶体材料吸收热量而发生体积膨胀，导致晶畴极化方向的重新分配，晶体总体极化状况改变，在晶体材料两端产生互为正负电荷的重新分配，形成很弱的电压。除了直接的环境温度刺激，热红外信号被热电材料捕捉后，晶体温度升高，同样导致微弱电压形成。晶体受热膨胀是在各个方向同时发生的，所以只有当有着与其他方向不同的唯一的极轴时，才有热释电性。因此，晶体热释电效应具有各向异性。

热释电材料分类如下。

单晶材料：TGS（硫酸三甘肽）、DGTS（氘化 TGS）、CdS、$LiTaO_3$、SBN（铌酸锶钡）、PGO（锗酸铅）、KTN（钽铌酸钾）等。

有机高分子及复合材料：PVF（聚氟乙烯）、PVDF（聚偏二氟乙烯）、P（VDF-TrFE）（偏二氟乙烯-三氟乙烯共聚物）、四氟乙烯-六氟丙烯共聚物。

金属氧化物陶瓷及薄膜材料：ZnO、BaTiO₃、PMN（镁铌酸铅）、PST（钽钪酸铅）、BST（钛酸锶钡）、PbTiO₃、PLT（钛酸铅镧）、PZT（钛锆酸铅）。

具有热释电效应的材料约有上千种，但广泛应用的不过十几种，主要有硫酸三甘肽单晶、锆钛酸铅镧、透明陶瓷和含氟聚合物薄膜，工业上可用作红外探测器件、热摄像管以及国防上某些特殊用途。优点是不用低温冷却，但灵敏度比相应的半导体器件低。TGS 晶体具有热释电系数大、介电常数小、光谱响应范围宽、响应灵敏度高和容易从水溶液中培育出高质量的单晶等优点。但它的居里温度较低、易退极化，且能溶于水，易潮解，制成的器件必须适当密封。PVDF 膜作为热电材料，其热释电系数低、介电常数小、损耗大、探测度阈值低，制作工艺简单，成本低。

7.1.3 半导体材料

材料按其导电性能的大小可分为导体、半导体和绝缘体三大类。

半导体的电导率则介于绝缘体及导体之间。它易受温度、光照、磁场及微量杂质原子（一般而言，大约 1kg 的半导体材料中，有 1μg～1g 的杂质原子）的影响。正是半导体的这种对电导率的高灵敏度特性使半导体成为各种电子应用中十分重要的材料之一。

从能带理论来看，纯半导体的价带应当填充满了电子，成为满价带或满带，高能级的导带为全空状态，因而为空带。满带与空带之间的能级间隙 E 较小，一般在 1eV 左右或更小，小于绝缘体通常的 E（＞3eV）。其半导体的作用机理也是基于该能带理论。在外界热、光、电、磁、力等因素作用下，其价带中少量电子跃迁至导带中去而留下相应数量的正"空穴"，电子和"空穴"对导电都有贡献，由于穿过晶格间隙运动，"空穴"则从一个键位跳至另一个键位。在外加电场中，负的电子和正的"空穴"的逆向运动而形成电流。这就是半导体导电的机制，电子或空穴都被称为"载流子"。

1948 年发明晶体管之后，半导体化学的研究对象主要是高纯物质以及它们的晶格掺杂效应。半导体化学的内容可以概括为以下几点。①硅、锗、砷化镓等半导体材料的物理化学性质及其提纯精制的化学原理、完整单晶体的制取、完整单晶层的生长以及微量杂质有控制的掺入方法。②半导体器件和集成电路制造技术如清洗、氧化、外延、制版、光刻、腐蚀、扩散等主要工艺过程及化学反应原理。③半导体器件及集成电路制造工艺中所用掺杂材料、化学试剂、高纯气体、高纯水的化学性质、制备原理及纯度标准。④超纯物质分析及结构鉴定方法，如质谱分析、放射性分析、红外光谱分析等。

7.1.3.1 半导体分类及特点

按成分分类，半导体可分为元素半导体、化合物半导体与固溶体半导体。元素半导体又可分为本征半导体和杂质半导体。化合物半导体又分为合金、化合物、陶瓷和有机高分子 4 种半导体。按掺杂原子的价电子数分类，可分为 n 型和 p 型。前者掺杂原子的价电子多于背景纯元素的价电子，后者正好相反。按晶态分类，又可分为结晶、微晶和非晶半导体。

（1）元素半导体

元素半导体主要为处于ⅢA～ⅥA族的金属与非金属的交界处的 Ge、Si、C（金刚石）、

α-Sn（灰锡）、P（磷）、Se（硒）、Te（碲）、B（硼）等固体元素。高纯半导体的导电性能很差，常用元素掺杂来改善其导电性，如在锗中掺入 1% 的杂质，其导电能力可提高百万倍。在激发条件下，电子从杂质能级（带）激发到导带上或者把电子从价带激发到杂质能级上，从而在价带中产生空穴，该类激发也称为非本征激发或杂质激发，相应的半导体叫杂质半导体，或掺杂半导体，包括典型的 n 型和 p 型半导体。掺入的杂质有施主杂质与受主杂质两种类型，施主杂质一般是ⅣA族元素（C、Si、Ge、Sn）中掺入ⅤA族元素（P、Sb、Bi）后，造成掺杂元素的价电子多于纯元素的价电子，进入半导体中给出电子，故称施主，其导电机理是电子导电占主导，如在硅中掺入ⅤA族的 P，P 原子有 5 个价电子，当它和周围的 Si 原子以共价键结合时，还多余出 1 个电子。这个电子在硅半导体内相当自由，产生电子导电性能，这类半导体称为 n 型半导体（电子型，施主型）。受主杂质一般是ⅣA族元素（C、Si、Ge、Sn）中掺入ⅢA族元素（如 B），掺杂元素的价电子少于纯元素的价电子，它们的原子间生成共价键以后，还缺一个电子，而在价带中产生空穴。以空穴导电为主，掺杂元素是电子受主，俘获半导体中的自由电子，因其接受电子，故称受主。如在硅中掺入ⅢA族的 B，由于 B 原子只有 3 个价电子，比 Si 原子少一个价电子。因此，在和周围的 Si 结成共价键时，其中一个键将缺少 1 个电子，价带中的电子容易跃迁进入而出现一个空穴。这类以空穴为载流子的半导体则为 p 型半导体（空穴型，受主型）。

（2）化合物半导体

化合物半导体是由两种或两种以上元素以确定原子配比形成的化合物，并具有确定的禁带宽和能带结构等半导体性质，亦包括 n 型和 p 型。通常所说的化合物半导体多指晶态无机化合物半导体，主要是二元化合物，其次是三元和多元化合物及某些稀土化合物。

（3）固溶体半导体

由两种或两种以上的元素构成的具有足够含量的固溶体，如果具有半导体性质，就称为固溶体半导体，简称固溶体或混晶。因为不可能做出绝对纯的物质，材料经提纯后总要残留一定数量的杂质，而且半导体材料还要有意地掺入一定的杂质，在这些情况下，杂质与本体材料也形成固溶体，但因这些杂质的含量较低，在半导体材料的分类中不属于固溶体半导体。另外，固溶体半导体又区别于化合物半导体，因后者是靠其价键按一定化学配比所构成的。固溶体则在固溶度范围内，组成元素的含量可连续变化，其半导体及有关性质也随之变化。固溶体增加了材料的多样性，为应用提供了更多的选择性。

（4）非晶半导体

非晶半导体主要分为三类：四面体结构半导体（如非晶态的 Si、Ga、GaAs、GaP、InP、GaSb）、硫系半导体（如 S、Se、Te、As_2S_3、As_2Te_3、Sb_2S_3）和氧化物半导体（如 GeO_2、B_2O_3、SiO_2、TiO_2）。四面体结构半导体非晶硅主要用于制备太阳能电池，目前主要是提高光电转换效率以及降低价格。另一种应用是制备液晶显示的薄膜晶体管器件，液晶显示逐步取代阳极射线管显示用作计算机终端显示及电视系统。这类非晶半导体的特点是它们的最近邻原子配位数为 4，即每个原子周围有 4 个最近邻原子。硫系半导体中含有很大比例的硫系元素，它们往往是以玻璃态形式出现，主要用于制造高速开关器件。

（5）超晶格半导体材料

就ⅢA～ⅤA族化合物半导体材料与器件的制取来说，一种特别有希望的方法是异质外延法，即在晶体衬底上一层叠一层地生长出不同材料的薄膜来，这样生长出来的材料叫超晶格材料。所谓超晶格，就是指由两种不同的半导体薄层交替排列所组成的周期列阵。超晶格半导体可分为组分超晶格、掺杂超晶格、多维超晶格和应变超晶格 4 种类型。SiGe/Si 是典型半导体应变超晶格材料，随着能带结构的变化，载流子的有效质量可能变小，可提高载流子的迁移率，可做出比一般 Si 器件更高速工作的电子器件。

7.1.3.2 PN 结

PN 结几乎是所有半导体器件的核心。把本征半导体的两侧分别掺入施主型和受主型杂质，或者将一块 n 型和一块 p 型半导体结合在一起，两者的界面及其相邻的区域就称为 PN 结。P、N 区接触后，p 型半导体中的空穴向 n 型半导体中扩散，而 n 型半导体中的电子向 p 型半导体中扩散，导致界面两侧出现正负电荷的积累，形成由 n 区指向 p 区的结电场，并阻止电子和空穴的进一步扩散。当达到动态平衡时，形成由 n 向 p 逐渐递减的结电压 U_0，称为 PN 结的接触电势差。从而使 PN 结两端电子具有能量差 eU_0（电子带负电，势能越高处能量越低。因 p 端电势低，所以 p 端电子能量大）。

PN 结的最大特性就是单向导电性。当加上正向电压（p 型区接正，n 型区接负）时，外加场与结电场反向，势垒高度降低，由多数载流子形成的正向电流随着外加电压的增大而迅速增大。这就是 PN 结在正向偏压下的低阻特性。当加上反向偏压时势垒高度增加，只存在少数载流子的漂移电流，所以反向电流很小，为 PN 结的反向高阻特性。

一定频率的光照射 PN 结时，激发电子-空穴对在结电场作用下运动，结果在 PN 结中产生由 n 到 p 方向的光生电动势，这称为 PN 结的光伏效应。这是太阳能电池的工作基础。

作为半导体器件，对半导体材料的要求是合适的禁带宽度、高的载流子迁移率、一定的导电类型、适当的杂质浓度和相应的电阻率、较高载流子寿命等。利用 PN 结可以设计制造大量功能独特的电子元器件，如日光电池、发光二极管、光电探测器、光敏二极管、光敏三极管、光敏器件 CCD（电荷耦合器件）传感器、热释电红外传感器等。

7.1.3.3 单质硅半导体材料

具有半导体性质的元素很多，但实际应用的纯元素半导体只有 Ge、Si 两种。硅的半导体性质比锗优良，可使用温度范围广，可靠性更高，且资源丰富，因此成为元素半导体中的支柱材料。单质硅有晶体和非晶体两种。

晶体硅为原子晶体，主要特征是：机械强度高、结晶性好，熔点高（1693K），硬而脆，自然界中储量丰富，成本低。熔融的单质硅在凝固时，硅原子以金刚石晶格排列成许多晶核，如果这些晶核长成晶面取向相同的晶粒，则这些晶粒平行结合起来便结晶成单晶硅。单晶硅具有准金属的性质，有较弱的导电性，而且其电导率随着温度的升高而增加，有显著的半导电性。超纯的单晶硅是本征半导体。在超纯单晶硅中掺入微量的ⅢA 族元素，如硼，可提高其导电的程度而形成 p 型硅半导体；掺加微量的ⅤA 族元素，如磷或砷，也可提高导电程度，形成 p 型硅半导体。

（1）单晶硅

单晶硅主要用于制作半导体元件如晶体管等，目前它是制造大规模集成电路的关键材料。常见的晶体管有两种，即双极型晶体管和场效应晶体管，它们都是电子计算机的关键器件。前者是计算机中央处理装置（即对数据进行操作部分）的基本单元，后者是计算机存储器的基本单元。两种晶体管的性能在很大程度上依赖于原始晶体硅的质量。就目前来说，单晶硅是人工能获得的最纯、最完整的晶体材料。它的纯度、完整性以及直径尺寸是衡量单晶硅质量及可达到功能的指标。单晶硅的制备通常是先用碳在电炉中还原 SiO_2 制得高纯度硅（多晶硅或无定形硅），然后用提拉法或悬浮区熔法从熔体中生长出一定直径的棒状单晶硅。提拉法可以生长出比较均匀、无缺陷的硅单晶体。

（2）多晶硅

多晶硅也是单质硅的一种形态。熔融的单质硅在过冷条件下凝固时，硅原子以金刚石晶格排列成晶核，如果这些晶核长成晶面取向不同的晶粒，则这些晶粒结合起来便结晶成多晶硅。多晶硅与单晶硅的差异主要表现在物理性质方面。例如，在力学性质、光学性质和热学性质的各向异性方面，远不如单晶硅明显；在电学性质方面，导电性也远不如单晶硅显著，甚至几乎没有导电性。在化学活性方面，两者的差异极小。多晶硅和单晶硅可从外观上加以区别，但真正的鉴别是通过分析测定晶体的晶面方向、导电类型和电阻率等。由熔融的单质硅在过冷条件下自由结晶，就可得多晶硅晶体。多晶硅可作拉制单晶硅的原料。

（3）非晶硅

非晶硅是目前研究较多、实用价值较大的两大非晶半导体材料之一（另一个为硫属非晶态半导体）。晶态硅自 20 世纪 50 年代以来，已成功研制名目繁多、功能各异的各种固态电子器件和灵巧的集成电路。非晶硅是一种新兴的半导体薄膜材料，它作为一种新能源材料和电子信息新材料，取得了迅猛发展。非晶硅太阳能电池是目前非晶硅材料应用十分广泛的领域，也是太阳能电池的较理想材料，光电转换效率已达到 13%。与晶态硅太阳能电池相比，它具有制备工艺相对简单、原材料消耗少、价格比较便宜等优点。

7.1.3.4 半导体材料的应用

半导体材料由于其特有的性能，在众多领域得到广泛应用，并不断发展。这里仅介绍其部分重要应用。

（1）热阻器

与金属不同，半导体的电阻率随温度升高是减少的，利用这种特性做成热阻器除可以用来测温外，还可以用于火灾报警，热阻器受热升温，电阻下降，大电流得以通过电路，启动警铃。

（2）压力传感器

半导体的能带结构与能隙宽度与半导体的原子间距有关，当压力作用在这种半导体上时，原子间距减小，同时能隙变窄，导电性增加。因此，可以根据电导来推算压力的大小。

（3）光敏电阻器

半导体的电导率随入射光量的增加而增加。这种效应可用来制作光敏电阻，此处所说的光可以是可见光，也可以是紫外线或红外线，只要所提供的光子能量与禁带宽度相当或大于禁带宽度即可。

（4）磁敏电阻

在通电的半导体上加磁场时，半导体的电阻将增加，这种现象称为磁阻效应。产生磁阻现象的原因在于加磁场后，半导体内运动的载流子会受到洛伦兹力的作用而改变路程的方向，因而延长了电流经过的路程，从而导致电阻增加。根据这种特性可做成磁敏电阻。

（5）光电倍增管

光电倍增管是利用电子的受激发射制备的，激发源起初是光子，而后是被电场加速的电子。假定一个非常弱的光源将价带中的一个电子激发到了导带中，而后，在电场作用下，这个电子被加速到很高的速度并具有了很高的能量，它将激发一个或更多的其他电子，这些电子也将受这个电场的作用而加速再激发其他的电子，如此下去，一个非常弱的光信号就被放大了。

（6）发光二极管

发光二极管被用在许多仪器上作数字显示，它实际上是由 p 型半导体和 n 型半导体组成的 PN 结。

7.1.4　微电子材料与芯片

微电子材料是现代微电子技术的物质基础，以半导体材料为主的微电子材料和光刻技术构成了集成电路（integrated circuit，IC）技术的核心。IC 是一种微型电子器件或部件。采用一定的工艺，把一个电路中所需的晶体管、二极管、电阻、电容和电感等元件及布线互连一起，制作在一小块或几小块半导体晶片或介质基片上，然后封装在一个管壳内，成为具有所需电路功能的微型结构；所有元件在结构上已组成一个整体，使电子元件向着微小型化、低功耗和高可靠性方面迈进了一大步。集成电路发明者为杰克·基尔比（基于硅的集成电路）和罗伯特·诺伊思（基于锗的集成电路）。当今半导体工业大多数应用的是基于硅的集成电路。IC 亦称微电子芯片（简称芯片 chip），是 20 世纪 60 年代初期发展起来的一种新型半导体器件。它是经过氧化、光刻、扩散、外延、蒸铝等半导体制造工艺，把构成具有一定功能的电路所需的半导体、电阻、电容等元件及它们之间的连接导线全部集成在一小块硅片上，然后焊接封装在一个管壳内的电子器件。其封装外壳有圆壳式、扁平式或双列直插式等多种形式。

微电子技术是随着集成电路，尤其是超大规模集成电路而发展起来的一门新的技术。微电子技术包括系统电路设计、器件物理、工艺技术、材料制备、自动测试以及封装、组装等一系列专门的技术，微电子技术是微电子学中各项工艺技术的总和。衡量微电子技术进步的标志主要在三个方面：一是缩小芯片中器件结构的尺寸，即缩小加工线条的宽度；二是增加芯片中所包含的元器件的数量，即扩大集成规模；三是开拓有针对性的设计应用。

集成电路技术的出现可以说是人类现代信息技术的一次巨大突破，大大推动了现代文明的进程。1946 年，Bell 实验室正式成立半导体研究小组，Schokley、Bardeen、Brattain 提出了表面态理论，Schokley 给出了实现放大器的基本设想，Brattain 设计了实验，并于 1947 年第一次观测到了具有放大作用的晶体管。晶体管是现代微电子芯片-集成电路的关键零件。因此，"1947-晶体管"可作为现代微电子技术的起点。1957 年，美国科学家 Dummer 提出"将电子设备制作在一个没有引线的固体半导体板块中"的大胆技术设想，这就是半导体集成电路的核心思想。1958 年，德州仪器公司（Texas Instruments）的工程师 Kilby 在一块半导体硅晶片上将电阻、电容等分立元件集成在里面，制成世界上第一片集成电路。1959 年，美国仙童公司的 Robert Noyce 用一种平面工艺制成半导体集成电路，从此开启了集成电路产业时代。

IC 是各种电子材料在微纳尺度上的有序"组装"，有关它的每一次升级换代都伴随多种技术和工艺的巨大进步。评价 IC 结构与技术性能的指标非常多，也很专业化，但其中很能反映 IC 技术水平的通俗易懂指标是 IC 制造过程中形成的各种微元件（微型电容、晶体管等）的线宽度，线宽度越小，表示微型元器件尺度越小，单位面积晶片上容纳的微型元器件数量越多，作为微处理器、微储存器的性能就越佳，包括运算速度、容量等。

IC 芯片种类很多，我们一般较为熟悉的 IC 芯片是计算机用微处理芯片，即 CPU。依据微电子芯片的工作性质，可分为处理器芯片、存储器芯片、主板芯片组、BIOS 芯片、输入输出芯片、控制器芯片、特殊芯片（如网络芯片、3D 芯片、视频芯片）等。但不论何种芯片，IC 中的各种功能性微型器件大都包括各种或简单或复杂的二极管、晶体管等。其中的栅结构是微电子 CMOS（complementary metal-oxide-semiconductor，补偿型金属-氧化物-半导体）器件中十分重要的结构之一，根据掺杂匹配类型，可分为 PMOS 和 NMOS，结构上包括栅绝缘介质和栅电极两部分。NMOS 和 PMOS 在结构上完全相像，所不同的是衬底和源漏的掺杂类型。简单地说，NMOS 是在 P 型硅的衬底上，通过选择掺杂形成 N 型的掺杂区，作为 NMOS 的源漏区；PMOS 是在 N 型硅的衬底上，通过选择掺杂形成 P 型的掺杂区，作为 PMOS 的源漏区。两块源漏掺杂区之间的距离称为沟道长度 L，而垂直于沟道长度的有效源漏区尺寸称为沟道宽度 W。对于这种简单的结构，器件源漏是完全对称的，只有在应用中根据源漏电流的流向才能最后确认具体的源和漏。器件的栅电极是具有一定电阻率的多晶硅材料，这也是硅栅 MOS 器件的命名根据。在多晶硅栅与衬底之间是一层很薄的优质二氧化硅，它是绝缘介质，用于绝缘两个导电层——多晶硅栅和硅衬底，从结构上看，多晶硅栅-二氧化硅介质-掺杂硅衬底（poly-Si-SiO$_2$-Si）形成了一个典型的平板电容器，通过对栅电极施加一定极性的电荷，就必然地在硅衬底上感应等量的异种电荷。这样的平板电容器的电荷作用方式正是 MOS 器件工作的基础。

从单晶硅锭开始，IC 芯片的总体制作过程如图 7-2 所示。

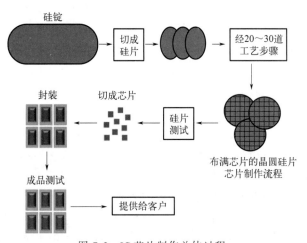

图 7-2　IC 芯片制作总体过程

由于这些芯片都是由尺寸极小的各种微型电子元器件组合而成，不可能按传统工业制造那样将单一功能的半导体零件组装成 IC 芯片，所以采用一体化的多工序微加工技术制作，在大尺寸的基座材料上"由上至下"制作出集成电路。这些技术包括光刻、薄膜淀积、注入扩散、干法和湿法刻蚀、牺牲层技术、各向异性刻蚀、反应离子深刻蚀（DRIE）、X 光深刻精密电铸模造成形（LIGA）、双面光刻、键合等。根据 IC 芯片的应用性质、厂商技术、发展情况等，IC 芯片的制造工艺过程不尽相同，变化很多。但最为经典的制造过程一般包括如下几个核心步骤：衬底材料掺杂、表面氧化膜制作、光刻、氧化层刻蚀、离子注入（或扩散）、金属蒸镀等。

7.2　光子材料

光子学作为学术词汇最早由荷兰科学家 Poldervaart 提出。光子学是研究作为信息和能量载体的光子及其应用的一门技术性科学，它涉及光子的吸收、产生、传输、探测、控制、转换、存储、显示等，并由此形成了诸多相关的器件，即光子器件，它是光子学与技术的重要基础。人们仿效电子学，将光子器件大体上划分为有源（active）与无源（passive）器件两大类，也可按其功能划分为光子源器件、控制器件、探测器件、存储器件与显示器件等。在了解光子学概念基础上提出，凡与光子学相关的各种物质，均属于光子材料范畴。

光子材料涉及的学科和技术领域较多，但其核心主要包括以半导体技术为代表的光电材料，如发光二极管（LED）、光电转换材料与器件等。光子材料概念的外延已经十分广泛，凡能够与光子发生一定作用或在某种条件影响下发射光子的物质都属于光子材料范畴，光子材料应当包括如下几个方面的特征：

① 在外来光子作用下材料物理化学性质发生变化；

② 材料对入射光子产生影响，改变光子的某些性质；

③ 外部能量环境作用下或内部结构变化，材料释放光子。

围绕这三方面特征，根据其功能性质不同，光子材料包括防反射材料、透明导电材料、液晶材料、偏光材料、滤光材料、光子晶体、光纤、光纤光子放大器、双折射材料、发光材料〔等离子发光材料、光致发光材料、上转换材料、化学发光材料等，对应器件有 LED、有机发光二极管（OLED）〕、激光材料、非线性光学材料、光伏材料（太阳能发电、感光半导体检测器、感光半导体成像器件等）、感光化学成像材料、光固化材料、变色材料等。这些光子功能材料或器件的工作原理都是基于其某方面的基本光学或光化学性质，或者这些性质与其他性质的组合而形成的。具体的光学性质包括折射率、偏光性、光学各向异性、光吸收、光激发能级转换、光化学转化等。

7.2.1　光纤

1966 年，英籍华裔学者高锟发表了关于传输介质新概念的论文，指出了利用光纤（optical fiber）进行信息传输的可能性和技术途径，奠定了现代光通信-光纤通信的基础。指明通过"原材料的提纯制造出适合于长距离通信使用的低损耗光纤"这一发展方向。随着后来光纤的迅速发展，高锟也被称为"光纤之父"。

能够传播光的纤维丝称作"光导纤维"，简称"光纤"，是一种利用光在石英玻璃或塑料制成的纤维中的全反射原理而达成的光传导工具，光纤可用来传输光信息的光波导，其导光原理是光信息在由高折射率的纤芯和低折射率的包层所构成的光波导中传输。微细的光纤封装在塑料护套中，使得它能够弯曲而不至于断裂。通常，光纤一端的发射装置使用发光二极管或一束激光将信号光脉冲传送至光纤，光纤另一端的接收装置使用光敏元件检测脉冲。包含光纤的线缆称为光缆，一条光缆由成千上万根光纤组成。在日常生活中，由于光在光导纤维的传导损耗比电在电线传导的损耗低得多，光纤被用作长距离的信息传递。

光纤是现代信息高速传输的重要载体，光纤有石英玻璃光纤和塑料光纤两大类，前者透光性能优异，光信号在其中的衰减较小，适用于远距离光信息传输，一般可达 100～200km，存在加工成本高、质量控制要求严格、脆性高、易折断、难修复的特点；以丙烯基树脂为原料的塑料系列光纤，其特性正好与石英系列相反，它柔软易于加工也易于连接，但由于透光性能不好，传送距离较短，只能用于仪器传感或其他短距离光信号传输。

7.2.1.1 光纤的基本构造

石英材料由于具有来源广泛、容易提纯、易掺杂改性、光学缺陷容易消除、透光性好等优点，因而广泛用作光纤的本底材料，通过工艺掺杂提高或者降低其折射率。石英光纤裸纤一般分为同轴三层结构：中心高折射率石英纤芯，一般是掺杂了 GeO_2、TiO_2、Al_2O_3、ZrO_2 等高折射率组分的石英玻璃，折射率为 n_1，根据光纤类型和加工工艺的不同，纤芯直径可在 $3\sim100\mu m$ 范围内均匀设置，多模光纤芯径一般为 $50\mu m$ 或 $62.5\mu m$，单模光纤芯径可低至 $8\sim10\mu m$；纤芯外面紧密包裹一层低折射率硅玻璃包层（cladding，常见直径为 $125\sim140\mu m$），可以掺杂硼（B_2O_3）、氟（SiF_4）、磷（P_2O_5）等元素以降低折射率，折射率为 n_2，纤芯折射率 n_1 一定大于包层折射率 n_2；最外是保护、加强用的树脂涂层。裸光纤立体示意和纵向剖面结构示意如图 7-3。

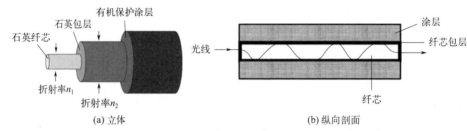

图 7-3 裸光纤立体示意和纵向剖面结构示意

光纤能够长距离传播光信号的原理是全反射作用，纤芯与包层之间形成折光率梯度差，光信号从纤芯射入，在纤芯中传播时，因光纤弯折，不可能是直线传播，当遇到纤芯与包层的界面时，由于纤芯折射率高于包层折射率，信号光很容易发生全反射，在纤芯内继续传播，而不至于穿透界面进入包层损失信号。也就是说，每次全发射产生的光信号衰减极小，因而能够保持长距离传播。

7.2.1.2 光纤分类

光纤按照材料、折射率分布、传输方式三方面进行分类，如表 7-2 所示。

表 7-2 光纤分类

分类方式	类别
按材料分类	石英系光纤 多组分玻璃光纤 塑料光纤（即聚合物光纤） 复合材料光纤 掺杂光纤（如掺铒光纤）
按折射率分布分类	阶跃光纤（SI,step index） 梯度光纤（GI,gradient index）
按传输方式分类	多模光纤 单模光纤

（1）按材料分类

按照制作光纤的材料来分类，光纤主要包括石英光纤（及其掺杂材料）和聚合物光纤两大类，其次还有较为低端的玻璃光纤以及作为光信号放大器的铒掺杂石英光纤等。不同类别光纤，其尺寸形态差异较大。单模石英光纤包层直径一般为 $125\mu m$，纤芯仅 $5\sim10\mu m$；多模光纤包层通常也是 $125\mu m$，但纤芯略大，可达 $62.5\mu m$；聚合物光纤由于材料本身力学性能和加工水平，纤芯可达 $100\sim600\mu m$，而包层直径更可达 $300\sim600\mu m$。

（2）按折射率分布分类

按折射率分布情况，光纤可分为阶跃型（step-index fiber，SIF 或称突变型）和渐变型（graded-index fiber，GIF 或称梯度型）光纤。

突变型光纤：光纤中纤芯到玻璃包层的折射率是突变的。其成本低，模间色散高。适用于短途低速通信，如工控。但单模光纤模间色散很小，所以单模光纤都采用突变型。

渐变型光纤：折射率是从光纤轴中心至其边缘呈二次方减弱分布，即抛物线形分布，即光纤轴中心的折射率至其直径边缘是逐渐下降的。

相对于单模光纤而言，突变型光纤和渐变型光纤的纤芯直径都很大，可以容纳数百个光信号模式同时传输，所以称为多模光纤。

（3）按传输方式分类

当光在光纤中传播时，如果光纤纤芯的几何尺寸远大于光波波长，光在光纤中会以几十种乃至几百种传播模式进行传播，这些不同的光束称为模式。按光纤内部传输模式的数量分类，我们可将光纤分为多模光纤和单模光纤。

多模光纤：当光纤的几何尺寸（主要是芯径）远大于光波波长（约 $1\mu m$）时，光纤传输的过程中会存在着几十种乃至几百种传输模式，这样的光纤称为多模光纤。多模光纤带宽（$1\sim2GHz$）较窄，传输容量较小，传输距离较短，一般只有几公里，多用于计算机局域网。

单模光纤：当光纤的几何尺寸（主要是芯径）较小，与光波长在同一数量级，如芯径在 $4\sim10\mu m$ 范围，这时，光纤只允许一种模式（基模）在其中传播，其余的高次模全部截止，这样的光纤称为单模光纤。由于单模光纤具有大容量、长距离的传输特性，在光纤通信系统中得到广泛应用。

7.2.2　光子晶体

光子晶体（photonic crystal）在 1987 年由 S. John 和 E. Yablonovitch 分别独立提出，是由不同折射率的介质周期性排列而成的人工微结构。光子晶体的出现，使人们操纵和控制光子的梦想成为可能。本节将分别介绍光子晶体概念与特性、光子晶体材料以及光子晶体的应用。

7.2.2.1　光子晶体概念与特性

光子晶体是一类在光学尺度上具有周期性介电结构的人工设计和制造的晶体，即材料体系介电常数具周期性变化的各种微结构，它可以由完全非结晶的材料构成（如聚合物），需要指出的是光子晶体与常规的晶体（从某种意义上来说可以叫作电子晶体）有相同的地方，也有本质的不同，如光子服从的是 Maxwell 方程，电子服从的是薛定谔方程；光子波是矢量波，而电子波是标量波；电子是自旋为 1/2 的费米子，光子是自旋为 1 的玻色子；电子之间有很强的相互作用，而光子之间没有强相互作用，这可以使传播时的能量损耗大大降低；通常光子晶体的周期尺寸远大于传统电子衍射晶格的周期尺寸，后者一般为埃的尺度，前者一般在纳米以上尺度（微米至毫米较常见）。

光子晶体这种周期性变化将会导致禁带的出现，影响光在材料中的传递，此现象类似半导体中周期性位势造成的电子能带结构，会影响电子传输。当光的波长或对应的能量刚好落在光子晶体禁带内时，光便无法穿过。也就是说，光子的波长与光子晶体的重复周期尺寸存在密切关系，两者之间的匹配程度决定了光子入射后的行为，或穿过、或折射、或不能通过、或分束等，各种波长的电磁波均可设计出与之产生作用的光子晶体。在半导体中，当电子在晶体中扩散时，原子点阵形成了一种周期性的势场。点阵的空间排布和势场的强度导致了类布拉格散射。于是就会出现一个能量的禁带，在这个禁带中的电子在任何方向上均不能传播。在光子晶体中，介电常数不同的材料代替了原子，也形成了一种周期性的"势场"。如果介电常数的差异足够大的话，在电介质的交界面上也会发生布拉格散射，同样会有能量的禁带出现。在完整的三维光子晶体中，光就不能向任一方向传播。而当完整晶体上出现了一个缺陷的时候，光可以从缺陷处射出，如果该缺陷是一个线缺陷的话，光就会沿着线缺陷的走向行进。这样就可以做到控制光波的方向，同时也可以让光波转过很尖锐的弯。由于有光子禁带，转弯时几乎没有能量损失，唯一损耗的光是从入射口逸出的一小部分。科学家根据此特性，通过在材料上设计适当的缺陷形成波导，来操控光的传递。

7.2.2.2 光子晶体材料

制备材料的选择是光子晶体制备的关键。首先要保证所使用的制备材料能够形成合理的光子禁带，这就要求这种材料在目标波段要有较小的吸收和尽量高的折射率。半导体材料是光子晶体器件制备的常用材料之一，半导体材料通常具有较高的折射率，以空气等低折射率材料为背景介质时，可以得到较高的折射率差，便于获得更为合理的光子禁带。同时半导体材料在红外波段具有较低的吸收率，便于提高光子晶体器件性能。另外半导体材料具有成熟的加工工艺，制备出的光子晶体器件与其他半导体光电器件兼容性好。将其与其他半导体功能器件集成在同一芯片上，可应用于全光网络以及大规模集成光路等。常用的用于制备光子晶体器件的半导体材料主要原料有 Si、Ge、SiO_2、SOI（silicon on insulator）、ⅢA～ⅤA族化合物（GaAs 等）等。其中 Si、SOI 满足产生光子禁带的条件（Si 在 1550nm 波长吸收较小，折射率在 3.4 左右）。另外，硅也是常用半导体材料，不仅制作工艺方面可以成熟连接，而且可以集成原有的光有源器件。另外一些金属材料以及有机材料如 PMMA 等也是制备光子晶体器件的常用材料。

制作光子晶体的难度在于制作足够小的格子结构。要控制光线，格子的大小必须与光的波长处于同一量级。也就是说，对红外波来说（波长 $1.5\mu m$ 左右），它所对应的光子晶格的格子间隔大概要在 $0.5\mu m$。随着微结构制作技术的不断创新，光子晶体的制作方法也越来越丰富。就材料而言，高介电性的众多无机材料和便于加工定形的聚合物材料被广泛用于各类光子晶体制作，目前仍以无机材料为主流。

7.2.2.3 光子晶体应用

光子晶体具有重要的应用背景。由于其特性，可以制作全新原理或以前所不能制作的高性能器件。

（1）高性能反射镜

频率落在光子带隙中的光子或电磁波不能在光子晶体中传播，因此选择没有吸收的介电材料制成的光子晶体可以反射从任何方向的入射光，反射率几乎为100%。这与传统的金属反射镜完全不同。传统的金属反射镜在很大的频率范围内可以反射光，但在红外和光学波段有较大的吸收。这种光子晶体反射镜有许多实际用途，如制作新型的平面天线。普通的平面天线由于衬底的透射等原因，发射向空间的能量有很多损失，如果用光子晶体做衬底，由于电磁波不能在衬底中传播，能量几乎全部发射向空间。

（2）光子晶体波导

传统的介电波导可以支持直线传播的光，但在拐角处会损失能量。理论计算表明，光子晶体波导可以改变这种情况。光子晶体波导对直线路径和转角都有很高的效率。

（3）光子晶体微腔

在光子晶体中引入缺陷可能在光子带隙中出现缺陷态，这种缺陷态具有很大的态密度和品质因子。这种由光子晶体制成的微腔比传统微腔要优异得多。

（4）光子晶体超棱镜

常规的棱镜对波长相近的光几乎不能分开，但用光子晶体做成的超棱镜的分开能力比常规的要强100～1000倍，体积只有常规的1%大小。如对波长为1.0μm和0.9μm的两束光，常规的棱镜几乎不能将它们分开，但采用光子晶体超棱镜后可以将它们分开到60°，这对光通信中的信息处理有重要的意义。

（5）光子晶体偏振器

常规的偏振器只对很小的频率范围或某一入射角度范围有效，体积也比较大，不容易实现光学集成。可以用二维光子晶体来制作偏振器。这种光子晶体偏振器有传统的偏振器所没有的优点：可以在很大的频率范围工作，体积很小，很容易在Si片上集成或直接在Si基上制成。

光子晶体还有其他许多应用背景，如无阈值激光器、光开关、光放大、滤波器等新型器件。光子晶体带来许多新的物理现象。随着对这些新现象了解的深入和光子晶体制作技术的改进，光子晶体更多的用途将会发现。

7.2.3 液晶材料

普通物质有三态：固态、液态和气态。有些有机物质在固态与液态之间存在第四态液晶态，液晶态物质既具有液体的流动性和连续性，又保留了晶体的有序排列性，物理上呈现各向异性。液晶这种中间态的物质外观是流动的混浊液体，同时又有光、电各向异性和双折射特性。

1888年，奥地利的植物学家Reinitzer在测定胆甾醇苯甲酸酯晶体熔点时发现，当加热到145.5℃时，物质变成混浊液体（白浊状），即为常规的熔点；继续加热到178.5℃时，体系变得清亮，称为清亮点。不透明呈白色浑浊状态时发出多彩而美丽的光泽。1889年，德国物理学家Lehmann用偏光显微镜发现白浊液体具有异方性（即各向异性）结晶所特有的双折射率，故命名为液晶（liquid crystal，LC），液晶相也就是处于熔点和清亮点之间的物相状态。Reinitzer和Lehmann两人被誉为液晶之父。液晶已被广泛使用于液晶显示屏，成为显示器工业不可或缺的重要材料。

7.2.3.1 液晶分类

从分子形态上看，液晶分子基本上都具有长形或饼形外观，即具有一定长径比。按形成条件不同，液晶可分为热致液晶和溶致液晶两大类。

溶致液晶是溶剂破坏固态晶格结构而形成的液晶，是纯物质或混合物的各向异性浓溶液，只在一定浓度范围内形成。溶致液晶是由双亲化合物与极性溶剂组成的二元或多元体系，双亲化合物包括简单的脂肪酸盐、离子型和非离子型表面活性剂，以及与生物体密切相关的复杂类脂等一大类化合物。根据分子的几何形状，双亲分子有两种类型，一种以脂肪酸盐为代表，例如硬脂酸钠（$C_{17}H_{35}COONa$），其中亲水部分是—COONa，它连接在疏水的烃链上，在分子中形成一个极性"头"和一个疏水"尾"，另一种类型是具有特殊生物意义的类脂，例如磷脂，分子中亲水的极性头连接在两条疏水尾上，这两条疏水链通常彼此并排排列。多数溶致液晶具有层状结构，称为层状相。

热致液晶是加热破坏晶格结构而形成的液晶，在一定温度范围内表现各向异性晶体的特性。热致液晶的长程有序源自分子之间的相互作用；溶致液晶的长程有序源自溶剂与溶质分子间的相互作用，而溶质分子间的作用占次要地位。

按液晶形态分，可以分为典型的层状液晶（近晶型 smectic）、线状液晶（向列型 nematic）和胆甾型（cholesteric）液晶三种，此外，还有些不太典型的碟碗状液晶等。层状液晶也称为近晶型液晶、层列液晶，其结构是由液晶棒状分子聚集一起，形成一层一层的结构。其每一层分子的长轴方向相互平行，且此长轴的方向对于每一层平面垂直或有一倾斜角。由于其结构非常近似于晶体，所以又称作近晶相。线状液晶也称向列型液晶，用肉眼观察这种液晶时，看起来会有像丝线一般的图样。这种液晶分子在空间上具有一维的规则性排列，所有棒状液晶分子长轴会选择某一特定方向（也就是指向矢）作为主轴并相互平行排列，而且不像层状液晶一样具有分层结构，与层状液晶相比其排列比较无秩序，也就是其秩序参数 S 较层状液晶小。另外其黏度较小，所以较易流动（它的流动性主要来自对于分子长轴方向较易自由运动这一特点）。胆甾型液晶也称胆固醇液晶，这个名字的来源，是因为它们大部分是由胆固醇的衍生物所生成的。但有些没有胆固醇结构的液晶也会具有此液晶相，这种液晶如果把它的一层一层分开来看，会很像线状液晶。但是在 Z 轴方向来看，会发现它的指向矢会随着一层一层的不同而像螺旋状一样分布，而当其指向矢旋转 360° 所需的分子层厚度就称为螺距。以胆固醇液晶而言，在指向矢的垂直方向分布的液晶分子，由于其指向矢的不同，就会有不同的光学或是电学的差异，也因此造就了不同的特性。

7.2.3.2 液晶材料应用

液晶材料目前十分重要的应用就是作为各类液晶显示器关键的光学开关材料。液晶显示器的发展本身也经历了简单、低效到复杂、高性能的历程。如早期计算器、电子手表上应用的 TN-扭曲向列型液晶和 STN-超扭曲向列型液晶等到现在使用各种 TFI-LCD（薄膜晶体管液晶显示器）的高效能液晶等。早期显示器只能采用外部光源反光显像，液晶分子电场响应迟钝，难以用作快速切换图形的显示屏。

在液晶材料所经历的各类显示器中，包括 DSN-动态散射、TN-扭曲向列型、STN-超扭曲向列型、DSTN-双层超扭曲向列型、FSTN-薄膜超扭曲向列型、AM-有源矩阵、TFT-薄膜晶体管。

作为显示器的液晶材料，其性能要求比较全面，适用条件范围要求较宽，由于单一液晶分子性能的局限性，目前显示用液晶材料通常由 10 种左右的液晶分子组成。通过混合多种单质材料，可以得到单质液晶中得不到的功能与性质，如加宽液晶的温度带、降低黏度使响应速度加快、获得合适的光学各向异性等。

TFT-LCD 所使用的液晶材料在液晶电阻率和抗紫外光稳定性方面有特定要求。如果液晶电阻率不高，导致盒内电压降减小，电压保持率（液晶上实际电压的维持效果）劣化。材料在紫外光下的分解会产生离子，也会使实效电压下降。液晶双折射率差 Δn 必须适中，一般 0.08 为宜。折射率差值过大，大视角处会出现色反转；折射率差值过小，对比度低下。此外，液晶介电常数的各向异性要大，才可降低驱动电压。为满足上述条件，传统使用很久的氰基化合物液晶由于不能完全满足上述特性要求，已逐渐淘汰，取而代之在广泛使用的是氟取代液晶化合物，氟取代液晶化合物具有电阻率高、黏度低、介电各向异性大、电场响应速度快的特点。另外，氟原子的电负性大，吸引电子云，在分子内部形成的电偶极子比氰基—CN 化合物的大，而且抗紫外光稳定性高得多。

液晶不仅可用于显示，还可用于制作超高强度纤维。其方法是将液晶态的高分子纤维原料在细孔中高速拉出。由于液晶很容易形成分子平行排列，小孔中拉出的纤维具有长分子的顺排结构，这是其高强度的秘密所在。此过程称为液晶纺丝法（纤维本身并不是液晶态）。液晶纺丝制成的纤维可做防弹衣（美国）、抗冲击、耐热、不燃烧、不导电、轻质。利用液晶的温度效应可制作成液晶温敏探测膜，胆甾型液晶具有显著的温度效应。一些胆甾型材料在各向同性的液体内大体上是无色的，在经过相变温度后冷却的过程中，在反射光中观察到有些材料出现一系列的彩色。依次为紫、蓝、绿、黄、红，而当最大反射峰进入红外区时又最终变为无色。再进一步冷却，这些材料进入另一个无色相——近晶型。有些胆甾型液晶材料在冷却时仅从红变绿；另一些从红变到绿再变到蓝或从红到绿而返回红；有些原先是蓝而变到绿然后回到红；还有其他对温度变化没有反应的材料。在实验室内，胆甾型液晶的奇异特性被用作测温工具。对材料进行典型的配比能在几摄氏度的间隔内将色彩从红变到绿、蓝。根据化学的组分，在 $-20℃$ 到 $250℃$ 之间的任何需要的温度内，上述变化都可以发生。变色感应温度精度可调节至 $0.1℃$。在医学诊断上，相应于小的温度变化的彩色变化可用于观察体温的分布、动脉与静脉的位置以及内部组织损伤恢复的进度。在取暖与制冷装置的控制、室温的控制以及报警装置中也有广阔的应用范围。

液晶材料还可设计成位移探测、电压感应等检测器。利用液晶分子的层间滑动性和电场响应特征，可以制作出精密电控润滑器件。

7.2.4 光学透明导电材料

透明导电膜是既有高的导电性，又对可见光有很好透过性的薄膜材料，某些透明导电膜同时对红外光有较高反射性。从物理学的角度，物质的透光性和导电性是一对基本矛盾。为了使材料具有通常所述的导电性，就必须使其费米球的中心偏离动量空间原点，也就是说，按照能带理论在费米球及附近的能级分布很密集，被电子占据的能级和空能级之间不存在能隙。这样当有入射光进入时，很容易产生内光电效应，光由于激发电子失掉能量而衰减。所以，从透光性的角度不希望产生内光电效应，就要求禁带宽度必须大于光子能量。宽带透明导电氧化物半导体，要保持良好的可见光透光性，其等离子频率就要小于可见光频率，要保持一定的导电性就需要一定的载流子浓度，而等离子频率与载流子浓度成比例。透明导电膜的开发就是基于如何使两者更好地有机统一起来，自从在透明导电氧化物（transparent conductive oxide，TCO）中第一次发现透光性与导电性可以共存后，新型 TCO 的开发及复合多层膜的设计都是围绕着这样一对矛盾体进行的，TCO 可通过成分调整实现对带隙结构、载流子浓度和迁移率以及功函数等的控制来使其透光性与导电性矛盾的统一。根据材料的不同可将其分为金属透明导电薄膜、氧化物透明导电薄膜（TCO）、非氧化物透明导电薄膜及高分子透明导电薄膜。

7.2.5　非线性光学材料

非线性光学材料（nonlinear optical materials）是指一类受外部光场、电场或应变场的作用，光的频率、相位、振幅等参量发生变化，从而引起折射率、光吸收、光散射等性能变化的材料。在用激光作光源时，激光与介质间相互作用产生的这种非线性光学现象，会导致光的倍频、合频、差频、参量振荡、参量放大，引起谐波，包括二阶谐波产生效应和三阶谐波产生效应。简单来说，非线性光学效应就是强光作用下物质的微观结构物性响应（如极化强度 P）与场强 E 呈现非线性函数关系，两者偏离简单直线关系越远，则非线性系数越大，非线性光学性能越显著，该非线性系数通常也就是二阶非线性系数或三阶非线性系数等。因而，非线性系数是考察一种材料非线性光学倾向的主要指标。利用非线性光学材料的变频和光折变功能，尤其是倍频和三倍频能力，可将其广泛应用于有线电视和光纤通信用的信号转换器和光学开关、光调制器、倍频器、限幅器、放大器、整流透镜和换能器等领域。

1961 年，Francken 及合作者将一束由红宝石激光器产生的波长 694.2nm 的激光通过石英晶体时，产生了波长为 347.1nm 的二次谐波，频率恰好是原来的两倍，这种现象我们称为倍频效应，是非线性光学效应的一种，其中相应的材料称作倍频材料，石英就是最早的倍频晶体材料，石英对激光的上述倍频效应就是其光学非线性功能的一个方面，这项研究开创了非线性光学材料这一崭新的领域。

自 20 世纪 60 年代以来，非线性光学不断发展，一些重要的非线性光学效应相继被发现，新型的非线性光学晶体材料的试制成功、皮秒激光器件的广泛使用以及飞秒激光器的研究，使得利用超快脉冲进行非线性光学的研究得到重大推进。非线性光学的应用离不开非线性光学（NLO）材料，它能实现光波频率转换，这种能力为实现全光学计算、开关和远距离通信提供了可能。从材料结构分类，非线性光学材料可以是无机材料、有机材料、有机无机杂化/复合材料、聚合物材料等。

7.2.6　发光材料

发光的定义：当某种物质受到诸如光的照射、外加电场或电子束轰击等的激发后，只要该物质不会因此发生化学消耗，它总要回复到原来的平衡状态。在这个过程中，一部分多余的能量会通过光或热的形式释放出来。如果这部分能量是以可见光形式发射出来的，就称这种现象为发光。概括来说，发光就是物质在热辐射之外以光的形式发射出多余的能量，而这种多余能量的发射过程具有一定的持续时间。发光必须与光的反射、散射造成的光辐射等区分开来，反射、散射造成的光辐射现象在激发停止后都会立即消失，是瞬态的效应，不会有持续的余晖。

发光过程包括 3 个要素，即颜色、强度和持续时间。

（1）颜色要素

对单色光来说，颜色直接取决于光的波长大小和波长宽度分布。波长与颜色的关系众所周知，一般波长：红色 620～660nm，纯绿 520～530nm，蓝色 470～480nm，黄色 580～890nm，黄绿 550～570nm。不同波长发出光的颜色不同，不同单色光的对应波长也没有明显界限。

（2）强度要素

由于发光强度是随激发强度而变的，通常用发光效率来表征材料的发光本领，发光效率也同激发源强度有关。发光效率有三种表示方法：量子效率、能量效率及光度效率。量子效率指发光的量子数与激发源输入的量子数的比值；能量效率是指发光的能量与激发源输入的能量的比值；光度效率指发光的光度与激发源输入的能量的比值。

（3）持续时间

历史上曾以发光持续时间的长短把发光分为两个过程：把物质在受激发时的发光称为荧光，而把激发停止后的发光称为磷光。一般常以持续时间 10^{-8}s 为分界，持续时间短于 10^{-8}s 的发光称为荧光，而把持续时间长于 10^{-8}s 的发光称为磷光。现在习惯上仍沿用这两个名词，但已不再用荧光和磷光来区分发光过程。因为任何形式的发光都以余晖的形式显现其衰减过程，只是时间长短不同而已。发光现象有持续时间的事实，说明物质在接受激发能量和产生发光的过程中，存在着一系列的动力学过程。

发光材料种类繁多，也存在多种分类方式，发光材料可以按照激发能量方式的不同进行分类，如表 7-3 所示。

表 7-3　发光材料分类

材料类型	激发源	应用
阴极射线发光材料	电子束	电视机，显示器
光致发光材料	光子	荧光灯，等离子体显示器
电致发光材料	电场	LED/OLED，电致发光显示器件
化学发光材料	化学能	分析化学
X 射线材料	X 射线	X 射线放大器

其中以光致发光和电致发光材料应用较为广泛而重要。此外还有声致发光、摩擦发光、生物发光、放射性发光、热释发光等。

7.3　生物医用材料

生物医用材料是与生物系统相互作用且在医学领域得以应用的材料，其中生物系统包括细胞、组织、器官等，医学领域的应用则包括对疾病的诊断、治疗、修复或替换生物体组织或器官，增进或恢复其功能等。生物医用材料本身不是药物，其作用不必通过药理学、免疫学或代谢手段实现，其治疗途径是与生物机体直接结合并产生相互作用，但有时为了促进生物医用材料更好地发挥其功能，也会将其与药物结合。

生物医用材料是用来对生命体进行诊断、治疗、修复或替换其病损组织、器官或增进其功能的材料。早在古代，一些天然的材料如棉麻纤维、马鬃等即被用来作为缝合线缝合伤口，古代中国和古埃及的墓葬中就被发现有假牙、假鼻、假耳等。

从 16 世纪开始，金属材料开始在骨科领域得到大量应用，1588 年，人们利用黄金板修复颚骨。1775 年，金属材料开始被用来固定体内骨折。1851 年，硫化天然橡胶制成的人工牙托和颚骨问世。在这一时期，生物医用材料的发展非常缓慢，一方面受到当时自然科学理论水平和工业技术水平的限制，另一方面也与医生、科学家、工程师三者之间缺少合作有关，当患者的生命受到严重危害时，往往依靠医生单打独斗，凭借自己的小发明来解决问题。

进入 20 世纪中期以后，随着医学、材料学（尤其是高分子材料学）、生物化学、物理学的迅速发展，高分子材料、陶瓷材料和新型金属材料不断涌现，如聚羟基乙酸，聚甲基丙烯酸羟乙酯，胶原、多肽、纤维蛋白，羟基磷灰石、磷酸三钙，形状记忆合金，等等。这些材料主要由材料学家研究设计，因此许多材料并不是专门针对医用而设计的，在临床应用过程中可能存在生物相容性问题，例如最初的血管植入物材料聚酯纤维（俗称涤纶）就来源于纺织工业，会与血液发生生物反应而导致血管阻塞。但不可否认的是，这些新材料的出现推动了生物医用材料的发展，各种不同性能的材料可以满足不同的临床需求，也为各种人工器官的研制奠定了基础。生物医用材料的一些应用实例见表 7-4。

表 7-4　生物医用材料应用实例

材料名称	应用实例
骨外科假体	人工髋关节、膝关节、人工骨、骨折固定器
整形外科假体	丰乳或重建、上颌面重建、耳重建
口腔科植入物	义齿、防龋涂层
心血管植入物	心脏瓣膜、支架、起搏器、血管移植物
眼科植入物	隐形眼镜、人工晶体
体外循环装置	血液透析器、氧合器、血浆分离器
导管	脑脊液导管、尿液导管
诊断制品	免疫微囊
神经科植入物	蜗状植入物、脑积水分路
药物释放控制装置	片剂或胶囊涂层、微囊、经皮体系植入物
普通外科	缝线、黏合剂、外科植入制品、血液代用品

（1）生物医用材料的分类

生物医用材料按用途可分为骨、关节、肌腱等骨骼-肌肉系统修复材料，皮肤、乳房、食道、呼吸道、膀胱等软组织修复材料，人工心脏瓣膜、血管、心血管内插管等心血管系统材料，血液净化膜和分离膜、气体选择性透过膜、角膜接触镜等医用膜材料，组织黏合剂和缝线材料，药物释放载体材料，临床诊断及生物传感器材料，齿科材料，等等。

生物医用材料按材料在生理环境中的生物化学反应水平分为惰性生物医用材料、活性生物医用材料、可降解和吸收的生物医用材料。

生物医用材料按材料的组成和性质可以分类如下。

① 生物医用金属材料

生物医用金属材料是用于生物医学的金属或合金，又称外科用金属材料，是一类惰性材料。此类材料具有高机械强度、抗疲劳和易加工等优良性能，是临床应用中十分广泛的承力植入材料。此类材料的应用非常广泛，涉及硬组织、软组织、人工器官和外科辅助器材等各个方面。目前常见的生物医用金属材料有医用不锈钢、钴基合金、钛及钛合金、镍钛形状记忆合金、金银等贵重金属、银汞合金、钽铌等金属和合金。

② 生物医用陶瓷材料

生物医用陶瓷材料指用作特定的生物或生理功能的一类陶瓷材料，即直接用于人体或与人体相关的生物、医用、生物化学等的陶瓷材料。广义讲，凡属生物医用工程的陶瓷材料统称为生物医用陶瓷材料。作为生物医用陶瓷材料，需具备如下条件：生物相容性；力学相容性；与生物组织有优异的亲和性；抗血栓；灭菌性并具有很好的物理、化学稳定性。目前常见的医用无机非金属材料有陶瓷、碳素、玻璃、石膏等。

③ 生物医用高分子材料

生物医用高分子材料是生物医用材料中发展最早、应用十分广泛、用量较大的材料，也是一个正在迅速发展的领域。它有天然产物和人工合成两个来源。该类材料除应满足一般的物理、化学性能要求外，还必须具有足够好的生物相容性。

此外，还包括生物医用复合材料和生物衍生材料。生物医用材料的分类见表 7-5。

表 7-5　生物医用材料的分类

分类依据	分类	举例
材料的组成和性质	生物医用金属材料	钛合金、316L 医用不锈钢
	生物医用高分子材料	聚四氟乙烯、硅橡胶
	生物医用陶瓷材料	羟基磷灰石、生物陶瓷
	生物医用复合材料	HA-胶原复合涂层
	生物衍生材料	表面肝素化材料
临床用途	硬组织修复替换材料	关节假体、人工骨、齿
	软组织修复替换材料	人工瓣膜、血管、人造皮肤
	管腔内支架类材料	血管内支架、各种管腔支架
生物材料性能	惰性生物医用材料	医用金属材料、Al_2O_3 陶瓷
	活性生物医用材料	羟基磷灰石、生物活性玻璃
	可降解和吸收的生物医用材料	磷酸三钙陶瓷、可降解高分子材料

（2）生物医用材料的要求

生物医用材料长期、有效地在生物体内或体表完成某种生物功能时应该具备以下基本性能。①生物相容性：狭义的生物相容性定义就是生物安全性，即植入材料与人体组织适应性好，与机体之间无免疫排斥反应，植入材料不引起溶血、凝血现象，组织不发生炎症、排拒、致癌等，主要包括血液相容性和组织相容性。现代生物相容性概念还包括生物功能性，是指生物材料在应用时，可以诱导宿主产生恰当的应答反应，强调了生物材料的活性作用，能够真正实现和组织器官的生物结合。②生物力学性能：即具有与组织相适应的物理力学性能，包括适当的强度、硬度、韧性、塑性等以满足耐磨、耐压、抗冲击、抗疲劳等医用要求。近年来，研发低弹性模量的医用金属材料是生物材料力学研究方面的热点，降低硬组织植入材料的弹性模量可以避免或减少其在骨组织内产生的应力遮挡，有效解决由此造成的宿主骨组织疏松、萎缩的问题。③耐生物老化性能：即具有良好的体内化学稳定性，在发挥其医疗功能的同时要耐侵蚀，不溶出毒性离子、不产生有害降解物，能够长期使用。④成形加工性能：即材料容易加工制造，价格适中，可以满足批量生产使用的要求。

任何一种生物医用材料，只有同时具有上述四个方面的性能，才能在临床应用中获得理想的效果。因此，生物医用材料的发展实际上包括了生物力学、生物化学及材料生物学等方面的研究，其最终目的就是使生物医用材料与生物体之间达到良好的相容，从而充分地发挥治疗功能。

7.3.1 生物医用金属材料

生物医用金属材料又称医用金属材料或外科用金属材料，是在生物医用材料中使用的合金或金属，属于一类惰性材料，具有较高的抗疲劳性能和机械强度，在临床中作为承力植入材料而得到广泛应用。在临床已经使用的医用金属材料主要有钴基合金、钛基合金、不锈钢、形状记忆合金、贵金属、纯金属（铌、锆、钛、钽）等。不锈钢、钴基合金和钛基合金具有强度高、韧性好以及稳定性高的特点，是临床常用的 3 类医用金属材料。随着制备工艺和技术的进步，新型生物金属材料也在不断涌现，例如粉末冶金合金、高熵合金、非晶合金、低模量钛合金等。

生物医用金属材料一般用于外科辅助器材、人工器官、硬组织、软组织等各个方面，应用极为广泛。但是，无论是普通材料植入还是生物金属材料植入都会给患者带来巨大的影响，因而生物医用金属材料应用中的主要问题是由于生理环境的腐蚀而造成的金属离子向周围组织扩散及植入材料自身性质的变化，前者可能导致毒副作用，后者常常导致植入的失败。因此，生物医用金属材料除了要求具有良好的力学性能及相关的物理性质外，优良的抗生理腐蚀性和生物相容性也是其必须具备的条件。

生物医用金属材料的性能要求：①力学性能。生物医用金属材料一般应具有足够的强度和韧性，适当的弹性和硬度，良好的抗疲劳、抗蠕变性能以及必需的耐磨性和自润滑性。②抗腐蚀性能。生物医用金属材料发生的腐蚀主要有：植入材料表面暴露在人体生理环境下发生电解作用，属于一般性均匀腐蚀；植入材料混入杂质而引发的点腐蚀；各种成分以及物理化学性质不同引发的晶间腐蚀；电离能不同的材料混合使用引发的电偶腐蚀；植入体和人体组织的间隙之间发生的磨损腐蚀；有载荷时，植入材料在某个部位发生应力集中而引起的应力腐蚀；长时间的反复加载引发植入材料损伤断裂的疲劳腐蚀，等等。③生物相容性。生物相容性是指人体组织与植入材料相互包容和相互适应的程度，也就是说植入材料是否会对人体组织造成破坏、毒害和其他有害的作用。生物医用材料必须具备优异的生物相容性，具体体现在：对人体无毒、无刺激、无致癌、无突变等作用；人体无排异反应；与周围的骨骼及其他组织能够牢固结合，最好能够形成化学键合以及具有生物活性；无溶血、凝血反应，即具有抗血栓性。生物相容性是衡量生物材料优劣的重要指标。

7.3.1.1 不锈钢

医用不锈钢具有低成本和良好的加工性能、力学性能等，目前在口腔医学和骨折内固定器械、人工关节等领域应用广泛。302 不锈钢是最早使用的医用金属材料，抗腐蚀性能较好，强度较高。有研究人员将钼元素加入不锈钢中制作 316 不锈钢，有效地改善了医用不锈钢的抗腐蚀性。20 世纪 50 年代，研究人员研制出新的 316L 不锈钢，将不锈钢中的最高碳含量降至 0.03%，使得材料的抗腐蚀性能得到进一步提高。从此，医用不锈钢便成为国际上公认的外科植入体的首选材料。

虽然钴基合金的抗蚀性强于不锈钢，但是医用不锈钢具有价格低廉、易加工的优势，可制成各种人工假体及多种形体，如齿冠、三棱钉、螺钉、髓内针、板、钉等器件，另外制作手术器械和医疗仪器时也广泛应用，现阶段医用不锈钢依然是应用最为广泛的医用金属材料。目前常用的医用不锈钢为316L、317L，不锈钢中的C质量分数≤0.03%可以避免其在生物体内被腐蚀，主要成分为Fe(60%～65%)，添加重要合金Cr(17%～20%)和Ni(12%～14%)，还有其他少量元素成分，如N、Mn、Mo、P、Cl、Si和S。

为了避免镍的毒性作用，研究人员研制出了高氮无镍不锈钢。近些年来，低镍和无镍的医用不锈钢逐渐得到发展和应用。日本的物质材料研究所（筑波市）开发了一种不含镍的硬质不锈钢的简易生产方法，解决了无镍不锈钢难以加工而制造成本太高的问题，生产成本低廉，有望广泛用于医疗领域。

7.3.1.2　钴基合金

钴基合金主要包括Co-Cr-Mo合金和Co-Ni-Cr-Mo合金。因其良好的耐腐蚀性和优异的力学性能而成为重要的医用金属材料。钴基合金在人体内一般保持钝化状态，钝化膜稳定，耐蚀性更好。此外，钴基合金植入体内不会产生明显的组织反应，适合于制造体内承载苛刻的长期植入件。

锻造加工的Co-Ni-Cr-Mo合金用于制造关节替换假体连接件的主干，如膝关节和髋关节替换假体等。美国材料实验协会推荐了4种可在外科植入中使用的钴基合金，包括锻造Co-Cr-Mo合金（F76）、锻造Co-Cr-W-Ni合金（F90）、锻造Co-Ni-Cr-Mo合金（F562）和锻造Co-Ni-Cr-Mo-W-Fe合金（F563）。其中锻造Co-Cr-Mo合金和锻造Co-Ni-Cr-Mo合金已广泛用于植入体制造。但是由于钴基合金价格较高，并且合金中Co、Ni元素存在着严重致敏性等生物学问题，应用受到一定的限制。

7.3.1.3　钛及其合金

纯钛不会生锈，且具有生物相容性，还具有无毒、质轻、强度高、耐高温低温和耐腐蚀等特点。同时，钛可与骨组织直接形成物理性结合和化学性结合，因此在骨科领域应用较广。

早在20世纪50年代，美国和英国就开始把纯钛用于生物体。后来为了进一步加强纯钛的强度，发展出钛合金并作为人体植入材料而广泛应用于临床。钛合金的生物相容性不如纯钛，但强度是不锈钢的3.5倍，是目前所有工业金属材料中最高的。表7-6对比了纯钛、钛合金以及其他几种材料的力学性能。

表7-6　几种材料的力学性能　　　　　单位：GPa

材料	弹性模量	屈服强度	极限拉伸强度
纯钛	105	692	785
Ti-6Al-4V	110	850～900	960～970
Ti-13Nb-13Zr	79	900	1030
Co-Cr-Mo	200～230	275～1585	600～1795
不锈钢	200	170～750	465～950
骨	1～20	—	150～400

7.3.1.4 形状记忆合金

形状记忆材料是指具有一定初始形状的材料经形变并固定成另一种形状后，通过热、光、电等物理刺激或化学刺激的处理又可恢复成初始形状的材料，包括合金、复合材料及有机高分子材料。形状记忆合金（shape memory alloy，SMA）是形状记忆材料的一种，其恢复形状所需的刺激源通常为热源，因此是属于热致形状记忆。合金材料在某一温度下受外力而变形，当外力去除后，仍保持其变形后的形状，但当温度上升到某数值，材料会自动恢复到变形前原有的形状，似乎对以前的形状保持记忆。

SMA 的形状记忆效应源于某些特殊结构合金在特定温度下发生的不同金属结构相（例如马氏体相-奥氏体相）之间的相互转换。热金属降温过程中，面心立方结构的奥氏体相逐渐转变成体心立方或体心四方结构的马氏体相，这种马氏体一旦形成，就会随着温度下降而继续生长，如果温度上升它又会减少，以完全相反的过程消失。马氏体相变是一种无扩散相变或体位移型相变。严格地说，位移型相变只有在原子位移以切变方式进行，两相间以宏观弹性形变维持界面的连续和共格，其畸变能足以改变相变动力学和相变产物形貌的才是马氏体相变。

至今为止，已发现有十几种记忆合金体系，可以分为 Ti-Ni 系、铜系、铁系合金三大类。包括 Au-Cd、Ag-Cd、Cu-Zn、Cu-Zn-Al、Cu-Zn-Sn、Cu-Zn-Si、Cu-Sn、Cu-Zn-Ga、In-Ti、Au-Cu-Zn、Ni-Al、Fe-Pt、Ti-Ni、Ti-Ni-Pd、Ti-Nb、U-Nb 和 Fe-Mn-Si 等。它们有两个共同特点：一是弯曲量大，塑性高；二是在记忆温度以上恢复以前形状。

医学上使用的形状记忆合金主要是 Ti-Ni 合金。这类合金在不同的温度下表现为不同的金属结构相。如低温时为单斜结构相，柔软可随意变形，高温时为立方体结构相，刚硬，可恢复原来的形状，并在形状恢复过程中产生较大的恢复力。Ti-Ni 形状记忆合金的特点是质轻、磁性微弱、强度较高、耐疲劳性能和高回弹性等。

作为生物医用材料，Ti-Ni 合金对生物体有较好的相容性，可以埋入人体作为移植材料。例如作为腔内支架用于管腔狭窄的治疗。支架安入管腔狭窄的部位后，能将狭窄管腔撑开，并与管壁相贴合，固定好。其良好的生物相容性使其长期安放对黏膜无明显损伤，而高回弹性能顺应管道的弯曲，对人体刺激小。Ti-Ni 合金腔内支架的应用原理基于这种合金的形状记忆特性。合金支架经过预压缩变形后体积变小，能经很小的腔隙安放到人体血管、消化道、呼吸道、胆道、前列腺腔道以及尿道等各种狭窄部位。支架在体温环境下扩展成较大尺寸的骨架，在人体腔内支撑起狭小的腔道，这样就能起到很好的治疗效果。与传统的治疗方法相比，这种形状记忆合金支架疗效可靠、使用方便，并且可大大缩短治疗时间和减少费用，为外伤、肿瘤以及其他疾病所致的血管、喉、气管、食道、胆道、前列腺腔道狭窄治疗开辟了新天地。图 7-4 为形状记忆合金腔内支架的几种临床应用实例。

在骨外科治疗领域，利用形状记忆合金的高强度和形状记忆特性，可在生物体内部作固定折断骨架的销、进行内固定接骨的接骨板。体温环境下 Ti-Ni 合金发生相变，恢复到原来设计的形状，从而将伤骨紧紧抱合，将两段骨固定住，并利用在相变过程中产生的压力，迫使断骨很快愈合。与传统的不锈钢器械相比，应用形状记忆合金制成的固定器械，可使骨科手术免于钻孔、楔入、捆扎等复杂工序，大大降低了手术的难度，并使手术时间大大缩短。其良好的"抱合力"可使手术愈合期也大大缩短。类似的应用还有假肢的连接、矫正脊柱弯曲的矫正板、口腔正畸器等。

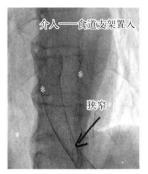
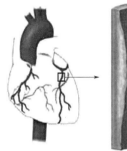

(a) 食道支架   (b) 血管内支架

图 7-4 形状记忆合金腔内支架的几种临床应用实例

在内科方面，可将细的 Ti-Ni 丝插入血管，由于体温使其恢复到母相的网状，阻止 95% 的凝血块不流向心脏。用记忆合金制成的肌纤维与弹性体薄膜心室相配合，可以模仿心室收缩运动，制造人工心脏。

7.3.1.5 其他生物医用金属材料

金、银、铂等贵重金属及其合金具有独特的抗腐蚀性、生理上的无毒性、良好的延展性以及生物相容性，在牙科、针灸、体内植入及医用生物传感器等方面有广泛应用。

金及其合金具有优良的耐久性、稳定性和抗蚀性，很适合作为牙科金属材料使用。若合金含有 75%（质量分数）或更多的金和其他贵金属，就能保留其良好的抗蚀性。铜的加入可显著提高其强度，而铂也能改善其强度，但添加量不能超过 4%，以免熔点过高。银的加入可抵消铜的颜色。加入少量的锌可降低其熔点，并排除在熔化过程中形成的氧。含金量超过 83% 的合金较软，用于镶嵌，但其硬度太低而不能承受太高的压力。含金量少的较硬合金，用于牙冠和尖端处，可承受较大的压力。

铂及其合金、金、氧化铱和钽可用于制作可植入人体内部的微小器件。其中铂是使用最广泛的刺激电极材料，具有很好的安全性和激发作用。Pt-20Ir 合金的电极性能与铂相似，但强度比铂好。

铌、锆及钽都具有与钛极相似的组织结构和化学性能，在生物学上也得到一定应用。钽具有很好的化学稳定性和抗生理腐蚀性，其氧化物基本上不被吸收和不呈现毒性反应，可和其他金属结合使用而不破坏其表面的氧化膜。

7.3.2 生物医用陶瓷材料

生物医用陶瓷材料是指具有特殊生理行为的一类陶瓷材料，主要用来构成人类骨骼和牙齿的某些部分，甚至可望部分或整体地修复或替换人体的某些组织、器官，或增进其功能。与早期使用的塑料、合金材料相比，生物陶瓷材料具有较多优势，采用生物陶瓷可以避免不锈钢等合金材料容易出现的溶析、腐蚀、疲劳等问题。而且陶瓷的稳定性和强度也远强于生物塑料。

陶瓷是经高温处理工艺所合成的无机非金属材料，因此它具备许多其他材料无法比拟的优点。由于它是在高温下烧结制成的，其结构中包含着键强度很大的离子键和共价键，不仅具有良好的机械强度、硬度，而且在体内难溶解，不易腐蚀变质，热稳定性好，便于加热消毒，耐磨性能好，不易产生疲劳现象。

陶瓷的组成范围比较宽，可以根据实际应用的要求设计组成，控制性能变化。从工艺上来说，陶瓷成形容易，可以根据使用要求，制成各种形态和尺寸，如颗粒、柱形、管形、致密型或多孔型，也可制成骨螺钉、骨夹板，还可制成牙根、关节、长骨、颅骨等。

陶瓷往往硬而脆，因此通常认为陶瓷烧成后很难加工。不过随着加工装备及技术的进步，现在陶瓷的切削、研磨、抛光等已是成熟的工艺。近年来出现了可以用普通金属加工机床进行生产的"可切削性生物陶瓷（machinable bioceramic）"，利用玻璃陶瓷结晶化之前的高温流动性，制成了铸造玻璃陶瓷。用来制作人工牙冠，不仅强度好，而且色泽与天然牙相似。

目前世界各国相继发展了生物陶瓷材料，它不仅具有不锈钢塑料所具有的特性，而且具有亲水性，能与细胞等生物组织表现出良好的亲和性。因此生物陶瓷具有广阔的发展前景。除了作为生物体组织、器官替代增强材料，生物陶瓷还可用于生物医学诊断、测量等。生物陶瓷概念的内涵也在不断丰富，外延纵深拓展，涉及的领域越来越广泛。

7.3.2.1 生物医用玻璃陶瓷的制备

生物医用玻璃陶瓷也称微晶玻璃或微晶陶瓷，玻璃陶瓷的生产工艺过程为：

配料制备→配料熔融→成形→加工→晶化热处理→再加工

玻璃陶瓷生产过程的关键在晶化热处理工序，这一工序包含两个阶段，即成核（A阶段）和晶核成长（B阶段），这两个阶段有密切的联系。在A阶段必须充分成核，在B阶段控制晶核的成长。玻璃陶瓷的析晶过程由三个因素决定。第一个因素为晶核形成速度；第二个因素为晶体生长速度；第三个因素为玻璃的黏度（影响扩散性）。这三个因素都与温度有关。玻璃陶瓷的结晶速度不宜过小，也不宜过大，中等速度有利于对析晶过程进行控制。为了促进成核，一般要加入成核剂。一种成核剂为贵金属如金、银、铂等离子，但价格较贵；另一种是普通的成核剂，有 TiO_2、ZrO_2、P_2O_5、V_2O_5、Cr_2O_3、MoO_3、氟化物、硫化物等。

7.3.2.2 氧化铝单晶生物陶瓷的制备

氧化铝单晶也称宝石，添加剂不同，制得单晶材料颜色不同，如红宝石、蓝宝石等。氧化铝单晶的生产工艺有提拉法、导模法、气相化学沉积生长法、焰熔法等。

（1）提拉法

即是把原料装入坩埚中，将坩埚置于单晶炉内，加热使原料完全熔化，把装在籽晶杆上的籽晶浸渍到熔体中与液面接触，精密地控制和调整温度，缓缓地向上提拉籽晶杆，并以一定的速度旋转，使结晶过程在固液界面上连续地进行，直到晶体生长达到预定长度为止。提拉籽晶杆的速度为 1～4mm/min，坩埚的转速为 10r/min，籽晶杆的转速为 25r/min。

（2）导模法

简称 EFG 法。在拟定生长的单晶物质熔体中，放顶面与所拟生长的晶体截面形状相同的空心模子即导模，模子用材料应能使熔体充分润湿，而又不发生反应。由于毛细管的现象，熔体上升，到模子的顶端面形成一层薄的熔体面。将晶种浸渍到其中，便可提拉出截面与模子顶端截面形状相同的晶体。

（3）气相化学沉积生长法

将金属的氢氧化物、卤化物或金属有机物蒸发成气相，或用适当的气体作载体，输送到使其凝聚的较低温度带内，通过化学反应，在一定的衬底上沉积形成薄膜晶体。

（4）焰熔法

将原料装在料斗内，下降通过倒装的氢氧焰喷嘴，将其熔化后沉积在保温炉内的耐火材料托柱上，形成一层熔化层，边下降托柱边进行结晶。用这种方法很适合氧化铝这类高熔点的单晶制备，晶体生长速度快、工艺较简单，不需要昂贵的铱金坩埚和容器，因此较为经济。

7.3.2.3 羟基磷灰石生物陶瓷的制备

羟基磷灰石生物陶瓷的制造工艺包括传统的固相反应法、沉淀反应法及较为流行的水热反应法。

（1）固相反应法

这种方法与普通陶瓷的制造方法基本相同，根据配方将原料磨细混合，在高温下进行合成，如磷酸氢钙与碳酸钙混合均匀，在 $1000 \sim 1300 ℃$ 加热反应，制得羟基磷灰石陶瓷。

$$6CaHPO_4 \cdot 2H_2O + 4CaCO_3 = Ca_{10}(PO_4)_6(OH)_2 + 4CO_2 \uparrow + 4H_2O \uparrow$$

（2）沉淀反应法

此法用 $Ca(NO_3)_2$ 与 $(NH_4)_2HPO_4$ 进行反应，得到白色的羟基磷灰石沉淀。其反应如下：

$$10Ca(NO_3)_2 + 6(NH_4)_2HPO_4 + 8NH_3 \cdot H_2O + H_2O = Ca_{10}(PO_4)_6(OH)_2 + 20NH_4NO_3 + 7H_2O$$

（3）水热反应法

将 $CaHPO_4$ 与 $CaCO_3$ 按 6∶4（摩尔比）进行配料，然后进行 24h 球磨。将球磨好的浆料倒入容器中，加入足够的蒸馏水，在 $80 \sim 100 ℃$ 恒温情况下进行搅拌，反应完毕后，放置沉淀得到白色的羟基磷灰石沉淀物，其反应式与固相反应法类似。

7.3.2.4 碳素陶瓷的制备

玻璃碳通过加热预先成形的固态聚合物使易挥发组分挥发掉而制得。热解石墨的制备是将甲烷、丙烷等碳氢化合物通入流化床中，在 $1000 \sim 2400 ℃$ 热解、沉积而得。沉积层的厚度一般为 1mm。下面主要讲述碳纤维的制备过程。

碳纤维是种以碳为主要成分的纤维状材料，它不同于有机纤维或无机纤维，不能用熔融法或溶液法直接纺丝，只能以有机物为原料，采用间接方法，将原料纤维在一定的张力、温度下，经过一定时间的预氧化、碳化和石墨化处理等过程制成。制造方法可分为两种类型，即气相法和有机纤维碳化法。气相法是小分子有机物在惰性气氛中（如脂肪烃或芳烃等）和高温下沉积成纤维。用这种方法只能制造晶须或短纤维，不能制造连续长丝。有机纤维碳化法是先将有机纤维经过稳定化处理变成耐火纤维，然后再在惰性气氛中，于高温下进行焙烧碳化，使有机纤维失去部分碳和其他非碳原子，形成以碳为主要成分的纤维状物。此法可制造连续长纤维。天然纤维、再生纤维和合成纤维都可用来制备碳纤维。选择的条件是加热时不熔融，可牵伸，且碳纤维产率高。

到目前为止，制造碳纤维的原材料有 3 种，即人造丝（黏胶纤维）、聚丙烯腈纤维（不同于腈纶毛线）、沥青。用这些原料生产的碳纤维各有特点。制造高强度、高模量碳纤维多选聚丙烯腈为原料，其碳化得率较高（50%～60%），而且由于生产流程、溶剂回收、三废处理等方面都比黏胶纤维简单，成本低，原料来源丰富，加上聚丙烯腈基碳纤维的力学性能，尤其是抗拉强度、抗拉模量等为 3 种碳纤维之首，所以是目前应用领域较广、产量也较大的碳纤维。以聚丙烯腈制造的碳纤维约占总碳纤维产量的 95%。以黏胶丝为原料制碳纤维碳化得率只有 20%～30%，这种碳纤维碱金属含量低，特别适宜作烧蚀材料。以沥青纤维为原料时，碳化得率高达 80%～90%，成本最低，是正在发展的品种。

无论用何种原丝纤维来制造碳纤维，都要经过 5 个阶段。

① 拉丝：可用湿法、干法或者熔融状态 3 种中任意一种方法进行。

② 牵伸：在室温以上，通常在 100～300℃ 范围内进行。

③ 稳定：通过 400℃ 加热氧化的方法，显著地降低所有的热失重，并因此保证高度石墨化和取得更好的性能。

④ 碳化：在 1000～2000℃ 范围内进行。

⑤ 石墨化：在 2000～3000℃ 范围内进行。

无论采用什么原材料制备碳纤维，都经过上述 5 个阶段。以聚丙烯腈纤维为原料的碳纤维，在预氧化过程中，聚丙烯腈原丝中存在含氧化合物是碳化初期分子间交联反应的主因，氧是环化反应的催化剂，加热形成热稳定性的梯形结构。碳化和石墨化都是在氮气中进行的，碳化反应是使非碳元素借分子间交联反应挥发出来。在热处理过程中，大量气体挥发后形成更多的石墨层状结构，强度增大，模量增加，导电性也提高。纤维先由白色变为黄色，继而呈棕黄色，最后变为黑色。所产生的最终纤维，其基本成分为碳，高模量碳纤维成分几乎是纯碳。根据使用要求和热处理温度的不同，碳纤维分为耐火纤维、碳纤维和石墨纤维。例如 300～350℃ 热处理时得耐火纤维；1000～1500℃ 热处理时得碳纤维，含碳量为 90%～95%；碳纤维经 2000℃ 以上高温处理可以制得石墨纤维，含碳量高达 99% 以上。

7.3.3 生物医用高分子材料

生物医用高分子材料是一类用于临床医学的高分子及其复合材料，是生物医用材料的重要组成部分，用于人工器官、外科修复、理疗康复、诊断检查、治疗疾患、药物制剂等医疗保健领域。对生物医用高分子的研究主要关注两个方面：一是设计、合成和加工符合不同医用目的的高分子材料与制品；二是最大限度地克服这些材料对人体的伤害和副作用。

高分子材料涉足医用领域已有较长历史。公元前 4000 年前，古埃及人就曾使用由天然黏合剂黏合的亚麻线来缝合伤口，以使伤口能及时愈合。在公元前 3500 年，古埃及人又用棉花纤维、马鬃缝合伤口；印第安人则使用木片修补受伤的颅骨。至公元前 600 年，古印度人在类似的情况下采用马鬃、棉线和细皮革条等。随后，逐渐使用肠衣线和蚕丝作为伤口缝合线。到了 19 世纪，手术缝合线已成为医用纤维的主要使用形式。1851 年，随着天然橡胶硫化方法的出现，有人采用硬胶木制作了人工牙托的颚骨。进入 21 世纪，随着高分子科学迅速发展，新的合成高分子材料不断出现，从而带动了生物医用高分子材料的发展，其应用迅速进入生物医学的各个领域。

7.3.3.1 生物医用高分子材料的种类

目前可用于生物医学领域的高分子材料种类繁多，分类方法也不少，主要是从不同角度对生物医用高分子材料进行分门别类，例如来源、特性、用途等，以适应不同场合、不同领域的需要。

（1）按来源分类

生物医用高分子按其来源可分为天然高分子生物医用材料和合成高分子生物医用材料。用于生物医用的天然高分子材料主要包括天然蛋白质材料（胶原蛋白和纤维蛋白）和天然多糖（纤维素、甲壳素和壳聚糖等）。

天然生物组织与器官也可以作为生物医用高分子材料的来源之一，包括取自患者自身的组织，例如采用自身隐静脉作为冠状动脉搭桥术的血管替代物；取自其他人的同种异体组织，例如利用他人角膜治疗患者的角膜疾病；来自其他动物的异种同类组织，例如采用猪的心脏瓣膜代替人的心脏瓣膜治疗心脏病等。

用于生物医学的合成高分子生物材料包括可生物降解的合成高分子如聚乙烯醇、聚孔酸、聚乙内酯、乳酸-乙醇酸共聚物、聚（β-羟基丁酸）酯等，以及不可生物降解的合成高分子如硅橡胶、聚氨酯、环氧树脂、聚氯乙烯、聚四氟乙烯、聚乙烯、聚丙烯、聚甲基丙烯酸甲酯、丙烯酸酯水凝胶、α-氰基丙烯酸酯类、饱和聚酯等。

（2）按材料与活体组织的相互作用关系分类

材料与活体组织的相互作用包括是否有生物活性以及能否被生物体吸收（降解）。如果材料在体内不降解、不变性、不引起长期组织反应，适合长期植入体内，这类生物医用高分子材料属于生物惰性高分子材料，例如聚丙烯纤维等，而植入生物体内能与周围组织发生相互作用、促进肌体组织、细胞等生长的材料则属于生物活性高分子材料。此外还有生物吸收高分子材料，或称生物降解高分子材料。这类材料在体内逐渐降解，其降解产物能被肌体吸收代谢，或通过排泄系统排出体外，对人体健康没有影响。如聚乙交酯纤维、聚丙交酯纤维、聚（β-羟基丁酸）酯纤维等。

（3）按材料的生物医学特性用途分类

不同特性的高分子材料在生物医学中有不同的应用范围，据此可把生物医用高分子材料分成四类。

① 硬组织相容性高分子材料。硬组织相容性高分子材料如各种人工骨、人工关节，牙根等是医学临床上应用量很大的一类产品，涉及医学临床的骨科、颌面外科、口腔、颅脑外科和整形外科等多个专科，往往要求具有与替代组织类似的力学性能，同时能够与周围组织结合在一起。如牙科材料（蛀牙填补用树脂、假牙和人工牙根、人工齿冠材料和硅橡胶牙托软衬垫等）；人造骨、关节材料聚甲基丙烯酸甲酯等。

② 软组织相容性高分子材料。软组织相容性高分子材料主要用于软组织的替代与修复，如隆鼻丰胸材料、人工肌肉与韧带材料等。这类材料往往要求软组织相容性好，同时要具有适当的强度和弹性，在发挥其功能的同时，不对邻近软组织如肌肉、肌腱、皮肤、皮下等产生不良影响，不引起严重的组织病变。

③ 血液相容性高分子材料。这是指在使用过程中需要与血液接触的材料，例如各种体外循环系统、介入治疗系统、人工血管和人工心瓣等人工脏器。血液相容性高分子材料必须不引起凝血溶血等生理反应，与活性组织有良好的互相适应性。

④ 药用高分子材料。药用高分子材料包括高分子药物和药物控释高分子材料。高分子药物指具有高分子链结构的药物（如小分子药物的大分子化或结合在高分子链上）和具有药效的高分子，如抗癌高分子药物、用于心血管疾病的高分子药物、抗菌和抗病毒高分子药

物、抗辐射高分子药物和高分子止血剂等。药物控释高分子材料则是用于药物的控制释放，目的是使药物以最小的剂量在特定部位产生治疗药效，或者优化药物释放速率以提高疗效和降低毒副作用，而不是材料本身具有药效。

7.3.3.2 生物医用高分子材料的要求

（1）生物相容性方面的要求

对生物医用高分子材料的生物相容性要求包括硬组织相容性、软组织相容性和血液相容性。

对于长期植入的医用高分子材料，生物稳定性要好，但对于暂时植入的医用高分子材料，例如手术缝合线、牙周再生片等用的聚乙交酯-丙交酯纤维，则要求能够在确定时间内降解为无毒的单体或片段，通过吸收、代谢过程排出体外。此外，针对不同的用途，在使用期内医用高分子材料的强度、弹性、尺寸稳定性、耐曲挠疲劳性、耐磨性应达到使用要求。例如，当用涤纶作人工韧带时，应该用断裂强度高的工业丝作为原料。对于某些用途，还要求具有界面稳定性。此外，还有来源和价格、加工成型的难易等要求。

用于硬组织替代或修复的医用高分子材料必须具有良好的硬组织相容性，能与骨骼或牙齿相互适应。软组织替代或修复材料应具有适当的软组织相容性，材料在发挥其功能的同时，不对邻近软组织（如肌肉、肌腱、皮肤、皮下等）产生不良反应。与血液接触的材料必须具有良好的血液相容性，不引起凝血、溶血，不影响血相。

（2）功能要求

对于作为人工器官、组织、药物载体、临床检查诊断和治疗用生物医用高分子材料，必须具有显示其医用效果的功能，即生物功能性。由于使用的目的、各种器官在生物体内所处的位置和功能不同，对材料的要求也各有侧重。用作生物传感器、医疗测定仪器零件和检查用生物医用纤维材料应具备检查、诊断疾病功能。如将由梅毒心磷脂、胆甾醇和卵磷脂组成的抗原材料固定在醋酸纤维膜上形成免疫传感器，可感知血清中梅毒抗体发生反应，产生膜电位，从而用来诊断梅毒。

作为人工肾透析器的材料，要有高度的选择透过功能；作为人工血管材料，要具有高度的力学性能和耐疲劳性能；作为人工皮肤材料，要具有细胞亲和性和透气性；作为人工血液，要具有吸、脱氧功能；用于人工韧带、人造肌腱、人造肌肉、人造修补的材料应具备诸如支持活体、保护软组织、脑和内脏等一些相应功能。

药用高分子材料应具备可改变药物吸收途径，控制药物释放速度、部位，并满足疾病治疗要求的功能。例如，多孔中空纤维作为药物控释体系的载体，可以控制药物的释放速度，增加药物对器官组织的靶向性，提高疗效，降低毒副作用。

7.4 纳米材料

随着纳米技术的迅速发展，纳米复合材料在纳米电子器件，医学和健康，航天、航空和空间探索，环境、资源和能量以及生物技术等领域都有十分广阔的应用前景。本节内容主要介绍纳米材料的定义、纳米材料的结构及表征以及纳米粒子的特性，最后简单概述不同类型的纳米复合材料。

7.4.1 纳米材料的概念

纳米材料是指晶粒尺寸小于 100nm 的单晶体或多晶体，由于晶粒细小，使其晶界上的原子数多于晶粒内部的，即产生高浓度晶界，因而使纳米材料有许多不同于一般粗晶材料的性能，如强度和硬度增大、低密度、低弹性模量、高电阻、低热导率等。正因为纳米材料具有这些优良性能，因此纳米材料是 20 世纪材料科学发展的顶尖，在各领域中有着广泛的应用。

纳米（nanometer）是一个单位长度，简写为 nm。$1nm = 10^{-3}\mu m = 10^{-6}mm = 10^{-9}m$。在原子物理中还常使用埃（Å）作单位，$1Å = 10^{-10}m$，所以 $1nm = 10Å$。氢原子的直径为 1Å，那么 1nm 相当于 10 个氢原子一个挨一个排起来的长度。由此可知纳米是一个极小的尺寸，它代表了人们对自然界物质认识的一个新的层次，即从微米进入纳米。

从广义上讲，合成的纳米结构材料具有下列结构特点：

① 原子畴（晶粒或相）尺寸小于 100nm；

② 很大比例的原子处于晶界环境；

③ 各畴之间存在相互作用。

纳米材料按其结构可分为 4 类：晶粒尺寸至少在一个方向上在几个纳米范围内的称为三维纳米材料；具有层状结构的称为二维纳米材料；具有纤维结构的称为一维纳米材料；具有原子簇和原子束结构的称为零维纳米材料。纳米材料结构示意如图 7-5 所示。

图 7-5 四种纳米材料结构示意

（"0" 为零维纳米材料，原子簇或由其形成的纳米粒子长径比等于 1 到 ∞，因此其中包括纤维；"1" 为一维纳米材料，在一个方向上改变成分或厚度的多层膜；"2" 为二维纳米材料，颗粒膜；"3" 为三维纳米材料，纳米相材料）

7.4.2 纳米材料的结构及结构表征

纳米材料之所以具有独特且优异的性能，与其比表面积大、粒径尺寸小、表面原子比例高等结构特征紧密相关。为了更好地研究纳米材料的结构与性能之间的关系，在原子尺度和纳米尺度上对其进行表征是十分必要的。

7.4.2.1 纳米材料的结构

Gleiter 认为纳米材料是其晶粒中原子的长程有序排列和无序界面成分的组合，纳米材料具有大界面（$6 \times 10^{25} m^3/10nm$ 晶粒尺寸），晶界原子达 15%～50%。对于纳米材料晶界的结构有 3 种不同的理论。

（1）Gleiter 的完全无序说

这种假说认为纳米晶粒间界具有较为开放的结构，原子排列具有随机性，原子间距较大，原子密度低，既无长程有序，又无短程有序。

（2）Seagel 的有序说

有序说认为晶粒间界处含有短程有序的结构单元，晶粒间界处原子保持一定的有序度，通过阶梯式移动实现局部能量的最低状态。

（3）叶恒强、吴希俊的有序无序说

该理论认为纳米材料晶界结构受晶粒取向和外场作用等一些因素的限制，在有序和无序之间变化。纳米材料是一个定态的细微结构，存在状态分明、清楚，因而用模糊概念对其进行描述显然不太妥当。

7.4.2.2 纳米材料的结构表征

纳米材料的结构一般分为两种，即纳米粒子的结构和纳米块体材料的结构。而块体材料又可分为纳米粒子压制而成的三维材料、涂层、非晶态固体经过高温烧结而形成的纳米晶粒组成的材料、金属形变造成的晶粒碎化而形成的纳米晶粒材料，还有用物理机械方法制成的纳米金属间化合物或合金。

纳米粒子的结构研究表明，纳米粒子可以是由单晶或多晶组成的。不同的制备工艺可以制造出不同形状的纳米粒子。立方形和纺锤形纳米 $\alpha\text{-}Fe_2O_3$ 的透射电子显微镜（TEM）照片如图 7-6 所示。

(a) 立方形   (b) 纺锤形

图 7-6　立方形 $\alpha\text{-}Fe_2O_3$ 和纺锤形 $\alpha\text{-}Fe_2O_3$ 的 TEM 照片

纳米粒子和纳米块体材料的晶粒结构主要用透射电子显微镜、高分辨电镜及隧道扫描电镜直接观察，也可使用 X 射线衍射、红外光谱等进行表征。

7.4.3 纳米粒子的特性

当小粒子的尺寸进入纳米数量级（1~100nm）时，其本身和由它构成的纳米固体具有多种传统固体不具备的特殊性质，主要包括表面效应、体积效应和量子尺寸效应等。

7.4.3.1 表面效应

固体表面原子与内部原子所处的环境不相同。当粒子直径比原子直径大时（如大于 $0.1\mu m$），表面原子可以忽略；但当粒子直径逐渐接近原子直径时，表面原子的数目及作用就不能忽略，而且这时粒子的比表面积、表面能和表面结合能都发生很大变化。人们把由此引起的种种特殊效应统称为表面效应。图 7-7 显示表面原子和主体原子占构成微粒全部原子的比例和微粒直径之间的关系。从中可以看出，10nm 以下，随着粒径减小，表面原子数迅速增加。这是由于粒径小，比表面积急剧变大所致。例如，粒径为 10nm 时，比表面积为 $90m^2/g$，粒径为 5nm 时，比表面积为 $180m^2/g$，粒径下降到 2nm，比表面积猛增到 $450m^2/g$。

这样高的比表面积，使处于表面的原子数越来越多，同时，表面能迅速增加。由于表面原子数增多，原子配位不足及高的表面能，使这些表面原子具有高的活性，极不稳定，很容易与其他原子结合。例如金属的纳米粒子在空气中会燃烧，无机纳米粒子暴露在空气中会吸附气体，并与空气进行反应。图 7-8 是粒径为 3nm 的纳米粒子晶体结构二维示意图，黑圈表示表面原子，如 A，它所欠缺的近邻数不尽相等，显然是不稳定的，瞬间会迁移到 B 处，如此不断地转移位置。当这些表面原子碰到其他原子，很快结合使其稳定化，这些就是纳米粒子具有强烈活性的根源。

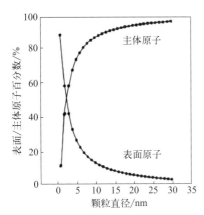

图 7-7　表面原子数和主体原子数占总
原子数的比例与微粒直径的关系

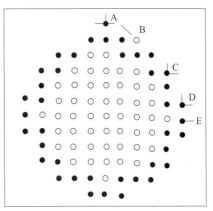

图 7-8　粒径为 3mm 的纳米粒子晶体
结构二维示意图

扩散系数大是纳米材料的一个重要特性。如纳米固体 Cu 中的自扩散系数比晶格扩散系数高 14～20 个数量级，也比传统的双晶晶界中的扩散系数高 2～4 个数量级，这样高的扩散系数主要应归因于纳米材料中存在大量界面。从结构上来说，纳米晶界的原子密度很低，大量的界面为原子扩散提供了高密度的短程快路径。此外，纳米材料中扩散系数的增大也部分来源于三叉晶界处的高扩散系数。吴希俊等发现纳米 CaF_2 离子晶体中的离子电导率比相应的单晶和粗晶材料中的值分别高两个和一个数量级，这一离子电导率的改善直接来源于纳米晶界中的高扩散行为。

普通陶瓷只有在 1000℃ 以上，应变速率小于 10^{-4}/s 时才能表现出塑性，而许多纳米陶瓷在室温下就可以发生塑性形变；纳米 TiO_2 在 180℃ 时的塑性形变可达 100%，带预裂纹的试样在 180℃ 时弯曲不发生裂纹扩展，在 600～800℃ 温度范围内应变速率为 10^{-3}/s 时，总的真应变高达 0.6。随着粒径的减小，纳米陶瓷的应变速率敏感率迅速增大，纳米 TiO_2 在室温下的应变速率敏感率可达 0.04，已接近软金属铅的 1/4。在纳米 ZnO 中也观察到了类似的塑性行为。这种纳米陶瓷增韧效应主要归因于大量的界面因素。纳米材料的塑性形变主要是通过晶粒之间的相对滑移而实现的。纳米材料中晶界区域扩散系数非常大，存在着大量的短程快扩散路径。正是由于这些快扩散过程使得形变过程中一些初发的微裂纹能够得以迅速弥合，从而在一定程度上避免了脆性断裂的发生。

7.4.3.2　体积效应

当物质的体积减小时，将会有两种情形：一种是物质本身的性质不发生变化，而只有那些与体积密切相关的性质发生变化，如半导体电子自由程变小，磁体的磁区变小等；另一种是物质本身的性质也发生了变化，因为纳米微粒是由有限个原子或分子组成的，改变了原来由无数个原子或分子组成的集体属性，如金属纳米微粒的电子结构与大块金属迥然不同。这就是纳米粒子的体积效应。

7.4.3.3　量子尺寸效应（小尺寸效应）

当粒子尺寸降到某一值时，金属费米能级附近的电子能级由准连续变为离散能级的现象和半导体微粒存在不连续的最高被占据分子轨道和最低未被占据分子轨道能级、能隙变宽现象均称为量子尺寸效应。能带理论表明，金属费米能级附近电子能级一般是连续的，这一点只有在高温或宏观情况下才成立。对于只有有限个导电电子的超微粒子来说，低温下能级是离散的，对于宏观物体包含无限个原子（即导电电子数 $N \to \infty$），由公式(7-1)计算

$$\delta = 4E_F/3N \tag{7-1}$$

式中，E_F 为费米势能。

可得能级间距 $\delta \to 0$，即对大粒子或宏观物体能级间距几乎为零；而对纳米微粒，所包含原子数有限，N 值很小。这就导致 δ 有一定的值，即能级间距发生分裂。当能级间距大于热能、磁能、静磁能、静电能、光子能量或超导态的凝聚能时，必须要考虑量子尺寸效应，这会导致纳米微粒磁、光、声、热、电以及超导电性与宏观特性有着显著的不同。

粗晶状态下难以发光的间接带隙半导体 Si、Ge 等，当其粒径减小到纳米量级时会表现出明显的可见光发光现象，且随着粒径的进一步减小，发光强度逐渐增强，发光光谱逐渐蓝移。这是因为颗粒尺寸为纳米量级时传统固体理论中量子跃迁选择定则的作用将大大减弱并逐渐消失。

在纳米磁性材料中，随着晶粒尺寸的减小，样品的磁有序状态将发生本质的变化。粗晶状态下为铁磁性的材料，当颗粒尺寸小于某一临界值时可以转变为超顺磁状态。如 α-Fe、Fe_3O_4 和 α-Fe_2O_3 粒径分别为 5nm、16nm 和 20nm 时转变为顺磁体。纳米 Ni 的粒径为 15nm 时矫顽力 $H_e \to 0$，这说明它已进入超顺磁状态。这种奇特的磁性转变主要是小尺寸效应造成的，纳米材料与常规的多晶和非晶材料在磁结构上有很大的差异，常规磁性材料的磁结构是由许多磁畴构成的，畴间由畴壁隔开，磁化是通过畴壁运动实现的。而在纳米材料中，当晶粒尺寸小于某一临界值时，每个晶粒都成为一个单磁畴（如 Fe 和 Fe_3O_4 单磁畴的临界尺寸分别为 12nm 和 40nm）。由于纳米材料中晶粒取向是无规则的，因此各个晶粒的磁矩也是混乱排列的。当小晶粒的磁各向异性能减小到与热运动能可相比拟时，磁化方向就不再固定在一个易磁化方向而作无规律的变化，结果导致超顺磁性的出现。在纳米铁电材料中，随着晶粒尺度的减小也会出现铁电体-顺电体的转变。此外，晶粒高度细化还会使得一些抗磁性物质转变为顺磁性物质，也可使得非磁性或顺磁性物质转变为铁磁性物质。

大量研究表明，由非晶晶化法制得的 FeCuNbSiB 纳米材料（典型成分 $Fe_{73.5}Cu_1Nb_3Si_{13.5}B_9$）具有优异的软磁性能。随着样品中 α-FeSi 纳米晶粒的减小，样品的初始磁化率 μ_i 急剧增大，而矫顽力 H_e 急剧减小，当 $d < 50nm$ 时，H_e 和 μ_i 分别与 d^6 成正比和成反比。当 $d = 10nm$ 时，H_e 仅为 0.01A/cm，而 μ_i 高达 8×10^4。这些优异的软磁性能主要是由晶粒的纳米尺寸效应造成的。

对于金属材料，当金属微粒尺寸减小到亚微米量级（$d < 1\mu m$）时，电导率按 $\sigma \propto d^3$ 规律急剧下降。当金属颗粒减小到纳米级时，电导率已降得非常低，这时原来的良导体实际上已完全转变为绝缘体。这种现象被称为尺寸诱导的金属→绝缘体转变（SIMIT）。

在纳米金属材料中普遍存在着细晶强化效应，即材料的硬度和强度随着晶粒尺寸的减小而增大，近似遵从经典的 Hall-Petch 关系。

$$H_{\mathrm{v}} \propto d^{-1/2} \tag{7-2}$$

如纳米 Cu(6nm) 和纳米 Pd(5～10nm) 的硬度均为相应粗晶材料（$d > 50\mu m$）的 5 倍以上。纳米材料中位错密度非常低，几乎为零。位错的滑移和增殖采取 Frank-Reed 模型，其临界位错圈的直径比纳米晶粒的直径还要大，增殖后位错塞积的平均间距一般也比纳米晶粒尺寸大，因而在纳米材料中位错的滑移和增殖不会产生，这是纳米晶强化效应的主要原因。对于纳米结构的多层膜，人们也发现了类似的现象，即多层膜的硬度随着纳米结构单元尺度（如二元系统中的双层膜厚）的减小而增大，且服从类似的 Hall-Petch 关系：

$$H_{\mathrm{v}} \propto t_{\mathrm{p}}^{-1/2} \tag{7-3}$$

式中，t_{p} 为单组膜厚。

纳米粒子的这些小尺寸效应为实用技术开拓了新领域。例如，纳米尺度的强磁性颗粒（Fe-Co 合金、氧化铁等），当颗粒尺寸为单磁畴临界尺寸时，具有很高的矫顽力，可制成磁性信用卡、磁性钥匙、磁性车票等，还可以制成磁性液体，广泛地用于电声器件、阻尼器件、旋转密封、润滑、选矿等领域。纳米微粒的熔点可远低于块状金属。例如 2nm 的金颗粒熔点为 600K，随粒径增加，熔点迅速上升，块状金为 1337K；纳米银粉熔点可降低到 373K，此特性为粉末冶金工业提供了新工艺。利用等离子共振频率随颗粒尺寸变化的性质，可以改变颗粒尺寸，控制吸收边的位移，制造具有一定频宽的微波吸收纳米材料，可用于电磁波屏蔽、隐形飞机等。

7.4.4 纳米复合材料的类型

纳米复合材料体系的划分涉及纳米相的形态及多维形态。
① 零维的纳米粉体、纳米颗粒等；
② 一维的纳米线、丝、管及纳米晶须等；
③ 二维的层状、片状、带状结构纳米材料；
④ 三维的柱体、立方体等块体纳米结构材料。

也可将纳米材料分成管状，如碳纳米管等；非管状，如层状、片状、丝状、带状等。显然，上述按照纳米相形态分类的方法被广泛采用。

此外，若将有机聚合物的形态分为溶液（记为一维）、薄膜（记为二维）或者粉体（记为三维），当上述各种维数的纳米体系与聚合物复合时，按基体形状分类，可以得到 0-0 型、0-2 型、0-3 型、1-3 型、2-3 型等纳米复合材料。

0-0 型：不同成分的不同相或不同种类的纳米粒子复合而成的纳米复合材料。纳米粒子可以是金属与金属、陶瓷与高分子、金属与高分子、陶瓷与陶瓷、陶瓷与高分子等构成。图 7-9 是纳米 TiN 和纳米 AlN 复合制备的超硬材料，HRA（洛氏硬度）达到 91。

图 7-9 纳米 TiN 和纳米 AlN 复合材料扫描电子显微镜图

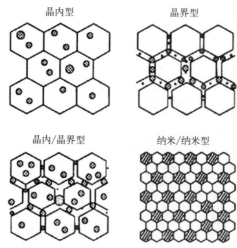

晶内型　　　　　晶界型

晶内/晶界型　　　纳米/纳米型

图 7-10　纳米-微米复合材料结构示意

0-2 型：把纳米粒子分散到二维的薄膜材料中得到的纳米复合薄膜材料。可分为均匀弥散型和非均匀弥散型。均匀弥散型是指纳米粒子在薄膜基体中均匀分散，非均匀弥散型是指纳米粒子随机混乱地分散在薄膜基体中。

0-3 型：把纳米粒子分散到常规三维固体材料中，也即纳米-微米复合材料，如图 7-10 所示。通过纳米粒子加入和均匀分散在微米粒子基体中，阻止基体粒子的晶粒长大，以获得具有微晶结构的致密材料，使材料强度、硬度、韧性等力学性能得到显著提高。

1-3 型：主要是碳纳米管、纳米晶须与常规金属粉体、陶瓷粉体和聚合物粉体的复合，对金属、陶瓷和聚合物有特别明显的增强作用。

碳纳米管增强复合材料如图 7-11 所示。

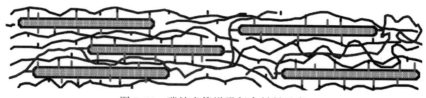

图 7-11　碳纳米管增强复合材料示意

2-3 型：无机纳米片体与聚合物粉体或者聚合物前驱体的复合，主要是插层纳米复合材料的合成。

纳米复合材料的分类只对理解此类纳米复合有意义，它与材料性能无直接联系。然而，这些概念是深入探索纳米科学体系的基础。

习题

1. 导电材料作为导体使用时，为何还要考虑导电性以外的其他性能？
2. 简述半导体材料的结构特征和 PN 结工作原理。
3. 微电子芯片制作最主要的材料是什么？
4. 简述光纤结构特点和信号传输原理。
5. 举例说明液晶的应用。
6. 什么是非线性光学材料？有哪些应用？
7. 生物相容性的主要表现包括哪两种？各是什么含义？
8. 生物医用材料设计方法除了依据一般材料设计的原则，还应考虑哪几个方面？
9. 什么是形状记忆合金？可分为哪几种？
10. 生物活性玻璃陶瓷作为一种人工骨植入材料，要求它具有哪些性能？
11. 什么是纳米材料？
12. 纳米材料按结构形态可分为几维？各称作什么？
13. 试列举纳米材料的效应。

参考文献

[1] 刘光华. 现代材料化学 [M]. 上海：上海科学技术出版社，2000.

[2] 余永宁. 材料科学基础 [M]. 北京：高等教育出版社，2006.

[3] 徐恒钧. 材料科学基础 [M]. 北京：北京工业大学出版社，2001.

[4] 麦松威. 高等无机化学 [M]. 2版. 北京：北京大学出版社，2006.

[5] 张淑民. 基础无机化学 [M]. 3版. 兰州：兰州大学出版社，2002.

[6] 曾兆华，杨建文，等. 材料化学 [M]. 3版. 北京：化学工业出版社，2022.

[7] 宿辉. 材料化学 [M]. 北京：北京大学出版社，2021.

[8] 周达飞. 材料概论 [M]. 3版. 北京：化学工业出版社，2015.

[9] 杨兴钰. 材料化学导论 [M]. 武汉：湖北科学技术出版社，2003.

[10] 曹茂盛等. 材料合成与制备方法 [M]. 哈尔滨：哈尔滨工业大学出版社，2001.

[11] 袁志钟，戴起勋. 金属材料学 [M]. 3版. 北京：化学工业出版社，2019.

[12] 中国冶金百科全书总编辑委员会. 中国冶金百科全书：金属材料 [M]. 北京：冶金工业出版社，2001.

[13] 王正品，张路，要玉宏. 金属功能材料 [M]. 北京：化学工业出版社，2004.

[14] 李安敏. 金属材料学 [M]. 成都：电子科技大学出版社，2017.

[15] 唐代明. 金属材料学 [M]. 成都：西南交通大学出版社，2014.

[16] 吴承建. 金属材料学 [M]. 北京：冶金工业出版社，2009.

[17] 张兆隆，李彩凤. 金属工艺学 [M]. 北京：北京理工大学出版社，2019.

[18] 刘宗昌，任慧平. 金属材料工程概论 [M]. 北京：冶金工业出版社，2018.

[19] 陈琪，刘浩. 金属材料及零件加工 [M]. 武汉：华中科技大学出版社，2014.

[20] 周登攀，唐红春，王海叶. 金属材料与热处理 [M]. 武汉：华中科技大学出版社，2016.

[21] 吴广河，沈景祥，庄蕾. 金属材料与热处理 [M]. 北京：北京理工大学出版社，2018.

[22] 岳鹏. 金属材料与热处理概论 [M]. 天津：天津科学技术出版社，2018.

[23] 陈利生，余宇楠. 火法冶金：备料与焙烧技术 [M]. 北京：冶金工业出版社，2011.

[24] 陈家镛，杨守志，柯家骏，等. 湿法冶金的研究与发展 [M]. 北京：冶金工业出版社，1998.

[25] 马荣骏. 湿法冶金新研究 [M]. 长沙：湖南科学技术出版社，1998.

[26] 田京祥. 矿产资源 [M]. 济南：山东科学技术出版社，2013.

[27] 戴维，舒莉. 铁合金工程技术 [M]. 北京：冶金工业出版社，2015.

[28] 戴永年，赵忠. 真空冶金 [M]. 北京：冶金工业出版社，1988.

[29] 宋金虎. 金属工艺学基础 [M]. 北京：北京理工大学出版社，2017.

[30] 黄永昌，张建旗. 现代材料腐蚀与防护 [M]. 上海：上海交通大学出版社，2012.

[31] 翁永基. 材料腐蚀通论：腐蚀科学与工程基础 [M]. 北京：石油工业出版社，2004.

[32] 孙秋霞. 材料腐蚀与防护 [M]. 北京：冶金工业出版社，2001.

[33] 赵麦群，雷阿丽. 金属的腐蚀与防护 [M]. 北京：国防工业出版社，2002.

[34] 孙跃，胡津. 金属的腐蚀与控制 [M]. 哈尔滨：哈尔滨工业大学出版社，2003.

[35] 陈国良. 新型金属材料（一）[J]. 上海金属，2002，24（4）：1-9.

[36] 沈宝根. 稀土磁性材料 [J]. 科学观察，2017，12：27-30.

[37] 赵志凤，毕建聪，宿辉. 材料化学 [M]. 哈尔滨：哈尔滨工业大学出版社，2012：131-203.

[38] 朱光明，秦华宇. 材料化学 [M]. 北京：机械工业出版社，2003：204-245.

[39] 马爱琼，任耘，宿辉. 无机非金属材料科学基础 [M]. 北京：冶金工业出版社，2010：16-52.

[40] 靳正国，郭瑞松，师春生，等. 材料科学基础 [M]. 修订版. 天津：天津大学出版社，2008：79-112.

[41] 杜彦良，张光磊. 现代材料概论 [M]. 重庆：重庆大学出版社，2009：68-101.

[42] 王琦，刘世权，侯宪钦. 无机非金属材料工艺学 [M]. 北京：中国建材工业出版社，2005.

[43] 蒋成禹，胡玉洁，马明臻. 材料加工原理 [M]. 2版. 哈尔滨：哈尔滨工业大学出版社，2003：95-105.

[44] 林宗寿，李凝芳，赵修建，等. 无机非金属材料工学 [M]. 武汉：武汉工业大学出版社，1999：7-11.

[45] 李奇，陈光巨. 材料化学 [M]. 2版. 北京：高等教育出版社，2010：228-304.

［46］ 薛冬峰，李克艳，张方方. 材料化学进展［M］. 上海：华东理工大学出版社，2011：261-275.

［47］ 周志华，金安定，赵波，等. 材料化学［M］. 北京：化学工业出版社，2005：70-116.

［48］ 朱建国，孙小松，李卫. 电子与光电子材料［M］. 北京：国防工业出版社，2007：71-76.

［49］ 王秀峰，伍媛婷. 微电子材料与器件制备技术［M］. 北京：化学工业出版社，2008：111-120.

［50］ 廖延彪. 光纤光学：原理与应用［M］. 北京：清华大学出版社，2010：251-260.

［51］ 张克从，王希敏. 非线性光学晶体材料科学［M］. 2版. 北京：科学出版社，2005：53-61.

［52］ 侯宏录. 光电子材料与器件［M］. 北京：国防工业出版社，2012：101-112.

［53］ 李雪. HA涂层镁合金生物医用材料的制备及其降解性能与生物相容性的研究［D］. 沈阳：东北大学，2010.

［54］ 俞耀庭. 生物医用材料［M］. 天津：天津大学出版社，2000：1-7.

［55］ 吕杰，程静，侯晓蓓. 生物医用材料导论［M］. 上海：同济大学出版社，2016：10-30.

［56］ 刘吉平，廖莉玲. 无机纳米材料［M］. 北京：科学出版社，2003：8-30.

［57］ 柯扬船. 聚合物纳米复合材料［M］. 北京：科学出版社，2009：18-25.